农作物监测的多源遥感数据分析与应用

汪善勤　著

科学出版社

北京

内 容 简 介

本书主要介绍多源遥感技术在农作物监测中的理论、方法和应用。全书共7章，1～5章主要介绍多源遥感理论和方法，包括农作物遥感的基础理论、影像融合技术、农作物遥感监测数据获取与处理和农作物参数反演建模。6～7章以冬油菜遥感监测应用为例，综合运用地面光谱、无人机和卫星遥感数据，实现冬油菜关键生育期长势参数的反演、冬油菜的识别和估产。

本书可供农业遥感、多源遥感数据分析、精准农业等领域的研究人员及高等院校研究生和本科生阅读参考。

图书在版编目（CIP）数据

农作物监测的多源遥感数据分析与应用/汪善勤著. —北京：科学出版社，2022.6

ISBN 978-7-03-072492-2

Ⅰ.① 农… Ⅱ.① 汪… Ⅲ.①遥感数据-应用-作物监测 Ⅳ.① X835

中国版本图书馆 CIP 数据核字（2022）第 099378 号

责任编辑：杨光华　徐雁秋/责任校对：高　嵘
责任印制：彭　超/封面设计：苏　波

科学出版社 出版

北京东黄城根北街 16 号
邮政编码：100717
http://www.sciencep.com

武汉市首壹印务有限公司印刷
科学出版社发行　各地新华书店经销

*

开本：787×1092　1/16
2022 年 6 月第 一 版　印张：13 3/4
2022 年 6 月第一次印刷　字数：327 000
定价：108.00 元
（如有印装质量问题，我社负责调换）

前　言

农为天下本务，即使在科学技术高速发展的今天，农业仍然是维系社会正常运转的根本。大田耕种在农业生产中一如既往的重要，借助遥感手段，人们能够以"上帝"视角去观察和记录农田中发生的事情，不仅能亲眼看见，而且还能用不可见的电磁波捕捉作物生长的"一举一动"。随着平台技术的发展，从卫星到无人机，人们能由远及近地获得精细程度不同的遥感数据。遥感数据是原生的大数据，近十年来，大数据分析方法和机器学习技术，尤其是深度学习方法的日渐成熟，正在改变着人们处理和分析数据的思维。但是，在新技术广泛应用的背景下，仍然要清醒地认识到机理模型和传统经验统计分析的重要性。农作物的遥感监测需要充分理解作物的生理生化特性、生长规律和物候期特征，深刻认识作物与环境的交互过程，这些背景知识将有助于科学地运用遥感手段，使分析结果尽量还原客观事实。为此，本书结合相关研究工作，以冬油菜的遥感监测为例，探讨和分析多源遥感数据在作物冠层参数反演、作物识别和估产研究中的应用途径。

全书共 7 章，第 1 章介绍农作物遥感和多源遥感的应用现状；第 2 章简要介绍农作物遥感的基本原理，分析作物冠层的光谱特征及重要的生理生化参数，并根据作物生长探讨时序遥感数据的应用；第 3 章围绕遥感影像融合，介绍空间域影像融合方法、变换域影像融合方法和基于深度学习的影像融合技术；第 4 章从数据获取的重要性出发，探讨农作物遥感监测所需的各类数据及其采集方式、测量手段和获取途径等；第 5 章概述农作物参数反演建模的主要方法和技术，包括机理模型、经验统计模型、机器学习方法和模型评价；第 6～7 章以冬油菜为监测目标，应用冠层高光谱数据、无人机和卫星多光谱数据，进行关键理化参数反演建模和冬油菜识别与估产，探讨多平台数据的综合分析，以及不同建模方法的比较分析。

由于农作物生长与环境的复杂交互作用，即使利用多源遥感数据也不可能完全准确地揭示其过程，但其对农作物长势监测和估产仍然具有重要的决策价值。本书内容具有一定的理论和应用价值，可以为农业遥感、多源遥感数据分析、精准农业等提供些许帮助。

本书的研究工作得到了"十二五"国家高技术研究发展计划现代农业技术领域项目"作物数字化技术研究"（2013AA102400）、国家重点研发计划项目"油菜化肥农药减施技术集成研究与示范"（2018YFD02009）等的资助，本书内容既有对研究工作的总结，也有对当下的思考和对未来的展望。

在本书的撰写过程中，马骥博士、郑雯、明金、高雯涵、高开秀、沈宇宁等学生帮助完成了第 2 章、第 6 章和第 7 章的内容。由于我们的知识理论水平及实践的局限性，书中的阐述和讨论难免存在疏漏，敬请同行不吝指正。

汪善勤

2021 年 12 月

目　　录

第1章 绪 论

20 世纪 50 年代，欧美与苏联冷战时期，各国大力发展卫星侦察技术。而后在 1972 年，第一颗用于地球资源观测的技术卫星 ERTS-1（Earth Resources Technological Satellite-1，现称作 Landsat-1）成功发射，其搭载的多光谱扫描系统（multispectral scanner system，MSS）传感器能采集覆盖全球的多光谱数据，这标志着利用现代遥感技术对地观测的开端。随着航空航天、人造卫星、遥控遥测等技术迅速发展，各种对地观测卫星为城市、森林、农业、海洋、国土资源、生态环境等领域提供了海量的遥感数据。近十年来，在轨和计划发射的卫星数量与日俱增，小星座和无人机等新平台成熟化应用，使全球每天采集的遥感数据量呈指数级增长（廖小罕 等，2019；林宗坚 等，2011）。虽然遥感数据的可用性越来越高，但是不同传感器的工作模式、数据性质、数量和质量等存在差异，给遥感数据的有效和高效处理带来了挑战（Ghamisi et al., 2019；Yokoya et al., 2018）。各种遥感数据的预处理与精处理、特征提取与目标识别、语义与非语义信息的提取、信息融合与集成，以及空间数据挖掘与知识发现等，本就是十分复杂的反演问题（李德仁，2011）。如今到了大数据时代，数据挖掘（data mining）、机器学习（machine learning）和云计算（cloud computation）应在遥感数据处理中发挥重要作用（李德仁，2019）。

农业为人类生存提供食物、纤维、燃料和原材料等，在环境和气候变化加剧、庞大的人口规模仍呈增加趋势的背景下，保持农业活动的可行性和持续性成为确保人类生计的首要问题。遥感技术能助推传统农业变革来应对这一重大挑战。作为各类农业从业者的决策工具，遥感技术已经成为提升与改造现代农业的主要手段。应用遥感技术对农田进行周期性重复观测，可为农作物识别、作物长势监测、农田墒情预测、农作物估产、作物育种、农田生态评估、农田灾害预警等提供不同尺度的信息（Weiss et al., 2020）。人口增长对作物产量需求的增加，气候变化导致农业灾害频发，农作物品种退化、农产品质量安全等众多问题相继出现，人们对农业精细化管理的需求也日益迫切，为此需要遥感技术快速准确地定量化估计农学参数（Ennouri et al., 2019）。但是在农田环境的复杂性和人为活动的影响下，采用单一的遥感数据反演农作物参数或农田要素的结果的精度和准确性通常存在很大的不确定性。基于多源数据的优势互补原则，将各种时空分辨率和光谱分辨率不同的遥感信息融合以获得更高时空精细度的数据，可以提高农作物识别和参数估计的精度（Mulla, 2013）。

1.1 农作物遥感概述

农作物遥感监测是为了获得与生长有关的作物个体和作物群体的性状和特征。对于作物群体而言，还希望从遥感中获取水、肥、气、热等重要的农田环境因素信息，但是并非所有因素都能直接通过反演得到（Weiss et al., 2020）。作物个体的株高、叶面积、叶绿素含量、氮含量、水分含量等通常被认为是可以通过摄影测量或光谱反演的变量。作物群体的冠层结构、叶面积指数、物质组成和水分含量，地表温度及土壤湿度直接参与辐射传输过程，因此冠层植被指数、色素含量、水分含量、地表温度、土壤湿度等也可以直接反演得到。但是，作物产量、蒸散量等不仅取决于上述多个因素，而且还受水肥供给、气候条件、作物品种等影响，因此这些指标一般不能利用光谱信息直接反演得到。作物产量和蒸散量多采用多因素统计建模或机理模型来间接估计，它们是遥感间接估计量。遥感数据的空间分辨率和光谱分辨率会影响上述作物性状和特征反演的准确性。一般农作物生长具有周期性，覆盖种植季节的遥感数据既能用来分析关键生育期作物的生长状况，又能用来分析整个生命期作物生长的动态变化和趋势。因此，遥感数据的时间分辨率（重访周期）对监测农作物同样具有重要意义。无论是作物个体的表型特征，还是作物群体的平均变化量，良好的空间分辨率、高时间分辨率和足够的光谱信息都显得至关重要。

20 世纪后期，对地观测遥感数据的空间分辨率和光谱分辨率较低，主要用于中大尺度的作物长势、干旱评估和大面积估产。以陆地卫星 Landsat 的专题制图仪（thematic mapper，TM）采集的多光谱数据为典型代表，在美国、欧洲等国家和地区，遥感数据主要用于小麦、玉米、大豆等主要农作物种植面积和产量的估测，为大范围农业管理提供了准确的宏观信息。大量的研究和应用已经证明利用可见光和近红外波段的各种植被指数能反演作物的叶面积指数（leaf area index，LAI）、叶绿素含量（leaf chlorophyll content，LCC）、光合有效辐射（photosynthetically active radiation，PAR）、地上部分生物量（aboveground biomass，AGB）等重要的农学参数（Din et al.，2019；Liu et al.，2019；Xie et al.，2019；Yan et al.，2019；Li et al.，2015；Hamblin et al.，2014）。

随着传感器技术的发展，借助星载高光谱成像仪和短周期中低轨卫星平台，遥感数据的光谱分辨率、空间分辨率和时间分辨率也在不断提高。例如，欧洲空间局哨兵系列二号星座（Sentinel-2A/B）能提供空间分辨率为 10 m 的多光谱数据，双星组合将重访周期缩短到 5 天。但是光学遥感容易受到天气条件的影响，农田管理也需要发现作物更精细的变化，融合不同来源[例如光学和合成孔径雷达（synthetic aperture radar，SAR）]的遥感数据能解决此类问题。例如，Amorós-López 等（2013）利用具有不同特征的 Landsat/TM 和 Envisat/MERIS 传感器的时间序列数据，生成了具有高时间分辨率的影像，以获得准确的作物类型和物候信息。Salehi 等（2017）采用了多时相的 RapidEye 多光谱数据和 Radarsat-2 雷达数据识别作物类型，准确率达 95%。作物的物候信息对农场管理和生产力评估至关重要，融合光学遥感数据和 SAR 数据能构建完整的逐日时序数据。Yang 等（2017）基于蒙特卡罗的特征筛选方法用 149 个 SAR 特征和光学植被指数（vegetation indices，VIs）构造了时序数据，成功标记了水稻的 6 种不同物候和生长阶段。多源化的遥感数据融合能够衍生出丰富的农作物生长和环境信息，成为农业遥感发展的主要方向。

使用多源遥感数据可以减少天气的影响，发现作物的精细变化，还能反演得到比单一数据来源手段更丰富的农学参数。但是农作物生长是在多种环境条件、作物品种特性和管理措施等综合影响下的动态过程，生长过程的复杂性使得单纯依靠遥感反演作物生长过程困难重重（Bargiel，2017）。另外，气候和作物品种往往决定作物的生长趋势，仅依靠有限的农学参数是无法准确研判的（Jin et al.，2018）。遥感是获取大面积地表信息最有效的手段，而作物生长模型能够实现单点尺度上作物生长发育的动态模拟，可对作物长势及产量变化提供内在的机理解释。遥感信息和作物生长模型的数据同化有效结合了二者优势，在农业监测与预报上具有巨大的应用潜力（黄健熙 等，2018）。因此，将气候气象、作物品种、土壤环境、农田管理等方面的辅助信息输入作物生长的生理生化过程模拟模型中，然后在同化遥感反演结果（通常是 LAI）的基础上驱动生长模型，得到作物生物量、氮营养状况、叶面积指数等的逐日模拟结果，并获得准确的物候期结果（Huang et al.，2019）。例如，Urban 等（2018）将 MODIS 提取的增强植被指数（enhanced vegetation index，EVI）、GOME-2 提取的太阳诱导叶绿素荧光，以及 QuickSCAT 的 Ku 波段数据融合到作物冠层季节性模型中，用于估计美国艾奥瓦州小麦和大豆的播种日期。现有作物生长模型同化遥感数据的复杂性日益增加，显著提升了计算需求，高性能的并行算法和处理能力成为模型同化方法应用的主要瓶颈（Wu et al.，2021）。但是，无论是在遥感数据反演还是模型同化方面，都已经研发了许多有价值的技术。要使作物生长建模和遥感数据同化在各种尺度上得到普遍的应用，还必须解决融合数据的可用性和准确性，以及数据与模型和用户需求之间不匹配的问题（Dorigo et al.，2007）。目前普遍的解决方案主要是采用整合不同空间分辨率、时间分辨率、光谱分辨率和角度分辨率的影像，融合光学数据和不同来源（如激光探测及测距系统和雷达/微波）的数据。

1.2　多源遥感数据类型

多源遥感数据是综合利用多种谱段、多种模式、多种视角、多种周期的遥感数据，从其中提取时间-空间-光谱维度上的综合特征，实现目标参数的精确反演。遥感可利用波长 0.4～14 μm 的电磁波：在可见光和近红外波段（0.4～2.5 μm），电磁波以地物反射太阳辐射过程为主；在中红外波段（3～5 μm），电磁波既包括地表反射太阳辐射，也包括地物自身辐射部分；在热红外波段（8～14 μm），电磁波基本上是地物自身辐射能量。从可见光到热红外波段，主要采用光学成像方式，由透镜成像、分光机构和不同波段的敏感光电耦合元器件共同完成。经过数十年的发展，新的光栅分光技术和先进的电荷耦合器件（charge-coupled device，CCD）材料与制造技术使得遥感数据的光谱分辨率和空间分辨率不断提高，国际上典型的对地观测卫星搭载的传感器的性能都有了极大的提升，具体参数见表 1.1。为了缩短重复观测的周期，满足获取目标时效性的要求，科学家提出发展卫星星座及组网技术，利用多颗卫星组成星座，大大缩短重访时间。比如，法国的 SPOT-6/7 组成双星星座，能间隔 1～2 天对同一地点进行观测，而其多光谱数据的空间分辨率高达 6 m。Sentinel-2A/B 双星重访周期为 5 天，尽管分辨率为 10 m，但其宽视场成像技术能保证大范围的农田监测。我国在遥感观测卫星技术上取得了举世瞩目的成绩，无论是种类还是数量都已经跃居世界前列。2010 年我国高分辨率对地观测计划与星座系统开始实施建设，其搭载的各类传感器能采集高中低空间分辨率的多光谱数据、高光谱数据和微波雷达数据。在重访周期方面，高分一号和高分二号卫星均能够采集 4～5 天间隔的多光谱数据，其空间分辨率优于 8 m（表 1.2），数据时空融合将能获得高质量的作物时序信息。高分四号静止轨道卫星的空间分辨率为 50 m。预计 2030 年实现 138 颗

表 1.1　世界典型对地观测卫星及星载光学成像光谱仪的主要参数

项目	国家/地区	入轨年份	平均轨道高度/km	传感器	时间分辨率/天	空间分辨率	波段数量	幅宽/km
Terra/Aqua	美国	2000年	705	MODIS	2	R、NIR: 250 m VNIR: 500 m VIS-TIR: 1 km	R、NIR: 2 VNIR: 5 VIS-TIR: 29	2 330×10
				ASTER	16	VIS、NIR: 15 m SWIR: 30 m TIR: 90 m	VIS、NIR: 3 SWIR: 6 TIR: 5	60
Landsat-8	美国	2013年	705	OLI	16	VIS、NIR: 30 m PAN: 15 m	VIS、NIR: 8 PAN: 1	185
				TIRS		TIR:100 m	TIR: 2	
SPOT-6/7	法国	2012年（SPOT-6） 2013年（SPOT-7）	694	NAOMI（每星2台）	2～3（单星） 1（双星）	PAN: 1.5 m VIS、NIR: 6 m	PAN: 1 VIS、NIR: 4	60×60
Sentinel-2A/B	欧洲	2015年（Sentinel-2A） 2017年（Sentinel-2B）	786	MSI	10（单星） 5（双星）	VIS、NIR: 10 m red edge、NIR、SWIR: 20 m B、NIR、SWIR: 90 m	B、VIS: 4 red edge: 3 NIR: 3 SWIR: 2	290

注：MODIS: moderate resolution imaging spectrometer, 中分辨率成像光谱仪; ASTER: advanced spaceborne thermal emission and reflection radiometer, 高级星载热发射和反射辐射仪; OLI: operational land imager, 陆地成像仪; TIRS: thermal infrared sensor, 热红外传感器; NAOMI: new Astrosat optical modular instrument, 新型 Astrosat 平台光学模块化设备; MSI: multispectral imager, 多光谱成像仪; R: red, 红光 (0.60~0.70 μm); B: blue, 蓝光 (0.40~0.50 μm); red edge, 红边 (0.67~0.76 μm); VIS: visible, 可见光 (0.4~0.7 μm); NIR: near infrared, 近红外 (0.7~1.5 μm); PAN: panchromatic band, 全色波段 (0.38~0.75 μm); SWIR: short-wave infrared (1.5~2.5 μm); MIR: mid-infrared, 中红外 (3~5 μm); TIR: thermal infrared, 热红外 (8~14 μm)

表 1.2 我国高分系列计划中的主要对地观测卫星及光学成像仪的主要参数

项目	入轨年份	平均轨道高度/km	传感器	重访周期	空间分辨率/m	光谱范围：光谱分辨率/μm	幅宽/km
高分一号	2013 年	645	PMS	4 天	PAN: 2 VNIR: 8	PAN: 0.45~0.90 VNIR: 0.45~0.52 0.52~0.59 0.63~0.69 0.77~0.89	60
			WFV		16	0.45~0.52 0.52~0.59 0.63~0.69 0.77~0.89	800
高分二号	2014 年	631	PMS	5 天	PAN: 0.8 VNIR: 3.2	PAN: 0.45~0.90 VNIR: 0.45~0.52 0.52~0.59 0.63~0.69 0.77~0.89	45
高分四号	2016 年	36 000	PMS	20 s	50	PAN: 0.45~0.90 VNIR: 0.45~0.52 0.52~0.60 0.63~0.69 0.76~0.90	400
			IRS		400	3.5~4.1	

项目	入轨年份	平均轨道高度/km	传感器	重访周期	空间分辨率/m	光谱范围: 光谱分辨率/μm	幅宽/km
高分五号	2018年	705	AHSI		30	0.4~2.5 VNIR: 5 nm SWIR: 10 nm	60
高分六号	2018年	645	PMS	4天*	PAN: 2 VNIR: 8	PAN: 0.45~0.90 VNIR: 0.45~0.52 0.52~0.59 0.63~0.69 0.77~0.89	90
			WFV		16	0.45~0.52 0.52~0.59 0.63~0.69 0.77~0.89 0.69~0.73 0.73~0.77 0.40~0.45 0.59~0.63	800

注: PMS: panchromatic and multispectral sensor, 全色和多光谱传感器; WFV: wide field of view, 宽视场; AHSI: advanced hyperspectral imager, 先进高光谱成像仪; IRS: infrared spectrum, 红外光谱; PAN: panchromatic band, 全色波段; VNIR: visible-to-near infrared, 可见-近红外; SWIR: short-wave infrared, 短波红外

*高分一号和高分六号组网将重访周期缩短为2天

小卫星组网的"吉林一号"后续卫星星座，其空间分辨率为 1.12 m，届时将具备对全球任意点 10 min 内重访观测的能力（张兵，2017）。

除光学遥感外，微波雷达和激光雷达技术同样发展迅速并得到广泛应用（表 1.3）。前者通过多极化微波的后向散射测距结果合成地表影像，合成孔径雷达是其代表性技术；后者则利用激光测距形成的高程点云生成三维地表，代表性技术有激光探测及测距系统（light detection and ranging，LiDAR，简称激光雷达）和地形激光扫描（terrestrial laser scanner，TLS）技术。相比较而言，微波具有一定的穿透性，又受土壤水分和电导率影响，因此合成孔径雷达还具有反演土壤墒情的能力。随着雷达技术的成熟应用，人们开始利用多种雷达数据或将雷达数据与光学数据融合起来解决单一手段反演精度不高的问题。例如，Bazezew 等（2018）集成 LiDAR 和 TLS 点云，精确估算了植被的地上生物量。合成孔径雷达和可见-热红外的高光谱数据的融合能显著提高作物的识别精度（Guo et al.，2019）。Yang 等（2017）使用了 HJ-1A/B 的多光谱时序数据和 RADARSAT-2 的全极化时序数据准确提取了水稻的物候信息。这些研究表明，尽管光学和微波遥感的探测模式不同，但将它们的不同特征进行融合后，能显著提高作物变量的估计精度。

除了卫星遥感，无人机作为近地遥感的新平台，因其成本低廉、操作相对简单、数据获取时效性强、空间分辨率精细等优点，成为遥感研究和应用的热点。近年来，无人机的小型化和民用化方便搭载数千万级像素的高分辨率单反相机或小型化的多光谱、高光谱及激光成像设备，能够更快速地获取高质量的遥感数据，而且受时间和天气的限制远小于卫星平台，使用成本也远低于有人航空器（李德仁 等，2014）。随着续航时间的逐步提高，无人机的使用将进一步提高数据采集的便捷性。与卫星相比，无人机平台不仅使用灵活，更重要的是能采集厘米级空间分辨率的影像。卫星遥感能提供大面积的时间序列数据，与无人机平台的协同工作更令人期待（Emilien et al.，2021）。

1.3　多源遥感数据融合

对于特定的应用，通常需要尽可能收集各种可用的遥感数据和辅助数据。当大量要素内容、性质特点、尺度特征明显不同的各类数据集时，首先要解决如何从中抽取合理的部分进行组合以获得最大的效用。因此，在遥感背景下的多源数据融合近年来受到了很多关注（Liu et al.，2018；Yokoya et al.，2018；Ghassemian，2016）。海量遥感数据的异构性对计算来说是个挑战，但是随着计算机硬件[中央处理器（central processing unit，CPU）和图形处理器（graphics processing unit，GPU）]性能的不断提升，大数据可以在更加开放、互操作性更高的环境下被处理，同时数据融合方法也在不断推陈出新（Nieland et al.，2015）。

数据融合的前提是在统一的时空域中，从不同的视角获得同一个真实世界（数据源）不同侧面的描述（数据），在不同的视角里各自拥有可测量的特性、测量方法和采样过程。真实世界（数据源）和多个数据集（观测）之间及数据集间必须存在某种程度的一致性，这是数据融合的核心和基础（Wang et al.，2015）。多源遥感数据的融合主要针对光学、雷达、激光等遥感数据集，采用时空匹配、维度转换、特征提取等手段，将原始数据或

表 1.3 典型星载对地观测雷达的主要参数

项目	国家	入轨年份	平均轨道高度/km	重访周期/天	波谱	入射角范围/(°)	空间分辨率/幅宽（极化模式）
TerraSAR-X/ TauDEM-X	德国	2007 年/ 2010 年	514	11	X 波段	20~55	ScanSAR: 16 m/100 km (S); StripMap: 3~6 m/20 km (S,D,Q); SpotLight: 1~2 m/10 km (S,D)
Radarsat-2	加拿大	2007 年	798	24	C 波段	20~49	ScanSAR: 50/100 m/500 km (SS,D); StripMap: 3~30 m/20~150 km (S,SS,D,Q); SpotLight: 1 m/20 km (SS)

高分三号 的空间分辨率/幅宽（极化模式）：

SpotLight	StripMap	ScanSAR	WAV	EXT
1 m/10 km (S)	UFS: 3 m/30 km (S); FSI: 5 m/50 km (D); FSII: 10 m/100 km (D); SS: 25 m/130 km (D); QPSI: 8 m/30 km (Q); QPSII: 25 m/40 km (Q)	NSC: 50 m/300 km (D); WSC: 100 m/500 km (D); GLO: 500 m/650 km (D)	10 m/5km(Q)	低入射角: 25 m/130 km (D); 高入射角: 25 m/80 km (D)

项目	国家	入轨年份	平均轨道高度/km	重访周期/天	波谱	入射角范围/(°)
高分三号	中国	2016 年	755	单侧视<3; 双侧视<1.5	C 波段	20~50（扩展 10-60）

注：ScanSAR, 推扫模式；StripMap, 条带模式；SpotLight, 聚束模式；WAV: wave imaging, 波成像模式；EXT: extended, 扩展入射角；UFS: ultra-fine strip, 超精细条带；FSI: fine strip I, 精细条带 I；FSII: fine strip II, 精细条带 II；SS: standard strip, 标准条带；QPSI: quad polarized strip I, 全极化条带 I；QPSII: quad polarized strip II, 全极化条带 II；NSC: narrow scan, 窄幅扫描；WSC: wide scan, 宽幅扫描；GLO: global, 全球观测成像模式；S(single)单极化模式，包括 HH、VV，VV、HV 或 VH；D(dual)双极化模式，包括 HH&HV 或者 VV&VH；Q(quad)四极化或全极化模式，用 HH&HV&VV&VH 表示

· 8 ·

者特征有机组合在一起。根据处理过程中融合发生的不同阶段，可将多源遥感数据融合分为像素/数据级融合、特征级融合和决策级融合三个层次（Pohl et al.，2010）。

像素级融合的目的是尽可能保留各数据集的信息，生成的复合影像具有更高精度，信息更准确、更全面。像素级融合的数据集均应来自相同的场景，但可能是多个传感器在相同时间采集的、多个传感器在不同时间采集的，或者单一传感器在不同时间、不同视角等情况下采集的。融合数据既包含各原始数据集的互补信息，同时也有大量冗余信息。像素级遥感影像融合是最低层次的处理，已开展较长时间的研究，有大量的方法可供使用。像素级融合算法可分为四类：分量替换（component substitution，CS）、多分辨率分析（multiresolution analysis，MRA）、混合方法（CS 和 MRA 的组合）和基于模型的算法（Ghassemian，2016）。好的融合方法既要能保存所有相关信息、消除无关信息和噪声，还要尽量减少人为修改和源影像的不一致（Kulkarniet al.，2020）。在融合之前，所有源影像都必须共同配准到统一的地理坐标系下，在此过程中较大的配准误差会显著影响融合结果的质量（Li et al.，2017）。

特征级融合先对源影像分别进行特征提取，然后再进行融合，所以级别高于像素级融合。通常在特征级融合中，首先使用分割方法提取对象，然后根据对象的形状、范围和邻域从原始影像中提取特征信息，并通过特征匹配找出来自不同数据源的相似对象后融合起来（Rajah et al.，2018）。一般而言，单个源影像的空间分辨率越高，获得的特征信息越丰富，有利于判断对象的相似程度。

决策级融合是最高层次的处理，先对输入的每个源影像进行单独的分类处理，然后再利用决策规则将提取的分类信息合并，加强共同的解释和解决分歧，以便更好地理解观测对象。在决策级融合中，各源影像采用不同的分类器，而最终决策依赖的是它们输出的带有不同置信度的标签或符号。常见的决策级融合方法包括投票法（Sun et al.，2006）、排序选择法（Chatzichristofis et al.，2012）、贝叶斯推理法和 Dempster-Shafe 证据理论方法（Hu et al.，2005）。

除了多源遥感影像的融合，土地利用类型、土壤类型、水文条件、气候气象、地形地貌等数据资料也是不可或缺的基础信息。它们部分来自已有调查和现时更新的资料，也有部分是遥感数据产品，比如气象数据、高程数据、土壤养分数据等。从数据融合的层次来看，它们可归为决策层级的融合。此外，从社交媒体、众包信息或通过爬虫技术收集的信息也成为一种新颖的数据源。借助基于位置服务（location-based service，LBS）注入的地理信息，采用空间数据挖掘方法从大量看似无关的信息中发现潜在的规律和模式，再与遥感数据进行关联分析，其结果能更好地反映人与环境的相互作用，从而弥补遥感技术在识别人为活动和社会特征方面的局限（Ghermandi et al.，2019；Chen et al.，2018），可为打造数字农业、智慧农业、农业 4.0 服务（Klerkx et al.，2019）。

参 考 文 献

黄健熙, 黄海, 马鸿元, 等, 2018. 遥感与作物生长模型数据同化应用综述. 农业工程学报, 34(21): 144-156.

李德仁, 2011. 地球空间信息学的使命. 科技导报, 29(29): 1.

李德仁, 2019. 论时空大数据的智能处理与服务. 地球信息科学学报, 21(12): 1825-1831.

李德仁, 李明, 2014. 无人机遥感系统的研究进展与应用前景. 武汉大学学报(信息科学版), 39(5): 505-513, 540.

廖小罕, 肖青, 张颢, 2019. 无人机遥感: 大众化与拓展应用发展趋势. 遥感学报, 23(6): 1046-1052.

林宗坚, 李德仁, 胥燕婴, 2011. 对地观测技术最新进展评述. 测绘科学, 36(4): 5-8.

张兵, 2017. 当代遥感科技发展的现状与未来展望. 中国科学院院刊, 32(7): 774-784.

AMORÓS-LÓPEZ J, GÓMEZ-CHOVA L, ALONSO L, et al., 2013. Multitemporal fusion of Landsat/TM and ENVISAT/MERIS for crop monitoring. International Journal of Applied Earth Observation and Geoinformation, 23: 132-141.

BARGIEL D, 2017. A new method for crop classification combining time series of radar images and crop phenology information. Remote Sensing of Environment, 198: 369-383.

BAZEZEW M N, HUSSIN Y A, KLOOSTERMAN E H, 2018. Integrating Airborne LiDAR and Terrestrial Laser Scanner forest parameters for accurate above-ground biomass/carbon estimation in Ayer Hitam tropical forest, Malaysia. International Journal of Applied Earth Observation and Geoinformation, 73: 638-652.

CHATZICHRISTOFIS S A, ZAGORIS K, BOUTALIS Y, et al., 2012. A fuzzy rank-based late fusion method for image retrieval//Proceedings of Advances in Multimedia Modeling. Berlin: Springer: 463-472.

CHEN W, HUANG H, DONG J, et al., 2018. Social functional mapping of urban green space using remote sensing and social sensing data. ISPRS Journal of Photogrammetry and Remote Sensing, 146: 436-452.

DIN M, MING J, HUSSAIN S, et al., 2019. Estimation of dynamic canopy variables using hyperspectral derived vegetation indices under varying N rates at diverse phenological stages of rice. Frontier of Plant Science, 9: 1883.

DORIGO W A, ZURITA-MILLA R, DE WIT A J W, et al., 2007. A review on reflective remote sensing and data assimilation techniques for enhanced agroecosystem modeling. International Journal of Applied Earth Observation and Geoinformation, 9(2): 165-193.

EMILIEN A V, THOMAS C, THOMAS H, 2021. UAV & Satellite synergies for optical remote sensing applications: A literature review. Science of Remote Sensing, 3: 100019.

ENNOURI K, KALLEL A, 2019. Remote sensing: An advanced technique for crop condition assessment. Mathematical Problems in Engineering (1): 1-8.

GHAMISI P, RASTI B, YOKOYA N, et al., 2019.Multisource and multitemporal data fusion in remote sensing: A comprehensive review of the state of the art. IEEE Geoscience and Remote Sensing Magazine, 7(1): 6-39.

GHASSEMIAN H, 2016. A review of remote sensing image fusion methods. Information Fusion, 32: 75-89.

GHERMANDI A, SINCLAIR M, 2019. Passive crowdsourcing of social media in environmental research: A systematic map. Global Environmental Change, 55: 36-47.

GUO Y, JIA X, PAULL D, et al., 2019. Nomination-favoured opinion pool for optical-SAR-synergistic rice mapping in face of weakened flooding signals. ISPRS Journal of Photogrammetry and Remote Sensing, 155: 187-205.

HAMBLIN J, STEFANOVA K, ANGESSA T T, 2014. Variation in chlorophyll content per unit leaf area in spring wheat and implications for selection in segregating material. PLoS One, 9(3): e92529.

HU L, GAO J, HE K, et al., 2005. Image fusion using D-S evidence theory and ANOVA method// Proceedings of 2005 IEEE International Conference on Information Acquisition: 5.

HUANG J, GóMEZ-DANS J L, HUANG H, et al., 2019. Assimilation of remote sensing into crop growth models: Current status and perspectives. Agricultural and Forest Meteorology, 276-277: 107609.

JIN X, KUMAR L, LI Z, et al., 2018. A review of data assimilation of remote sensing and crop models. European Journal of Agronomy, 92: 141-152.

KLERKX L, JAKKU E, LABARTHE P, 2019. A review of social science on digital agriculture, smart farming and agriculture 4.0: New contributions and a future research agenda. NJAS-Wageningen Journal of Life Sciences, 90-91:100315.

KULKARNI S C, REGE P P, 2020. Pixel level fusion techniques for SAR and optical images: A review. Information Fusion, 59: 13-29.

LI S, KANG X, FANG L, et al., 2017. Pixel-level image fusion: A survey of the state of the art. Information Fusion, 33: 100-112.

LI W, WEISS M, WALDNER F, et al., 2015. A generic algorithm to estimate LAI, FAPAR and FCOVER variables from SPOT4_HRVIR and Landsat sensors: Evaluation of the consistency and comparison with ground measurements. Remote Sensing, 7(12): 15494-15516.

LIU Y, CHEN X, WANG Z, et al., 2018. Deep learning for pixel-level image fusion: Recent advances and future prospects. Information Fusion, 42: 158-173.

LIU Y, LIU S, LI J, et al., 2019. Estimating biomass of winter oilseed rape using vegetation indices and texture metrics derived from UAV multispectral images. Computers and Electronics in Agriculture, 166: 105026.

MULLA D J, 2013. Twenty five years of remote sensing in precision agriculture: Key advances and remaining knowledge gaps. Biosystems Engineering, 114(4): 358-371.

NIELAND S, MORAN N, KLEINSCHMIT B, et al., 2015. An ontological system for interoperable spatial generalisation in biodiversity monitoring. Computers & Geosciences, 84: 86-95.

POHL C, VAN GENDEREN J L, 2010. Review article Multisensor image fusion in remote sensing: Concepts, methods and applications. International Journal of Remote Sensing, 19(5): 823-854.

RAJAH P, ODINDI J, MUTANGA O, 2018. Feature level image fusion of optical imagery and synthetic aperture radar(SAR) for invasive alien plant species detection and mapping. Remote Sensing Applications: Society and Environment, 10: 198-208.

SALEHI B, DANESHFAR B, DAVIDSON A M, 2017. Accurate crop-type classification using multi-temporal optical and multi-polarization SAR data in an object-based image analysis framework AU-Salehi, Bahram. International Journal of Remote Sensing, 38(14): 4130-4155.

SUN L, HAN C, 2006. Dynamic weighted voting for multiple classifier fusion: A generalized rough set method. Journal of Systems Engineering and Electronics, 17(3): 487-494.

URBAN D, GUAN K, JAIN M, 2018. Estimating sowing dates from satellite data over the U.S. Midwest: A comparison of multiple sensors and metrics. Remote Sensing of Environment, 211: 400-412.

WANG Q, SHI W, ATKINSON P M, et al., 2015. Downscaling MODIS images with area-to-point regression

Kriging. Remote Sensing of Environment, 166: 191-204.

WEISS M, JACOB F, DUVEILLER G, 2020. Remote sensing for agricultural applications: A meta-review. Remote Sensing of Environment, 236: 111402.

WU S R, YANG P, REN J Q, et al., 2021. Regional winter wheat yield estimation based on the WOFOST model and a novel VW-4DEnSRF assimilation algorithm. Remote Sensing of Environment, 255: 112276.

XIE Q, DASH J, HUETE A, et al., 2019. Retrieval of crop biophysical parameters from Sentinel-2 remote sensing imagery. International Journal of Applied Earth Observation and Geoinformation, 80: 187-195.

YAN G, HU R, LUO J, et al., 2019. Review of indirect optical measurements of leaf area index: Recent advances, challenges, and perspectives. Agricultural and Forest Meteorology, 265: 390-411.

YANG Z, SHAO Y, LI K, et al., 2017. An improved scheme for rice phenology estimation based on time-series multispectral HJ-1A/B and polarimetric RADARSAT-2 data. Remote Sensing of Environment, 195: 184-201.

YOKOYA N, GHAMISI P, XIA J, et al., 2018. Open data for global multimodal land use classification: Outcome of the 2017 IEEE GRSS Data Fusion Contest. IEEE Journal of Selected Topics in Applied Earth Observations and Remote Sensing, 11(5): 1363-1377.

第2章 农作物遥感基础

农作物遥感主要依靠卫星、飞机、无人机等飞行平台上搭载的各种电磁波传感器获取农作物冠层反射太阳辐射或发射热辐射能量数据，采用定性或定量分析的手段，实现农作物的类型识别、生理生化参数反演、长势评价和产量估计。农作物遥感可利用的电磁波包括可见光、近红外、微波等，采用光学成像、微波扫描、激光扫描等多种技术手段，得到丰富客观且层次分明的信息。随着搭载更先进的光学、热红外和微波等传感器的卫星平台的成功发射，多种同步影像数据（多时相、多光谱、多传感器、多平台和多分辨率）被获得，利用这些数据的互补优势分析作物将更准确、更全面。本章将围绕农作物遥感监测任务，从植被遥感基础知识着手，主要分析农作物的冠层光谱特征与响应机理、关键生理生化指标的光谱反演估计及时序遥感数据对农作物监测的重要作用。

2.1 农作物遥感基本原理

2.1.1 植被冠层辐射传输

受叶片和其他器官的数量、大小、形状、方向和辐射特性等影响，电磁辐射在植被冠层中的传输过程十分复杂。如果将各种器官分解成独立的组分，那么在每个组分上依次发生辐射的反射、吸收和透射，其比例取决于入射辐射的光谱特性和入射角（Verstraete，1988，1987）。据此，整个冠层的入射辐射可分解为反射辐射、吸收辐射和透射辐射三部分：冠层反射的辐射进入大气；被冠层吸收的辐射能量一部分转换为内能，一部分则以热能辐射掉；穿透冠层的透射辐射到达土壤表面，部分被土壤吸收，其余被反射重新进入冠层。从本质上来说，辐射传输过程描述了光能在植被中的能量流动和转换，遵循能量守恒定律，即冠层反射、吸收和透射的辐射能量之和等于入射辐射总能量。其中，从冠层反射的辐射能量被电磁探测设备接收，即生成遥感数据。

不同类型植被的冠层差异十分明显，它们的叶片形状、叶倾角分布、生理生化性质等使辐射传输过程表现出各自的特点。尽管遥感数据体现出来的只是反射差异，但通过辐射传输定量解析各因素的作用模式，可以由反射结果推断冠层的各种参数。因此，构建准确描述冠层辐射传输过程的模型，是定量遥感反演作物参数的理论基础（Liang et al.，1993）。通过假设，冠层可以被模拟为具有特定光学特性的连续介质，太阳辐射在植物冠层中的传播可以由半无限均匀散射介质的辐射传输偏微分方程描述，其中有大量散射元素均匀分布在空间和方向上（Li et al.，1995）。迄今，已经发展了许多有较高实用价值的冠层辐射传输模型，相关内容将在本书第5章详细介绍，此处不再赘述。

2.1.2　光谱特征

可见光-近红外光谱（0.4～2.5 μm）是光学遥感的主要工作波段，各种地物在此波段范围内均具有独特的吸收和反射特征，在热红外线和微波波段也表现出不同的辐射特点，这些特性被称为地物的电磁波谱响应特征或光谱特征。光谱特征与地物的物质组成、物理性质、几何结构等关系密切，而不同的作物或同一作物在不同的环境条件、生产管理措施、生育期和营养状况时，都会表现出明显的光谱特征差异，借此可以实现作物识别、长势分析、营养诊断和产量估计等。结合影像的多波段特点，利用可见光波段能获得高空间分辨率影像，进而获得作物个体和群体的空间结构信息；近红外波段的反射强度与作物生物量相关；热红外波段可用来估算地表温度，进而判断农田墒情。这些融合在影像中的光谱特征反映了电磁波对作物生长状况的响应，利用不同波段反射率或吸收率的差异，采用反演方法可实现对作物性质的推断。

2.1.3　时序遥感

在作物监测中，时间序列数据有助于分析作物生长的周期性和季节性变化，帮助预测其生长趋势。作物关键生育期的冠层反射光谱、胁迫状态（如缺水、缺素、病虫害等）下的冠层反射光谱和叶片反射光谱均呈现一定的规律性，在此基础上即可分析作物生长状态变化及其对环境的动态响应过程。各种遥感平台可以提供不同时相特征的数据。卫星遥感一般具有固定的重访周期，具有较好的时间连续性；由于成本高和范围受限的原因，通常在比较关键的时期通过航空平台（有人或无人操控）采集数据，它的时间连续性一般；地面观测则主要以定点数据采集为主，不适合大面积连续观测。因此，时序分析大多使用星载遥感数据。

如果按照农学上的关键生育期来设定农作物的观测时间，时间间隔一般较长而且是不等的，不能充分发挥遥感数据的性能。因此，通常按照卫星的实际重访周期来构建时序观测数据。为了得到高时频的数据，可以采用多视侧摆和卫星星座等技术缩短重访周期。我国的高分一号和高分六号组成星座，可以实现 2 天重访。如果在地球同步轨道上进行定点观测，则可随时获得数据，比如高分四号卫星每 20 s 即获得一次成像数据。当然，农作物监测不需要如此高的时频数据，常见的时序间隔有 4 天、8 天、10 天等。虽然间隔越短的时序信息对理解作物的生长过程越有利，但由于遥感数据容易受到环境条件影响，数据中断或噪声较大等情况则不利于数据分析。比如：受云覆盖影响，光学遥感数据经常会出现较长时间的中断；大气中悬浮颗粒和水分子等也会导致较高的数据噪声，增加了处理难度。虽然微波遥感受天气影响小，但其电磁波信息能反演的作物参数有限。另外，同时具备高的空间分辨率、光谱分辨率和时间分辨率的遥感技术仍然有待突破。

2.1.4　多角度遥感

多角度遥感是利用传感器从两个或两个以上的方向对同一目标进行同步观测的技术，是获得地表反射各向异性的主要手段。多角度观测对捕捉地表真实反射特性和空间结构具有重要作用，能够与传统的空间维、时间维和光谱维的信息形成互补，在定量遥感研究中具有重要的理论地位和应用前景。

多角度遥感相比单角度遥感具有明显的特点与优势，不仅数据量大大增加，更重要的是观测信息更加丰富，有利于解决反演中的欠定问题，减少结果的不确定性。卫星遥感平台上有单镜头侧摆和多个倾角镜头组合两种方式实现多角度观测。单镜头侧摆方式需要使用具有较大扫描角度和宽视域的传感器，例如 NOAA 系列卫星上的先进甚高分辨率辐射计（advanced very high resolution radiometer，AVHRR），通过单星连续数天轨道漂移所产生的角度差异，采集到不同观测角度的遥感数据。单镜头结合侧摆机构实现轨道飞行方向的前后视或左右侧视，前者除天顶角 0° 的垂直下视外，还通过侧摆机构对相邻的前后轨道进行观测，能提供同一轨道 3 个角度的准同步观测结果。这种方式下镜头的侧视角度不大，但可以明显缩短重访周期。如果传感器的视域较小，则采用组合多个不同倾角镜头的方式来获取多角度数据。为了提高不同视角数据的时间同步性，通常采用同轨前后视镜头。镜头个数和倾角设计、不同轨道间同步成像等是多角度遥感平台设计要解决的首要问题。典型的多镜头光学遥感成像仪如 SPOT-5 卫星的两台 27°侧视角的高分辨率几何（high-resolution geometric，HRG）成像仪；而微波雷达普遍使用侧摆扫描的多视角成像技术，例如 Terra 卫星搭载的多角度成像光谱辐射计（multi-angle imaging spectroradiometer，MISR）、高分三号的 C 频段双侧视多极化高分辨率合成孔径雷达。

多角度观测设备的快速发展极大地提高了星、机、地协同观测能力，为多角度遥感研究提供了重要的数据保障。设备的轻便化和观测的自动化是当前发展的主要方向。多角度遥感机理模型的研究多集中在对一些 20 世纪经典模型的改进和完善上，目前已有适用于单一植被类型场景的模型，但仍然需要发展能描述多种地物类型的复杂地表双向性反射机理模型。多角度遥感技术主要集中在反照率、植被参数、云参数和气溶胶光学特性的反演和海冰纹理等研究中（阎广建 等，2021），其在作物遥感监测中的应用也开始受到关注。

2.2　植被光谱特征和冠层光谱特征

绿色植被吸收红光和蓝光，而对近红外光则有较强的反射性。充分利用作物在可见光及近红外波段冠层光谱反射率的差异，将各波段反射率进行组合，可估计作物的氮含量、叶绿素浓度、叶面积指数等生物物理参数，实现定量遥感。基于农作物冠层光谱特征对生物及结构变量进行反演的定量遥感技术具有实时、快速、无损和准确等优点（李月 等，2019），在农业上得到了广泛的应用。如通过分析作物冠层光谱反射率可获得作物长势信息，并根据长势信息进行施肥指导，使土壤中的养分含量与作物对养分的需求量相匹配，减少化肥施用量。

2.2.1 植被光谱特征

地表植被的可见光和近红外波段的电磁波发生着密切的交互作用。可见光是植被光合作用产生有机物质的主要外源能量之一，而叶片的结构、形状、物质组成等都影响着作物冠层光谱的特征。

1. 叶片结构

叶片主要由表皮、叶肉和叶脉组成。表皮由一层排列紧密、无色透明的细胞构成，表皮细胞的外壁上是透明且不易透水的角质层。叶的上下表面都有起保护作用的表皮，即上表皮和下表皮。表皮有成对的半月形细胞，称作保卫细胞。保卫细胞之间的空隙叫气孔，是植物叶片与外界环境之间进行气体交换的"窗口"，其开闭由保卫细胞控制。叶肉是由栅栏组织和海绵组织构成的，叶肉细胞中含叶绿体，叶绿体中的叶绿素进行光合作用生成有机物。栅栏组织细胞在接近上表皮处，呈圆柱状，排列整齐，叶绿体含量高；海绵组织细胞接近下表皮，形状不规则，排列疏松，叶绿体含量低。叶脉是叶片上的维管束，由多种细胞组成，形成叶片的"骨架"。另外，叶脉中的导管和筛管负责水分和物质传输。前者把从根、茎中输送来的水分及溶解在水中的无机盐输送到叶的各个部位，满足叶生活的需要；后者则收集叶制造的有机物，再通过茎、根等器官中的筛管输送到其他部位。

2. 植被结构

从植物与光（辐射）的相互作用来看，植被结构可以分为叶片级结构和冠层级结构。叶片级结构主要指植物叶片的形状和大小；冠层级结构则是单株或多株叶片生长部分的立体形状、大小等的整体几何结构，一般存在明显的分层现象。冠层结构随着植物种类、生长阶段、分布方式的变化而变化。另外，按照植株的聚集和分布特点，植被结构也被分为水平均匀植被（连续植被）和离散植被（不连续植被）两种。两者之间并无严格界线，草地、幼林、生长茂盛的农作物等多属于前者，而稀疏林地、果园、灌丛等多属于后者。

植株叶片通过截获太阳辐射获得光能完成光合作用，而冠层级结构参数，如叶面积指数（LAI）和叶倾角分布（leaf angle distribution，LAD），是用来衡量太阳辐射在冠层内进行重新分配的量化指标。不同尺度的植被结构往往通过不同的特征参数来描述和表达。一般来说，叶片级结构参数主要是单片叶子的面积和倾角。叶面积是与产量关系最密切、变化最大，同时又是比较容易控制的一个因素。合理的种植密度和肥水施用技术等增产措施之所以有显著的增产效果，主要在于适当地增加了叶子伸展和竞争光热的机会。叶面积过小，会影响光合作用；但叶面积过大，会造成群体内光照条件恶化，也会削弱光合作用导致生长放缓。叶倾角是叶片腹面的法线（L）与天顶轴（z轴）的夹角（θ_L）。它以z轴为$0°$，实际上它也是叶面与地平面的夹角。叶倾角主要影响作物的受光面积，从水平光分布而言，叶片排列方式越规律，则向光面积比率越小；相反，叶片排列呈密集状态，则向光面积比率较大，且散射光不如直射光显著。在太阳高度角低时群体表面受光叶面积大，在太阳高度角高时受光叶面积小，在太阳高度角为 20°～70° 时几乎呈直线衰减。光线的入射角小而叶倾角大，或入射角大而叶倾角小均有利于集中用光（黄高宝，1999）。冠层级参数包括 LAI、LAD、叶面积体密度（foliage area volume density，FAVD）、空隙率或间隙率。LAI 定义为单位地表面积上植物绿叶面积的总和，它与植被的密度、结构（单层或复层）、树木的生物学特性（分枝角、叶着生角、耐阴性等）和环境条件（光照、水分、土壤营养状况）有关，是表示植被利用光能状况和冠层结构的综合指标。LAD 通常用均匀型、球面型、倾斜型等空间取向分布函数来描述。FAVD 定义为某一高度上单位体积内叶面积的总和。空隙率定义为一束光线不受阻碍地穿过冠层的概率。

3. 光合作用

光合作用指植物叶片的叶绿素吸收光能和转换光能的过程。它所利用的光能仅是太阳光的可见光部分（0.4～0.7 μm），称为光合有效辐射（photosynthetically active radiation，PAR），约占太阳辐射的 47%～50%，其强度随着时间、地点、大气条件等变化。植被的吸收光合有效辐射（absorbed photosynthetic active radiation，APAR）是植物实际吸收的光合有效辐射，其大小及变化取决于太阳辐射的强度和植物叶片的光合面积。光合面积与 LAI、LAD、叶间排列方式、太阳高度角等多种因素有关，其与叶绿素浓度结合可以反映作物群体参与光合作用的叶绿素总量。水、热、气、肥等环境因素也影响着 PAR 向干物质转换的效率。叶片的光合作用过程总是伴随着叶片的呼吸作用进行，当叶片缺水时，气孔闭合，导致 CO_2 的吸入量减少，光合作用明显受到抑制。

然而，光合作用并不能将全部的有效辐射转换和消耗掉，其余部分反射出冠层、透射到地表，或者投射到植物体的非光合器官上，因此光合作用的潜力还受植物类型、结构、生态环境等多方面因素的影响。

4. 光谱特征

植被光谱特征主要是叶片化学组分分子结构中的化学键在一定水平的辐射照射下，吸收特定波长的辐射能，产生不同的光谱反射率。特征波长处光谱反射率的变化对叶片化学组分的含量非常敏感，称为敏感光谱。如图 2.1 所示，由于叶肉细胞、叶绿素、水分含量、氮素含量及其他生物化学成分的不同，在各自影响的波段光谱会呈现出不同的形态和特征，形成特定的反射光谱曲线。

400～700 nm（可见光波段）是植物叶片的强吸收波段，反射率和透射率都很低。由于植物叶绿素、胡萝卜素等的吸收，特别是叶绿素 a、叶绿素 b 的强吸收，在可见光波段形成两个吸收谷（450 nm 蓝光和 660 nm 红光附近）和一个反射峰（550 nm 绿光处），呈现出区别于土壤、岩石和水体的独特的光谱特征，即"蓝边"、"绿峰"、"黄边"和"红谷"等。

700～780 nm 是叶绿素在红波段的强吸收到近红外波段多次散射形成的高反射平台的过渡波段，又称为植被反射率"红边"。红边是植被营养、长势、水分和叶面积等的指示性特征，得到了广泛的应用与证实。当植被生物量大、色素含量高、生长旺盛时，红边会向长波方向移动（红移），而当遇到病虫害、污染、叶片老化等情况时，红边则会向短波方向移动（蓝移）。

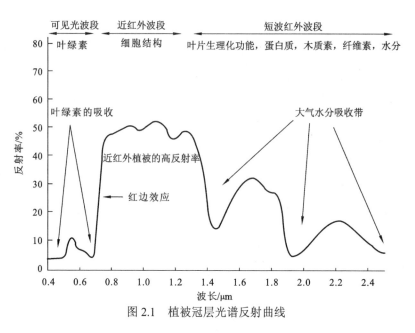

图 2.1　植被冠层光谱反射曲线

780～1 350 nm 是与叶片内部结构有关的光谱波段，该波段能解释叶片结构光谱反射率特性。由于色素和纤维素在该波段对辐射的吸收率小于 10%，且叶片含水量也只是在 970 nm、1 200 nm 附近有两个微弱的吸收特征，光线在叶片内部多次散射的结果是近50% 的光线被反射，近 50% 的光线被透射。该波段反射率平台（又称为反射率红肩）的强度取决于叶片内部结构，特别是叶肉与细胞间空隙的相对厚度。叶片内部结构影响叶片光谱反射率的机理比较复杂，细胞层越多，光谱反射率越高，细胞形状、成分的各向异性及差异越明显，光谱反射率也越高。

1 350～2 500 nm 是叶片水分吸收主导的波段。由于水分在 1 450 nm 及 1 940 nm 的强吸收特征，在这个波段形成两个主要反射峰，分别位于 1 650 nm 和 2 200 nm 附近。王纪华等（2000）利用该波段的吸收特征在室内条件下反演了叶片含水量，但由于叶片水分的吸收波段受大气中水汽的强烈干扰，而将大气水汽和植被水分对光谱反射率的贡献分离的难度很大，目前虽取得了部分进展，但仍满足不了田间条件下植被含水量的定量遥感需求。

不同作物类型、不同植株营养状态下植被冠层光谱变化趋势相似，但其光谱反射率大小存在差异。冠层光谱反射率受植物叶片及冠层的形状、大小与群体结构（涉及多次散射、间隙率和阴影等）的影响，并随作物种类、生长阶段等变化而改变。随着植物的生长、发育或受胁迫及水分亏缺等状态的不同，叶片的组分、结构均会发生变化。例如缺水导致叶片枯黄，叶绿素大量流失，可见光不能被吸收利用，反射率显著增强。苗期叶片叶绿素含量低，细胞壁薄，可见光反射较强，近红外反射较弱；而在壮年期叶绿素含量高，细胞壁厚实，光合作用旺盛，可见光反射弱，近红外反射强。诸如此类的差别对植物/非植物的区分、不同植被类型的识别、植物长势监测等具有一定的价值。因此，研究作物光谱特性受冠层结构、生长状况、土壤背景及天气状况等因素影响的程度及其机理，是利用遥感技术对作物长势等指标进行定量反演的基础（谭昌伟 等，2008）。

2.2.2 冠层光谱特征

植被冠层是由许多离散的叶片构成的多重叶层结构，在光线的传播路径上，上层叶片对下层叶片存在遮挡。整个冠层的反射是由叶的多次反射和阴影共同作用而成，而阴影所占的比例受光照角度，叶的形状、大小、倾角等的影响。一般来说，受阴影影响的冠层的反射值低于单叶的实验室测量值，但在近红外谱段冠层的反射更强。这是由植物叶子透射 50%～60% 的近红外辐射所致（赵春江，2014）。

在光谱的近红外波段，植被的光谱特性主要受植物叶片内部构造的控制。健康绿色植物在近红外波段的光谱特征是反射率高（45%～50%）、透过率高（45%～50%）、吸收率低（<5%）。在可见光波段与近红外波段之间，即大约 0.76 μm 附近，反射率急剧上升，形成"红边"现象，这是植物曲线最为明显的特征，也是研究的重点光谱区域。许多种类的植物在可见光波段差异小，但在近红外波段的反射率差异明显。同时，与单片叶片相比，多片叶片能够在光谱的近红外波段产生更高的反射率（高达 85%），这是附加反射率导致的，辐射能量透过最上层的叶片后，将被第二层的叶片反射，其结果在形式上增强了第一层叶片的反射能量（邓磊 等，2019）。

1. 可见近红外光谱特征

植被的反射波谱曲线（光谱特征）规律性明显而独特，主要分三段。可见光波段（0.4～0.7 μm）有一个小的反射峰，位置在 0.55 μm（绿）附近，在 0.45 μm（蓝）和 0.67 μm（红）两侧有两个吸收带。这一特征是由叶绿素对蓝光和红光吸收作用强、而对绿光反射作用强导致的。在近红外波段（0.7～0.8 μm）有一个反射的"陡坡"，至 1.1 μm 附近有一峰值，形成植被的独有特征。这是由于植被叶细胞结构的影响，形成了高反射率。在中红外波段（1.3～2.5 μm），受到绿色植物含水量的影响，吸收率大增，反射率大大下降，特别是以 1.45 μm、1.95 μm 和 2.7 μm 为中心的水的吸收带。近红外波段在植物遥感中有重要的作用，因为近红外区的反射受叶内复杂的叶腔结构和腔内对近红外辐射的多次散射控制，以及近红外光对叶片有近 50% 的透射和重复反射。随着植物的生长、发育、受病虫害胁迫或水分亏缺等状态的不同，植物叶片的叶绿素含量、叶腔的组织结构、水分含量均会发生变化，使叶片的光谱特性改变，虽然这种变化在可见光和近红外区同步出现，但在近红外区的反射变化更为明显。

在中红外波段，随着叶片水分减少，植物的反射率明显增大。绿色植物的光谱响应主要被 1.4 μm、1.9 μm 和 2.7 μm 附近的水的强烈吸收带所支配。2.7 μm 处的水吸收带是一个主要的吸收带，它表示水分子的基本振动吸收带。1.9 μm、1.1 μm、0.96 μm 处的水吸收带均为倍频和合频带，故强度比水分子的基本吸收带弱，而且是依次减弱的。1.4 μm 和 1.9 μm 处的两个吸收带是影响叶片中红外波段光谱响应的主要谱带。1.1 μm 和 0.96 μm 处的水吸收带对叶片的反射率影响也很大，特别是在多层叶片的情况下。有研究表明，植物对入射阳光中的红外波段能量的吸收程度是叶片中总水分含量的函数（张亚梅，2008）。

2. 荧光光谱特征

植被叶绿素分子吸收光能，由基态跃迁到激发态。处于激发态的叶绿素分子有三种命运：①以热的形式释放能量；②通过一系列光子传递过程引发光合作用；③以荧光或磷光的形式释放能量回到基态。植被吸收的光子能量比其释放的荧光光子能量强，荧光出现在更长的波段上。叶绿素荧光发射峰位于红光（R）区和远红光（FR）光谱区，虽然很弱（不足吸收光能的 3%），但其与光合作用直接相关，已被广泛应用于评价叶片的光合能力，被称为测定叶片光合功能的快速、无损伤的探针。

一般绿色植物的荧光光谱特征是在 400～800 nm 存在三个较为明显的荧光峰，其峰值在波长 450 nm、685 nm 和 740 nm 处。这三个特征峰可作为遥感接收系统的光谱通道。有些植物在 525 nm 或 550 nm 处也有荧光峰。叶绿素荧光发射波长为 650～780 nm，荧光发射峰在 685 nm 和 740 nm 附近。

蓝绿荧光主要来源于表皮细胞，其发射强度与物种密切相关。在发射源对应的叶片组织结构方面，蓝绿光区荧光发射主要来自主、侧叶脉，而红光区和远红光区荧光主要来自非叶脉区域。值得注意的是，土壤的激光诱导荧光光谱在可见光波段呈单峰平缓型，峰位一般在 450 nm 附近。与植被荧光光谱特征相比，土壤荧光峰在数量和位置上的差别都比较明显。区分植被和土壤的最佳荧光波段是在红光波段，几乎正好是峰（植被）、谷（土壤）的对应位置。

3. 微波辐射特征

光学遥感容易受到季风季节多云和雾霾天气条件的影响，而微波信号可以穿透云、雾和微粒，适合各种天气条件下作物的监测。微波与作物冠层的相互作用受波长、入射角、极化等敏感特征及表面粗糙度、作物几何形状、土壤背景和植株体含水量等特性的影响。实际应用中，合成孔径雷达数据已被成功地用于识别水稻、小麦、玉米和大豆等作物，且识别的准确率也较高。不同波长、极化和入射角情况下采集的 SAR 数据还能用来定量反演叶面积指数和生物量等参数。

植被冠层的微波特性是作物物候历、类型和雷达频率和波段的函数，在不同的频率和极化状态下，不同类型作物的响应不同。研究微波数据与农作物生长过程的关系，是发展可靠的农作物监测方法的基础和关键条件。了解农作物的微波辐射或散射特性随作物生长变化的规律，可以利用植被的后向散射或辐射模型对作物的散射或辐射过程进行模拟，也可以安装地基微波设备进行地面测量。前者的缺点是后向散射受很多因素的影响，建立的模型很难把各种影响都描述清楚，因而适应性和稳健性较差；而后者针对特定物种进行地面实验，可以获得微波数据和作物生长参数之间更确定的关系（鹿琳琳 等，2008）。

利用微波数据监测植株生长状况，一方面要分析作物生长状况与各种生长参数的关系，另一方面要建立微波数据与农作物生长参数的关系，利用微波数据进行生长参数的定量化提取。定量化提取的方法有统计方法和物理方法：统计方法包括一元线性回归、逐步多元线性回归和部分最小二乘回归等；物理方法是对冠层反射率模型的反演，包括迭代最优化算法、查找表方法和人工神经网络等。鹿琳琳等（2008）在分析蚜蝗虫害的发生与玉米作物参数（例如植株高度、生物量、LAI、总叶绿素含量）的关系时，发现总叶绿素含量和病虫害发病率有最好的相关性，可建立二者的经验模型；此外，利用散射计测量不同极化和入射角下不同生长阶段的玉米 X 波段的散射数据，对总叶绿素含量和散射数据进行线性回归分析，选择入射角和极化状态。基于两种阶段的研究，建立了用微波遥感估算病虫害发生率的算法，且利用该算法估算的病虫害发生率和实际情况有很高的一致性。

4. 热辐射特征

遥感观测的对象通常包含多种组分的混合像元。像元光谱由像元结构、各组分光谱、光照条件（或组分温度）和观测条件共同决定。为了描述遥感信号与地表性质的关系，人们建立各种地表模型，其中可见光波段模型发展较早，也最为成熟。虽然热红外波段辐射与可见光波段反射有很大区别，人们仍然尝试把可见光波段的一些结果推广到热红外波段。例如几何光学模型就可以基本不加改变地推广到热红外波段；半无限浑浊介质的双向反射模型最初是用于可见光波段，但是通过利用基尔霍夫定律建立方向半球反照率与方向发射率的关系后，也可以用来计算方向发射率（刘强 等，2003）。

热红外波段地表模型的核心问题是组分温度与发射率和像元温度与发射率的关系，从热辐射机理出发建立模型可以描述这一关系，如非同温混合像元热辐射方向性模型（陈良富 等，2000）、有效发射率模型（徐希孺 等，2001）、矩阵表达式等。这些模型从概念上揭示了组分温度和温差的分布对像元热辐射的影响，以及像元内各组分互为光源的特性，真正从原理上阐明了地表热辐射方向性产生的机理。

此外，上述概念模型和发射模型都不是封闭模型，而是需要其他模型和算法作为底层的组件。SAIL（scattering by arbitrarily inclined leaves）模型是适用于农田作物冠层的最具代表性的辐射传输模型之一，其特点是在水平均匀的假设下考虑了冠层的垂直分层结构和叶倾角分布。

5. 多角度波谱特征

多角度遥感通过对地面目标多个方向的观测获得丰富的多视角观测信息，进而从中提取地物的立体结构特征信息，具备求解植被 LAI、冠层类型、植株外形、冠层构成等参数的潜力，且可能避免传统遥感面临的"异物同谱、同物异谱"的难题。

无人机载平台上也可以搭载多镜头相机对地面进行观测，主要用于地形测绘、三维地表建模等。由于光谱相机多镜头集成的技术要求高且造价不菲，以及无人机载平台的稳定性控制存在较高难度等问题，目前还没有比较成熟的应用型多镜头光谱相机可供利用。

遥感数据已经广泛应用于农作物长势监测，但目前仍以天顶角观测数据为主，而充分利用作物冠层的多角度遥感信息能够更准确地反演作物冠层的结构特征和生理生化属性。多角度遥感数据能用来分析作物冠层的双向反射（bidirectional reflectance，BR）特性和双向反射分布函数（bidirectional reflectance distribution function，BRDF）。BRDF 描述的是来自方向地表辐照度的微增量与其所引起的方向上反射辐射亮度增量之间的比值（Hapke，1981）。对于成像光谱数据而言，在低空间分辨率和宽波段情况下，遥感应用基本采用朗伯近似来描述地物的波谱特性。随着空间分辨率的大幅提高，在较小的瞬时视场角（instantaneous field of view，IFOV）中，作物冠层反射的各向异性特点十分突出，而且波段日益窄化，因此在定量遥感中需要解析地物的非朗伯特性。图 2.2 是在地面从不同角度拍摄的油菜冠层照片，可以看到拍摄方向与太阳光入射方向的相对位置不同时的明显差异。利用这种方向特征就能描述作物冠层对太阳辐射反射、散射能力在半球面空间的变化规律，通过统计分析手段就可以得到 BRDF。影响 BRDF 的两种主要因素分别是冠层的表面粗糙度和被动反射或主动辐射方向。此外，田间种植情况也是影响作物双向反射特性的重要因素。在作物类型相同的情况下，种植方式和生长状况会导致农田中形成连续或离散的冠层面。比如移栽油菜在封垄前形成规则离散的冠层面，而直播油菜在覆盖度较低时，冠层面是不规则离散的。在高覆盖度的情况下，直播和移栽油菜的冠层面都变得连续且差异较小。作物类型也是引起双向反射特性差异的主要因素，叶片结构和冠层形状等使不同作物（例如玉米、小麦、油菜）的冠层双向反射特性有明显区别。利用不同作物冠层的结构差异进行 BRDF 分析可以提高作物识别的准确性。

顺光（后向散射为主）

侧视（左）　　　　　　垂直　　　　　　侧视（右）

逆光（前向散射为主）

图 2.2　油菜冠层方向性反射特性的地面拍照结果

BRDF 的一般公式（Nicodemus，1965）为

$$\text{BRDF}(i,r,\lambda) = \frac{\mathrm{d}L_r(\Omega_i,\Omega_r,\lambda)}{L_i(\Omega_i\lambda)\cos\theta_i\mathrm{d}\Omega_i} \tag{2.1}$$

其中：L 为辐射强度；i 为入射辐射方向；r 为反射辐射方向；λ 为波长；Ω 为给定方向的一个立体角，其方向用极坐标的两个角 θ 和 φ 来表示，θ 为该方向与垂直方向的夹角，φ 为该方向水平投影的方位。该公式的物理意义是从某一给定入射方向 i，向地物表面

一点入射能量的微小增量与其所引起的向 r 方向反射的能量的增量之间的比值。由此，BRDF 只取决于地物本身和两个方向变量，是独立于入射辐射的空间分布函数（李小文，1989）。

以 BRDF 为基础，需要确定各个观测方向上地物表面与入射辐射之间的交互作用，从而获得该方向上的反射率结果，即描述特定方向的地物反射特性模型。这种物理模型包含方向反射和地物表面特性的参数，它们具有明确的物理意义。以此为基础建立的物理模型有 4 种：辐射传输（radiative transfer，RT）模型、几何光学（geometric-optical，GO）模型、几何光学-辐射传输（GO-RT）混合模型和计算机仿真模型（Jacquemoud et al.，2000；李小文 等，1991）。有众多书籍和文献详细介绍了这些模型，此处不再赘述。目前在农作物遥感上常用的 PROSAIL 模型是 PROSPECT 模型和 SAIL 模型的混合体，属于 GO-RT 混合模型（Jacquemoud et al.，2009）。

2.3　农作物生理生化指标

2.3.1　植被指数

植被指数是研究植被最常用的遥感方法。遥感影像上的植被信息，主要通过绿色植物叶片和植被冠层的光谱特性及其差异反映出来。不同波段的植被信息与植被的不同要素或特征状态有一定的相关性。例如：可见光受叶片叶绿素含量的控制、短波近红外受叶细胞内结构的控制、中波近红外受叶细胞内水分含量的控制；绿光对区分植物类别敏感，红光对植被覆盖度、植物生长状况敏感等。因此，可以选用多光谱遥感数据，经加、减、乘、除等线性或非线性组合运算，产生某些对植被长势、生物量等有一定指示意义的专题数值，称作植被指数。健康植被在近红外波段（0.7～1.1 μm）通常反射 40%～50% 的能量，而在可见光范围（0.4～0.7 μm）只能反射 10%～20% 的能量（多数被叶绿素吸收）。枯萎及干死植被中叶绿素大量减少，其对可见光的反射率比健康植被的反射率高，但对近红外的反射率比健康植被的反射率低。在可见光范围内，裸露土壤的反射率通常高于健康植被、低于枯萎植被，在近红外波段，则明显低于健康植被。这三条曲线在不同波段的形状差异是计算许多植被指数的基础。

实验研究中，通常选用绿色植物强吸收（由叶绿素吸收引起）的可见光红光波段（0.6～0.7 μm）和绿色植物高反射（由叶肉组织强反射引起）的近红外波段（0.7～1.1 μm）的相关数据来描述植被指数。这两个波段不仅是植物光谱、光合作用中最重要的波段，而且对同一生物物理现象的光谱响应截然不同，形成明显反差。这种反差随着叶冠结构、植被覆盖度变化而变化，因此可以对它们用比值、差分、线性等多种组合来揭示隐含的植物信息。

挑选特征波段设计植被指数时，不仅要考虑植被指数对植被覆盖度、组分含量、结构变化差异的敏感性，还要考虑其对土壤背景、大气条件等的敏感性。显然，对环境条件变化反应迟钝而对植被变化敏感的植被指数才是有用的。光学遥感上的植被指数主要利用红光和近红外的反射率或辐射中包含的信息，通常以比值或差值的形式构造计算公式。常见的植被指数有比值植被指数（ratio vegetation index，RVI）、归一化植被指数（normalized difference vegetation index，NDVI）、差值植被指数（difference vegetation index，DVI）、土壤调节植被指数（soil adjusted vegetation index，SAVI）等。RVI 定义为红光和近红外波段的反射率（ρ_R 和 ρ_{NIR}）或辐射强度的比值，ρ_R 为红光波段的反射率，ρ_{NIR} 为近红外波段反射率。健康的绿色植被的 ρ_R 值低、ρ_{NIR} 值高，其 RVI 值较高（一般大于 2）；而对于无植被的地面（如裸土、人工特征物、水体）及枯死或受胁迫的植被，其 RVI 值较低（近似等于 1）。因此，RVI 能增强植被与土壤背景之间的辐射差异。同理，采用绿光与红光波段反射率（ρ_G 和 ρ_R）之比的 RVI，也能得到相同的效果。RVI 是绿色植物灵敏的指示参数，与叶面积指数（LAI）、叶干生物量（dry mass，DM）、叶绿素含量相关性高，被广泛用于估算和监测绿色植物生物量。在植被高密度覆盖的情况下，它对植被十分敏感，与生物量的相关性最好；但当植被覆盖度小于 50% 时，它的分辨能力显著下降。此外，RVI 对大气状况很敏感，大气效应大大地降低了它对植被检测的灵敏度，尤其当 RVI 值高时，这一影响更大。与 RVI 相比，归一化植被指数（NDVI）具有更好的综合性能。NDVI 与 LAI、绿色生物量、植被覆盖度、光合作用参数等植被参数有关，如 NDVI 与光合有效辐射吸收比率（fraction of absorbed photo-synthetically active radiation，FAPAR）呈近线性关系，而与 LAI 呈非线性关系；NDVI 的时间变化曲线可反映季节和人为活动的变化；半干旱区植被整个生长期的 NDVI 对降水量和大气 CO_2 浓度随季节和纬度变化均十分敏感，因此，NDVI 被认为是监测地区或全球植被和生态环境变化的有效指标。NDVI 经比值处理，可部分消除太阳高度角、卫星观测角、地形、大气层辐射（云阴影和大气条件有关的辐照度条件变化）等的影响。同时 NDVI 的归一化处理降低了传感器标定衰退的影响（对单波段的影响为 10%～30%，而对 NDVI 只有 0%～6%），也减小了由地表双向反射和大气效应造成的角度影响。因此，NDVI 增强了对植被的响应能力。研究表明，NDVI 适用于全球或各大陆等大尺度的植被动态监测，但对宽视域传感器数据（如 MODIS、AVHRR、SPOT4-Vegetation、SeaWIFS 等），应考虑方向辐射的角度效应和大气效应的影响，对 BRDF 进行大气校正。NDVI 的局限性主要表现在：NDVI 增强了近红外与红光波段反射率的对比度，它是近红外和红光比值的非线性拉伸，其计算结果增强了低值部分，抑制了高值部分，导致 NDVI 对高植被覆盖区的敏感性较低；NDVI 对植被冠层背景的影响较为敏感，其中包括土壤背景、潮湿地面、雪、枯叶、粗糙度等，其敏感性与植被覆盖度有关。一般来说，NDVI 比较适用于植被发育中期或中等覆盖度的植被检测。

由于植被光谱受植被本身、环境条件、大气状况等多种因素的影响，植被指数往往具有明显的地域性和时效性。在过去 40 多年的研究和应用中，学者们提出的可用植被指数有数百种之多，随着遥感数据光谱分辨率的提高，部分宽波段的植被指数被直接用于窄波段数据，而部分则需要修正。随着更多波段的出现，以及新的反演应用的提出，学者们也创造了许多新的植被指数。针对设定的特定反演目标，植被指数也被分为不同的类型，如叶绿素敏感型、氮含量敏感型等。为此，本书收集和整理了在农作物遥感中应用较多的宽波段和窄波段/高光谱植被指数，分别在表 2.1 和表 2.2 中进行了分类和归纳。

表 2.1　宽波段植被指数

名称	公式及说明	文献
DVI	$\mathrm{DVI} = \mathrm{NIR} - R$	Richardson 等（1977）
RVI	$\mathrm{RVI} = \mathrm{NIR} / R$	Jordan（1969）
NDVI	$\mathrm{NDVI} = (\mathrm{NIR} - R) / (\mathrm{NIR} + R)$	Rouse 等（1974）
PVI	$\mathrm{PVI} = \sqrt{(R_{\mathrm{soil}} - R_{\mathrm{veg}})^2 - (\mathrm{NIR}_{\mathrm{soil}} - \mathrm{NIR}_{\mathrm{veg}})^2}$ 其中：R_{soil}、$\mathrm{NIR}_{\mathrm{soil}}$、$R_{\mathrm{veg}}$、$\mathrm{NIR}_{\mathrm{veg}}$ 分别为土壤、植被的红光和近红外的反射率或辐射率	Richardson 等（1977）
EVI	$\mathrm{EVI} = \mathrm{gain} \times (\mathrm{NIR} - R) / (\mathrm{NIR} + C_1 R - C_2 B + L)$ 其中：L 为冠层背景调整因子，等于 1；gain 为增益因子，等于 2.5；C_1 和 C_2 为气溶胶阻力项的系数，分别等于 6 和 6.5	Huete 等（1997）
SAVI	$\mathrm{SAVI} = (\rho_{\mathrm{NIR}} - \rho_R)(1 + L) / (\rho_{\mathrm{NIR}} + \rho_R + L)$ 其中：ρ_{NIR} 和 ρ_R 表示近红外和红光波段的反射率；L 为土壤调节指数，取值 0～1	Huete（1988）
MSAVI	$\mathrm{MSAVI} = (1 + L) \times [(\mathrm{NIR} - R) / (L + \mathrm{NIR} + R)]$ 其中：$L = 1 - 2 \times \alpha \times \mathrm{NDVI} \times \mathrm{WDVI}$， $\mathrm{WDVI} = \mathrm{NIR} - \alpha \times R$ α 为土壤调节系数	Qi 等（1994）
OSAVI	$\mathrm{OSAVI} = (\mathrm{NIR} - R) / (\mathrm{NIR} + R + 0.16)$	Rondeaux 等（1996）
GOSAVI	$\mathrm{GOSAVI} = (\mathrm{NIR} - G) / (\mathrm{NIR} + G + 0.16)$	
NG	$\mathrm{NG} = G / (\mathrm{NIR} + R + G)$	Sripada 等（2006）
NR	$\mathrm{NR} = R / (\mathrm{NIR} + R + G)$	
GRVI	$\mathrm{GRVI} = \mathrm{NIR} / G$	
GDVI	$\mathrm{GDVI} = \mathrm{NIR} - G$	Tucker（1979）
GNDVI	$\mathrm{GNDVI} = (\mathrm{NIR} - G) / (\mathrm{NIR} + G)$	Gitelson 等（1996）
GSAVI	$\mathrm{GSAVI} = 1.5 \times [(\mathrm{NIR} - G) / (\mathrm{NIR} + G + 0.5)]$	Sripada 等（2006）
IPVI	$\mathrm{IPVI} = \mathrm{NIR} / (\mathrm{NIR} + R)$	Crippen（1990）
NLI	$\mathrm{NLI} = (\mathrm{NIR}^2 - R) / (\mathrm{NIR}^2 + R)$	Goel 等（1994）
RDVI	$\mathrm{RDVI} = \sqrt{\mathrm{NDVI} \times (\mathrm{NIR} - R)}$	Roujean 等（1995）
MSR	$\mathrm{MSR} = [(\mathrm{NIR} / R) - 1] / (\sqrt{\mathrm{NIR} / R} + 1)$	Chen（1996）
ARVI	$\mathrm{ARVI} = (\mathrm{NIR} - R - B) / (\mathrm{NIR} + R + B)$	Kaufman 等（1992）
WDRVI	$\mathrm{WDRVI} = (\alpha \mathrm{NIR} - R) / (\alpha \mathrm{NIR} + R)$ 其中，加权系数 α 的值为 0.1～0.2	Gitelson（2004）

注：表中 NIR、R、G、B 分别代表近红外、红光、绿光和蓝光波段的反射率或辐射值；差值植被指数（difference vegetation index，DVI）；比值植被指数（ratio vegetation index，RVI）；归一化植被指数（normalized difference vegetation index，NDVI）；垂直植被指数（perpendicular vegetation index，PVI）；增强型植被指数（enhanced vegetation index，EVI）；土壤调节植被指数（soil adjusted vegetation index，SAVI）；修正型土壤调节植被指数（modified soil-adjusted vegetation index，MSAVI）；优化土壤调节植被指数（optimized soil-adjusted vegetation index，OSAVI）；绿色优化土壤调整植被指数（green optimized soil adjusted vegetation index，GOSAVI）；归一化绿色（normalized green，NG）指数；归一化红色（normalized red，NR）指数；绿色比值植被指数（green ratio vegetation index，GRVI）；绿色差值植被指数（green difference vegetation index，GDVI）；绿色归一化差值植被指数（green normalized difference vegetation index，GNDVI）；绿色土壤调节植被指数（green soil-adjusted vegetation index，GSAVI）；近红外百分比植被指数（infrared percentage vegetation index，IPVI）；非线性植被指数（nonlinear vegetation index，NLI）；复归一化植被指数（renormalized difference vegetation index，RDVI）；改进的简单比值（modified simple ratio，MSR）植被指数；大气阻抗植被指数（atmospherically resistant vegetation index，ARVI）；宽范围动态植被指数（wide dynamic range vegetation index，WDRVI）

表 2.2 窄波段/高光谱植被指数

类型	名称	公式	文献
结构相关指数	DI	$DI = \rho_{800} - \rho_{550}$	Buschmann 等（1993）
	GI	$GI = \rho_{554} / \rho_{677}$	Smith 等（1995）
	NDVI	$NDVI = (\rho_{800} - \rho_{680}) / (\rho_{800} + \rho_{680})$	Lichtenthaler 等（1996）
	GNDVI	$GNDVI = (\rho_{801} - \rho_{550}) / (\rho_{800} + \rho_{550})$	Daughtry 等（2000）
	SR	$SR1 = \rho_{800} / \rho_{670}$	Daughtry 等（2000）
		$SR2 = \rho_{800} / \rho_{550}$	Buschmann 等（1993）
		$SR3 = \rho_{700} / \rho_{670}$	McMurtrey 等（1994）
		$SR4 = \rho_{740} / \rho_{720}$	Vogelmann 等（1993）
		$SR5 = \rho_{675} / (\rho_{700} \times \rho_{650})$	Chappelle 等（1992）
		$SR6 = \rho_{672} / (\rho_{550} \times \rho_{708})$	Datt（1998）
		$SR7 = \rho_{860} / (\rho_{550} \times \rho_{708})$	
	OSAVI	$OSAVI = (1 + 0.16)[(\rho_{800} - \rho_{670}) / (\rho_{800} + \rho_{670} + 0.16)]$	Rondeaux 等（1996）
	MSAVI	$MSAVI = 0.5[2\rho_{800} + 1 - \sqrt{(2\rho_{800} + 1)^2 - 8(\rho_{800} - \rho_{670})}]$	Qi 等（1994）
	MTVI	$MTVI = 1.2 \times [1.2 \times (\rho_{800} - \rho_{550}) - 2.5 \times (\rho_{670} - \rho_{550})]$	Haboudane 等（2004）
	RDVI	$RDVI = (\rho_{800} - \rho_{670}) / \sqrt{P_{800} + \rho_{670}}$	Roujean 等（1995）
	MSR	$MSR = (\rho_{800} / \rho_{670} - 1) / \sqrt{\rho_{800} / \rho_{670} + 1}$	Chen（1996）
色素相关指数	MCARI	$MCARI = [(\rho_{700} - \rho_{670}) - 0.2(\rho_{700} - \rho_{550})](\rho_{700} / \rho_{670})$	Daughtry 等（2000）
		$MCARI1 = \dfrac{1.5[25(\rho_{800} - \rho_{670}) - 1.3(\rho_{800} - \rho_{550})]}{\sqrt{(2\rho_{800} + 1)^2 - (6\rho_{800} - 5\sqrt{\rho_{670}}) - 0.5}}$	Haboudane 等（2004）
		$MCARI2 = \dfrac{1.5[25(\rho_{800} - \rho_{670}) - 1.3(\rho_{800} - \rho_{550})]}{\sqrt{(2\rho_{800} + 1)^2 - (6\rho_{800} - 5\sqrt{\rho_{670}}) - 0.5}}$	
	TVI	$TVI = 0.5 \times [120 \times (\rho_{750} - \rho_{550}) - 200 \times (\rho_{670} - \rho_{550})]$	Broge 等（2001）
	TCARI	$TCARI = 3 \times \{(\rho_{700} - \rho_{670}) - [0.2 \times (\rho_{700} - \rho_{550})(\rho_{700} / \rho_{670})]\}$	Haboudane 等（2002）
	PSSR	$PSSRa = \rho_{800} / \rho_{680}$	Blackburn（1998）
		$PSSRb = \rho_{800} / \rho_{635}$	
红边相关指数	NDI	$NDI = (\rho_{850} - \rho_{710}) / (\rho_{850} + \rho_{680})$	Datt（1999a）
	NDRE	$NDRE = (\rho_{800} - \rho_{720}) / (\rho_{800} + \rho_{720})$	Barnes 等（2000）
	CI_{RE}	$CI1_{RE} = \rho_{800} / \rho_{740} - 1$	Gitelson 等（1996）
		$CI2_{RE} = \rho_{740} / \rho_{550} - 2$	
水分相关指数	WI	$WI = \rho_{970} / \rho_{900}$	Penuelas 等（1997）
	NDWI	$NDWI = (\rho_{860} - \rho_{1240}) / (\rho_{860} + \rho_{1240})$	Gao（1996）
	DATT2	$DATT2 = (\rho_{850} - \rho_{1788}) / (\rho_{850} + \rho_{1928})$	Datt（1999b）

类型	名称	公式	文献
光合相关指数	PRI	$PRI = (\rho_{570} - \rho_{531}) / (\rho_{570} + \rho_{531})$	Gamon 等（1992）
	FRI	$FRI = \rho_{600} / \rho_{690}$ $FRI = \rho_{740} / \rho_{800}$	Dobrowski 等（2005）

注：表中 ρ 表示反射率，下标数字为波长；差值指数（difference index，DI）；绿度指数（greenness index，GI）；归一化植被指数（normalized difference vegetation index，NDVI）；绿色归一化植被指数（green normalized difference vegetation index，GNDVI）；简单比值（simple ratio，SR）指数；优化土壤调节植被指数（optimized soil-adjusted vegetation index，OSAVI）；修正型土壤调节植被指数（modified soil-adjusted vegetation index，MSAVI）；修正三角植被指数（modified triangular vegetation index，MTVI）；复归一化植被指数（renormalized difference vegetation index，RDVI）；改进的简单比值（modified simple ratio，MSR）植被指数；修正叶绿素吸收反射率指数（modified chlorophyll absorption in reflectance index，MCARI）；转换型叶绿素吸收反射率指数（transformed chlorophyll absorption ratio index，TCARI）；色素比值（pigment specific simple ratio，PSSR）指数；归一化差值指数（normalized difference index，NDI）；归一化差值红边（normalized difference red edge，NDRE）指数；红边叶绿素指数（red edge chlorophyll index，CI_{RE}）；水分指数（water index，WI）；归一化水分指数（normalized difference water index，NDWI）；光化学植被指数（photochemical reflectance index，PRI）；荧光比值指数（fluorescence ratio index，FRI）

从现有研究和应用来看，植被指数的作用大致可归纳为 4 个方面。

（1）用于遥感影像分类。大多数植被指数都能准确地区分遥感影像中的植被和非植被区域，而且其影像的纹理特征有利于提高植被类型识别的精度。

（2）用于植被参数反演。由于植被指数没有具体的物理含义，不能直接用来度量作物的物质组成，但是大部分植被指数在设计时就考虑了其可能的反演作用。利用植被指数能快速建立作物参数的定量反演模型，而且在一定区域和时间范围内的应用具有较高的精度和稳定性。

（3）时序植被指数数据常用于作物动态监测，包括轮作模式分析、物候期提取、作物长势分析与预测等。由于植被指数反映作物生长的连续变化状况，利用不同作物植被指数的时序变化特征能准确识别生长季节相同或重叠的作物，也被用来监测农田利用情况。

（4）用作某些机理模型中的关键参数或驱动要素。植被指数能客观反映地表植被覆盖状况，常作为衡量植被影响的关键参数被引入到某些生态模型中，例如水土流失方程。由于植被指数与 LAI 之间的显著相关关系，植被指数也常被用作遥感与作物生长模型同化的桥梁。

2.3.2 叶面积指数

叶面积指数（LAI）指单位土地面积上植物叶片总面积占土地面积的倍数，与植被的密度、结构（单层或复层）、树木的生物学特性（分枝角、叶着生角、耐阴性等）和环境条件（光照、水分、土壤营养状况等）有关，是表示植被利用光能状况和冠层结构的一个综合指标。在田间试验中，LAI 是反映植物群体生长状况的一个重要指标，其大小与最终产量高低密切相关（Yuval et al.，2021）。

在利用遥感监测植被长势和估产中，LAI 是关键参数。LAI 很难从遥感数据直接获得，但它与植被指数间有密切的关系，因而可以通过理论分析和实验研究建立植被指数与 LAI 间的理论和经验统计模型。例如，肖艳芳（2013）用垂直植被指数（PVI）估算叶面积指数，其回归式为

$$LAI = -3.496 + 0.195PVI \qquad (2.2)$$

高塔遥感的观测实验表明，NDVI 或 RVI 与 LAI 的相关系数很高，且与 LAI 呈非线性函数关系。NDVI 与 LAI 存在饱和现象，即绿色生物量增加达到一定程度后，NDVI 不再增长而处于"饱和"状态。"饱和"主要是由比值的非线性转换过程引起的，它使得 NDVI 对红光反射率信号过度敏感，而红波段对叶绿素的强吸收很快达到饱和。当 LAI 超过 2 或 3 时，NDVI 对 LAI 的变化不敏感。

卫星遥感方法为大范围研究 LAI 提供了有效的途径，主要有两种遥感方法来估算叶面积指数。一种方法是统计模型法，它主要是将遥感影像数据（如 NDVI、RVI 和 PVI）与实测 LAI 建立模型。这种方法输入参数单一，不需要复杂的计算，成为遥感估算 LAI 的常用方法。但不同植被类型的 LAI 与植被指数的函数关系会有所差异，因此在使用时需要重新调整、拟合。另一种方法是光学模型法，它基于植被的双向反射率分布函数，把 LAI 作为输入变量，采用迭代的方法来推算 LAI，是一种建立在辐射传输模型基础上的模型。这种方法的优点是有物理模型基础，不受植被类型的影响，但是由于模型过于复杂，反演非常耗时，且反演估算 LAI 过程中有些函数并不总是收敛的。

2.3.3 叶绿素含量

叶绿素（Chlorophyll，Chl）是绿色植物在光合作用中吸收光能的主要色素，主要分为叶绿素 a（Chl_a）和叶绿素 b（Chl_b）两种形态，其含量决定了植物的光合潜力和初级生产力。氮是合成叶绿素的主要元素，植物的氮营养状况往往也通过叶绿素含量间接体现（PeÑUelas et al.，1995）。叶绿素含量的高低也与植物胁迫和衰老密切相关（Gitelson et al.，1996）。使用传统湿化学方法进行色素分析需要使用有机溶剂提取叶片，并在溶液中进行分光光度测定。利用透射光谱和反射光谱对叶绿素含量进行无损估计，能快速、低廉地进行大量样本分析，广泛运用在农业、林业等领域中（Buschmann et al.，1993）。对于大多数植物物种，Chl 含量与 550 nm 和 700 nm 附近的色素吸收强度密切相关，利用基于这些光谱带的指数估计植物叶片中的 Chl 含量已成为一种常规方法（Gitelson et al.，1996）。

2.3.4 吸收光合有效辐射比

光合有效辐射吸收比率（FAPAR）是指植被吸收的光合有效辐射占入射太阳总辐射的比例，表征了植被冠层的能量吸收能力，通常用来描述植被结构及与之相关的物质与能量交换过程的基本生理变量，也是遥感估算陆地生态系统植被净初级生产力（net primary productivity，NPP）的重要参数（陶欣 等，2009）。FAPAR 取决于冠层结构、植被元素光学性质、大气条件和角度结构。

20 世纪 60 年代以来，国外广泛地开展了对光合有效辐射的观测和理论研究，但

FAPAR 的遥感反演是利用植被指数的经验性估计。早期研究表明，FAPAR 受植被类型和植被覆盖状况影响，在植被覆盖较少的情况下，DVI 与 FAPAR 呈近线性相关关系；在植被全覆盖的情况下，背景的影响显著减小，利用 NDVI 能够更好地估计 FAPAR；在任何植被覆盖的状况下，RDVI 都与 FAPAR 呈近线性相关关系。当土壤、水和矿质营养不受限制时，FAPAR 与冠层的增长速率呈正比，且与 NDVI 呈近似线性关系（吴炳方 等，2004）。在 NDVI 相同的情况下，叶绿素含量对遥感估算 FAPAR 影响很大，导致同样的 NDVI 值可以对应较宽范围的 FAPAR 值，而且高叶绿素含量和林下植被的增加会导致 FAPAR 值的估算结果偏高。实际野外测量结果表明，叶绿素含量及林下植被对 FAPAR 的影响不大，但反演结果与野外测量有差异，这表明利用 NDVI 估算 FAPAR 会带来较大的误差，尤其是当 LAI 大于 3 时，NDVI 容易饱和。除了经验统计模型，辐射传输方法也可以用来研究 FAPAR 随冠层、土壤及大气参数的变化情况。FAPAR 与 NDVI 的关系对土壤、大气和冠层双向反射特性比较敏感。FAPAR 与 NDVI 之间的线性关系成立的条件是：太阳天顶角小于 60°，星下点附近小于 30°角观测，土壤背景中等亮度（NDVI 大约为 0.12），在 550 nm 处大气光学厚度小于 0.65（陶欣 等，2009）。上述研究都为使用植被指数反演 FAPAR、监测作物生长的真实状况奠定了基础。

2.3.5　生物量

生物量是表征农作物群体物质积累的重要指标，准确获取农作物的生物量信息对估产、长势监测、田间管理与调控等具有重要的意义（Liu et al.，2019；杜鑫 等，2010）。此外，农作物生物量信息也是研究农田生态系统中碳循环、能量平衡、能量流动和养分循环等的重要基础数据（刘斌 等，2016）。基于遥感信息的农作物生物量估算模型包括基于植被指数（vegetation index，VI）模型、基于净初级生产力（NPP）模型、基于作物生长模型（crop growth models，CGM）和基于作物表面模型（crop surface models，CSM）4 种（王渊博 等，2016）。

基于植被指数的农作物生物量估算方法的基本原理是通过对比分析不同植被指数与农作物生物量的相关性，选择最合适的植被指数和回归模型构建相应的农作物生物量估算经验模型，以此对农作物生物量进行估算。目前，常用于生物量估算的植被指数主要有：归一化植被指数（NDVI）、增强型植被指数（EVI）、比值植被指数（RVI）、差值植被指数（DVI）、叶面积指数（LAI）、绿色面积指数（green area index，GAI）、绿色归一化植被指数（GNDVI）、复归一化植被指数（RDVI）、修正型土壤调节植被指数（MSAVI）等。这种方法原理简单，且可操作性较强，适用于小区域农作物生物量的估测；但是需要大量的样点数据，且没有考虑农作物的生理生态机制及其生长环境等要素，因此该方法的普适性较差，难于进行跨区域、跨作物种类的应用。

相对于多年生植被（森林、草地）而言，农作物的生长周期较短，其生物量的累积过程也随生长季的结束而结束，因此，其总生物量就等于生长期 NPP 累计量。通过植被净初级生产力模型，可以得到单位时间和单位面积上农田生态系统所累积的有机生物量，利用下式可获取单位面积上某种农作物生长期内的总生物量：

$$B_t = \sum_{i=1}^{n} B_i \qquad\qquad (2.3)$$

其中：B_t 为该作物生长期内的总累积生物量；B_i 为第 i 单位时间内作物生物量增加量；n 为作物生长期跨度所包含的单位时间间隔总数。

基于作物生理生态机理，充分考虑作物生长与大气、土壤、品种遗传特性及人为管理措施等相关作用的作物生长模型，能够在作物生长期内以特定的频率对作物的生长进行模拟。作物生长模型和卫星遥感数据的结合能够较好地预测大面积作物的生物量。但是作物生长是一个非常复杂的过程，作物生长模型还不能完全揭示其生理生化过程，且大范围条件下初始宏观资料的获取和参数调整也存在一定的困难。同时，同化遥感信息在空间分辨率与时间分辨率间的矛盾也有待进一步解决。

基于作物表面模型的生物量估算主要是通过无人机或三维激光扫描仪等设备获取高空间分辨率、高时间分辨率的作物 RGB 可见光影像或三维点云数据，利用相应计算机视觉软件对其进行处理，然后利用作物表面模型获得作物的株高数据，将株高数据与实测生物量进行相关分析，并构建相应的生物量估算模型。可以使用卫星衍生产品，如植被指数、叶面积指数和叶绿素含量，对作物生产力进行建模和估算。作物生物量和产量可以直接使用卫星数据驱动的模型进行估算，通过建立原地生物量/产量和遥感测量之间的线性或非线性关系来实现，一般使用简单的统计或机器学习方法可以训练和评估这些关系（Franch et al.，2019）。作物发育高峰期的最大植被指数或生物物理变量（如 LAI 和 FAPAR）等参数与作物产量高度相关，因为这些参数代表了作物的最大光合能力（Kross et al.，2015）。Gitelson 等（2012）发现与叶绿素相关的 VIs 与玉米的作物初级生产力有很强的线性关系。但是对于不同的作物、地理位置或尺度而言，这种方法取得的关系不具有通用性（Franch et al.，2019）。因此，需要对生物量和产量进行密集的原位测量，以便重新对模型进行参数化。

2.3.6 含水量

农作物生长需要充足的水分供给，干旱胁迫、病虫害等引起的叶片失水枯死均表现为冠层脱水。以水分敏感光谱的反射率与水含量的相关关系为基础，反演估计作物含水量或评价土壤墒情或干旱程度，也成为农作物遥感监测的重要内容。水分对热红外波段（60～1 500 nm）、近红外波段（700～1 300 nm）和短波红外波段（1 300～3 000 nm）比较敏感。820 nm、970 nm、1 200 nm、1 450 nm 和 1 940 nm 处是水分的强吸收波，是诊断含水量的常用特征波。1 450 nm 和 1 930 nm 处的反射率与叶片的相对含水量显著相关。950～970 nm、1 150～1 260 nm 和 1 520～1 540 nm 波段和冠层水分相关性很好，尤其在960 nm 和 1 180 nm 处没有大气的干涉，是监测冠层含水量的较佳选择。自 Tanner（1963）提出用冠层温度指示植物水分亏缺以来，冠层温度法成为诊断作物水分状况的一个重要手段。30 多年来，科学家相继提出了参考温度法、胁迫积温法、作物缺水指标法及水分亏缺指数法等，并在田间及区域尺度上展开了大量的应用研究。但利用热红外波段反演植物水分仍受环境状况的强烈影响，且不足以说明作物水分状况在时间和空间上随环境的巨大变化而变化。此外，热红外波段更适用于指示植物的蒸腾作用，所以对植物含水量反演的焦点更多地聚集于近红外–短波红外波段。

2.4 时序遥感数据应用

2.4.1 农作物长势监测

遥感影像时间序列挖掘是时空数据挖掘的重要内容，在从海量、多尺度性和时空相关性的遥感数据中发掘潜在信息的层面上具有一定的理论价值和现实意义（李晶 等，2016；沈建中 等，2002）。中低分辨率遥感数据具有时间连续性好和重返周期短的特点，可以比较直观地显示地面植被随季节更替而产生的季相变化情况。到目前为止，已有不少学者利用不同分辨率的遥感植被指数提出了物候信息提取的算法，对植被的生长季开始（start of the season，SOS）、生长季结束（end of the season，EOS）和生长季长度等物候期特征进行监测（陈鹏飞 等，2013）。目前，常用的植被物候信息提取方法可以分为四类：阈值法、曲线导数反演法、平滑函数和模型拟合法。其中，阈值法是提取植被物候信息最常用的方法，其原理是按照预先设定的植被指数值或有关参数值来确定植被物候信息。

从遥感影像中提取的时序信息能准确反映农作物长势。江东等（2002）用 NOAA 气象卫星 AVHRR 资料，反演出农作物生育期内每日和旬度的 NDVI 数据，分析了 NDVI 时间曲线的波动与农作物生长发育阶段及农作物长势的响应规律，并以华北冬小麦为例，探讨了 NDVI 在冬小麦各生育期的积分值与农作物单产之间的相关关系。结果表明，利用长时间序列的 NDVI 数据，结合农作物的物候历，可以实现农作物长势的遥感监测和产量遥感估算。王树东等（2010）利用 MODIS 时间序列 NDVI 数据对黄河流域植被生长状态进行了评价，采用了普通最小二乘（ordinary least square，OLS）法计算时间序列曲线的斜率来确定植被生长量，并据此分析了植被生长状态和年际变化。时序数据的可靠性也受到多种因素的影响，当下垫面较复杂、植被种类多，各种植被生长过程不完全同步时，需要改进农作物生长期的判断方法。

谢相建等（2015）提出一种顾及物候特征的多时相遥感分类方法，利用 MODIS-NDVI 产品时间序列，选择加性季节与趋势断点分析技术，将原始时间序列分解成长期趋势、季节物候和残差组分三部分；接着对分解的季节物候部分进行特征提取，得到整个研究区的物候特征表达，其中包括生长季开始、生长季结束、生长季长度、基线值、中值和峰值等 11 种物候表达形式；最后分别构建基于光谱特征、物候特征及两者组合的特征空间，利用支持向量机（support vector machine，SVM）分类器对滇东喀斯特断陷盆地进行土地覆盖分类。对比利用各特征空间的分类结果显示，物候特征与光谱特征组合的分类精度比单纯利用光谱特征的分类精度高。该方法利用遥感时间序列数据，充分利用喀斯特地区地表覆盖的时间变化特征，克服了单一时相的遥感数据不能客观表达长时间范围内实际土地覆盖的困难。但一些地表覆盖类型（如建筑物和水体等）无季节变化特征，导致再加入物候特征的分类会出现特征的冗余，因此需要根据特定的目标选用不同的分类特征。

张焕雪等（2015）将多时相环境卫星的 NDVI 时间序列引入农作物分类过程，首先提取了序列曲线中的峰值、最大生长速率、最大衰老速率、峰宽、峰前累加值和峰后累加值等 9 个特征参数；在此基础上，将环境卫星多光谱数据和作物物候特征结合，进行多尺度分割，并采用平均分割评价指数确定最优分割尺度，将最佳分割尺度与分类特征组合进行优选；最后进行基于 C5.0 算法的决策树的面向对象分类，然后将分类结果与单独基于多时相遥感数据分类结果进行比较。结果显示，把 NDVI 时间序列过程引入作物分类过程中能充分利用农作物在不同季节的物候特征，从而明显提高分类精度。

王凯等（2015）利用 MODIS-NDVI 时序数据提取湖北省油菜种植分布的信息，利用研究区中油菜在缓慢生长阶段、越冬期、返青期和成熟收获期的 NDVI 曲线变化趋势提取了油菜的特征，结合地面调查样本等辅助资料建立了油菜种植面积提取模型，采用多次阈值比较方法提取了 2009～2013 年油菜分布信息，总体精度较高。但当研究区内的农作物多为混杂种植时，利用较低分辨率的影像数据会导致实验结果偏大（李彩霞 等，2019）。

2.4.2 农作物类型识别和种植面积提取

及时获取农作物种植面积是研究粮食区域平衡、预测农业综合生产力和人口承载力的基础。遥感技术已经成为农作物识别、种植面积提取和估产的关键技术之一。农作物种植面积的遥感提取是在收集分析不同农作物光谱特征的基础上，通过遥感影像记录的地表信息识别农作物的类型，统计农作物的种植面积。农作物的识别主要是利用绿色植物独特的波谱反射特征，将植被（农作物）与其他地物区分开。而不同农作物类型识别的主要依据有两点：一是农作物在近红外波段的反射主要受叶片内部构造的控制，不同类型农作物的叶片内部构造有一定的差别；二是不同区域、不同类型作物间物候历存在差异，可利用遥感影像信息的时相变化规律进行不同农作物类型的识别。

遥感影像分析方法的发展推动了农作物种植面积遥感提取方法的研究。目前，常用的农作物种植面积遥感提取方法大体分为三类，即基于光谱特征的农作物遥感识别方法、基于作物物候特征的农作物遥感识别方法和基于多源数据融合的农作物遥感识别方法（孙坤 等，2017）。

1. 基于光谱特征的农作物遥感识别方法

基于光谱特征的农作物遥感识别方法主要包括目视解译、基于影像统计分类的监督分类/非监督分类法及以句法结构分类法为主的各种集成分类方法（包括神经网络法、模糊数学法、决策树法和基于混合像元分解的方法等）。由于受卫星影像分辨率的限制，分类过程中"同物异谱"和"同谱异物"现象难以避免，单纯基于地物光谱特性进行复杂种植结构的作物分类较难获得理想效果。

2. 基于作物物候特征的农作物遥感识别方法

对基于物候特征的作物遥感识别方法而言，由于作物具有季相节律性和物候变化规律性的特点，利用时间序列遥感数据的时相变化规律可以实现对不同农作物类型的识别。

关键物候期使作物与其他植被具有较大的可区分性，可作为作物类型识别的重要依据，进而使识别更有效。该方法通过分析时间序列数据中作物关键物候期特征，可避免利用单一时相影像数据进行作物空间分布提取时因"异物同谱"等原因导致的错分、漏分等现象。此外，利用当地的作物物候历信息，选择适当时相的遥感影像，使作物类型识别更有针对性，避免了遥感数据选取的盲目性。

3. 基于多源数据融合的农作物遥感识别方法

基于多源数据融合的农作物遥感识别方法可以充分利用多种数据信息的特色，实现优势互补，弥补单一遥感数据和分类方法的缺陷，大大提高农作物遥感识别的精度。多信息源数据融合既包括多源遥感影像的融合，也包括遥感影像与非遥感影像数据源的融合。多源遥感影像的融合可以得到更多的信息，减少理解的模糊性。引入非遥感影像数据源，如地形（如高程、坡度和坡向信息等）、土壤、作物轮作和分布环境等信息，可大大提高农作物种植面积的提取精度。

农作物种植面积的提取是遥感估产的基础工作之一。遥感数据源和分类方法的选取将直接影响种植面积提取和遥感估产的精度。多源数据和多种分类方法的综合应用将会提高农作物种植面积提取的精度。进行大面积农作物种植面积的遥感提取不仅需要大量的遥感数据，还需要发展相应的面积抽样技术，并进行系统运行化研究，如此才能保证农作物种植面积提取的精度。

参 考 文 献

陈良富, 庄家礼, 徐希孺, 等, 2000. 非同温混合像元热辐射有效比辐射率概念及其验证. 科学通报, 45(1): 22-29.

陈鹏飞, 杨飞, 杜佳, 2013. 基于环境减灾卫星时序归一化植被指数的冬小麦产量估测. 农业工程学报, 29(11): 124-131.

邓磊, 毛智慧, 陈云浩, 等, 2019. 基于多角度高光谱遥感的植被红边波段角度效应分析: 以大豆和玉米为例. 地理与地理信息科学, 35(5): 9-15.

杜鑫, 蒙继华, 吴炳方, 2010. 作物生物量遥感估算研究进展. 光谱学与光谱分析, 30(11): 3098-3102.

黄高宝, 1999. 作物群体受光结构与作物生产力研究. 生态学杂志, 18(1): 59-65.

江东, 王乃斌, 杨小唤, 等, 2002. NDVI 曲线与农作物长势的时序互动规律. 生态学报, 22(2): 247-252.

李彩霞, 邓帆, 张佳华, 等, 2019. 基于时序植被指数的湖北省物候空间特征分析. 长江流域资源与环境, 28(7): 1583-1589.

李晶, 郜文飞, 秦元萍, 等, 2016. 归一化植被指数时序数据拟合算法对比分析. 中国矿业, 25(S2): 317-323.

李小文, 1989. 地物的二向性反射和方向谱特征. 环境遥感, 4(1): 68-75.

李小文, STRAHLER A H, 刘毅, 等, 1991. 地物二向性反射几何光学模型和观测的进展. 国土资源遥感, 1(1): 9-19.

李月, 何宏昌, 王晓飞, 等, 2019. 农作物冠层光谱分析及反演技术综述. 测绘通报 (9): 13-17.

刘斌, 任建强, 陈仲新, 等, 2016. 冬小麦鲜生物量估算敏感波段中心及波宽优选. 农业工程学报, 32(16):

125-134.

刘强, 陈良富, 柳钦火, 等, 2003. 作物冠层的热红外辐射传输模型. 遥感学报, 7(3): 161-167.

鹿琳琳, 郭华东, 2008. 微波遥感农业应用研究进展. 安徽农业科学, 36(4): 1289-1291, 1294.

沈建中, 杨俊泉, 莫伟华, 等, 2002. 遥感图像时空分析的数据处理系统设计. 林业资源管理(6): 58-61, 67.

孙坤, 鲁铁定, 2017. 监督分类方法在遥感影像分类处理中的比较. 江西科学, 35(3): 367-371, 468.

谭昌伟, 郭文善, 2008. 不同条件下夏玉米冠层反射光谱响应特性的研究. 农业工程学报, 24(9): 131-135.

陶欣, 范闻捷, 王大成, 等, 2009. 植被 FAPAR 的遥感模型与反演研究. 地球科学进展, 24(7): 741-747.

王纪华, 赵春江, 郭晓维, 等, 2000. 利用遥感方法诊断小麦叶片含水量的研究. 华北农学报, 15(4): 68-72.

王凯, 张佳华, 2015. 基于 MODIS 数据的湖北省油菜种植分布信息提取. 国土资源遥感, 27(3): 65-70.

王树东, 杨胜天, 2010. 基于MODIS 时间序列数据分析的黄河流域植被生长状态评价. 北京师范大学学报(自然科学版), 46(2): 182-185, 108.

王渊博, 冯德俊, 李淑娟, 等, 2016. 基于遥感信息的农作物生物量估算研究进展. 遥感技术与应用, 31(3): 468-475.

吴炳方, 曾源, 黄进良, 2004. 遥感提取植物生理参数 LAI/FPAR 的研究进展与应用. 地球科学进展, 19(4): 585-590.

肖艳芳, 2013. 植被理化参数反演的尺度效应与敏感性分析. 北京: 首都师范大学.

谢相建, 薛朝辉, 王冬辰, 等, 2015. 顾及物候特征的喀斯特断陷盆地土地覆盖遥感分类. 遥感学报, 19(4): 627-638.

徐希孺, 陈良富, 庄家礼, 2001. 基于多角度热红外遥感的混合像元组分温度演化反演方法. 中国科学(D 辑:地球科学), 31(1): 81-88.

阎广建, 姜海兰, 闫凯, 等, 2021. 多角度光学定量遥感. 遥感学报, 25(1): 83-108.

张焕雪, 曹新, 李强子, 等, 2015. 基于多时相环境星 NDVI 时间序列的农作物分类研究. 遥感技术与应用, 30(2): 304-311.

张亚梅, 2008. 地物反射波谱特征及高光谱成像遥感. 光电技术应用, 23(5): 6-11, 21.

赵春江, 2014. 农业遥感研究与应用进展. 农业机械学报, 45(12): 277-293.

BARNES E M, CLARKE T R, RICHARDS S E, et al., 2000. Coincident detection of crop water stress, nitrogen status and canopy density using ground-based multispectral data//Proceedings of the Fifth International Conference on Precision Agriculture. Bloomington, MN, USA.

BLACKBURN G A, 1998. Quantifying chlorophylls and caroteniods at leaf and canopy scales: An evaluation of some hyperspectral approaches. Remote Sensing of Environment, 66(3): 273-285.

BROGE N H, LEBLANC E, 2001. Comparing prediction power and stability of broadband and hyperspectral vegetation indices for estimation of green leaf area index and canopy chlorophyll density. Remote Sensing of Environment, 76(2): 156-172.

BUSCHMANN C, NAGEL E, 1993. In vivo spectroscopy and internal optics of leaves as basis for remote sensing of vegetation. International Journal of Remote Sensing, 14(4): 711-722.

CHAPPELLE E W, KIM M S, MCMURTREY J E, 1992. Ratio analysis of reflectance spectra (RARS): An algorithm for the remote estimation of the concentrations of chlorophyll A, chlorophyll B, and carotenoids in soybean leaves. Remote Sensing of Environment, 39(3): 239-247.

CHEN J M, 1996. Evaluation of vegetation indices and a modified simple ratio for boreal applications. Canadian Journal of Remote Sensing, 22(3): 229-242.

CRIPPEN R E, 1990. Calculating the vegetation index faster. Remote Sensing of Environment, 34(1): 71-73.

DATT B, 1998. Remote sensing of chlorophyll a, chlorophyll b, chlorophyll a+b, and total carotenoid content in eucalyptus leaves. Remote Sensing of Environment, 66(2): 111-121.

DATT B, 1999a. Remote sensing of water content in Eucalyptus leaves. Australian Journal of Botany, 47(6): 909-923.

DATT B, 1999b. Visible/near infrared reflectance and chlorophyll content in Eucalyptus leaves. International Journal of Remote Sensing, 20(14): 2741-2759.

DAUGHTRY C S T, WALTHALL C L, KIM M S, et al., 2000. Estimating corn leaf chlorophyll concentration from leaf and canopy reflectance. Remote Sensing of Environment, 74(2): 229-239.

DOBROWSKI S Z, PUSHNIK J C, ZARCO-TEJADA P J, et al., 2005. Simple reflectance indices track heat and water stress-induced changes in steady-state chlorophyll fluorescence at the canopy scale. Remote Sensing of Environment, 97(3): 403-414.

FRANCH B, VERMOTE E F, SKAKUN S, et al., 2019. Remote sensing based yield monitoring: Application to winter wheat in United States and Ukraine. International Journal of Applied Earth Observation and Geoinformation, 76: 112-127.

GAMON J A, PEñUELAS J, FIELD C B, 1992. A narrow-waveband spectral index that tracks diurnal changes in photosynthetic efficiency. Remote Sensing of Environment, 41(1): 35-44.

GAO B C, 1996. NDWI: A normalized difference water index for remote sensing of vegetation liquid water from space. Remote Sensing of Environment, 58(3): 257-266.

GITELSON A A, 2004. Wide dynamic range vegetation index for remote quantification of biophysical characteristics of vegetation. Journal of Plant Physiology, 161(2): 165-73.

GITELSON A A, KAUFMAN Y J, MERZLYAK M N, 1996. Use of a green channel in remote sensing of global vegetation from EOS-MODIS. Remote Sensing of Environment, 58(3): 289-298.

GITELSON A A, MERZLYAK M N, 1996. Signature analysis of leaf reflectance spectra: Algorithm development for remote sensing of chlorophyll. Journal of Plant Physiology, 148(3): 494-500.

GITELSON A A, PENG Y, MASEK J G, et al., 2012. Remote estimation of crop gross primary production with Landsat data. Remote Sensing of Environment, 121: 404-414.

GOEL N S, QIN W, 1994. Influences of canopy architecture on relationships between various vegetation indices and LAI and FPAR: A computer simulation. Remote Sensing Reviews, 10(4): 309-347.

HABOUDANE D, MILLER J R, TREMBLAY N, et al., 2002. Integrated narrow-band vegetation indices for prediction of crop chlorophyll content for application to precision agriculture. Remote Sensing of Environment, 81(2-3): 416-426.

HABOUDANE D, MILLER J R, PATTEY E, et al., 2004. Hyperspectral vegetation indices and novel algorithms for predicting green LAI of crop canopies: Modeling and validation in the context of precision agriculture. Remote Sensing of Environment, 90(3): 337-352.

HAPKE B, 1981. Bidirectional reflectance spectroscopy: 1. Theory. Journal of Geophysical Research: Solid

Earth, 86(B4): 3039-3054.

HUETE A R, 1988. A soil-adjusted vegetation index (SAVI). Remote Sensing of Environment, 25(3): 295-309.

HUETE A R, LIU H Q, BATCHILY K, et al., 1997. A comparison of vegetation indices over a global set of TM images for EOS-MODIS. Remote Sensing of Environment, 59(3): 440-451.

JACQUEMOUD S, BACOUR C, POILVE H, et al., 2000. Comparison of four radiative transfer models to simulate plant canopies reflectance: Direct and inverse mode. Remote Sensing of Environment, 74: 471-481.

JACQUEMOUD S, VERHOEF W, BARET F, et al., 2009. PROSPECT+SAIL models: A review of use for vegetation characterization. Remote Sensing of Environment, 113: S56-S66.

JORDAN C F, 1969. Derivation of leaf-area index from quality of light on the forest floor. Ecology, 50(4): 663-666.

KAUFMAN Y J, TANRE D, 1992. Atmospherically resistant vegetation index (ARVI) for EOS-MODIS. IEEE Transactions on Geoscience and Remote Sensing, 30(2): 261-270.

KROSS A, MCNAIRN H, LAPEN D, et al., 2015. Assessment of RapidEye vegetation indices for estimation of leaf area index and biomass in corn and soybean crops. International Journal of Applied Earth Observation and Geoinformation, 34: 235-248.

LI X W, WANG J D, STRAHLER A H, 1995. A Hybrid geometric optical-radiative transfer approach for modeling light-absorption and albedo of discontinuous canopies. Science in China Series B-Chemistry Life Sciences & Earth Sciences, 38(7): 807-816.

LIANG S L, STRAHLER A H, 1993. An analytic BRDF model of canopy radiative-transfer and its inversion. IEEE Transactions on Geoscience and Remote Sensing, 31(5): 1081-1092.

LICHTENTHALER H K, LANG M, SOWINSKA M, et al., 1996. Detection of vegetation stress via a new high resolution fluorescence imaging system. Journal of Plant Physiology, 148(5): 599-612.

LIU Y N, LIU S S, LI J, et al., 2019. Estimating biomass of winter oilseed rape using vegetation indices and texture metrics derived from UAV multispectral images. Computers and Electronics in Agriculture, 166: 105026.

MCMURTREY J E, CHAPPELLE E W, KIM M S, et al., 1994. Distinguishing nitrogen fertilization levels in field corn (Zea mays L.) with actively induced fluorescence and passive reflectance measurements. Remote Sensing of Environment, 47(1): 36-44.

NICODEMUS F E, 1965. Directional reflectance and emissivity of an opaque surface. Applied Optics, 4(7): 767-775.

PEÑUELAS J, FILELLA I, GAMON J A, 1995. Assessment of photosynthetic radiation-use efficiency with spectral reflectance. New Phytologist, 131(3): 291-296.

PEÑUELAS J, PINOL J, OGAYA R, et al., 1997. Estimation of plant water concentration by the reflectance water index WI (R900/R970). International Journal of Remote Sensing, 18(13): 2869-2875.

QI J, CHEHBOUNI A, HUETE A R, et al., 1994. A modified soil adjusted vegetation index. Remote Sensing of Environment, 48(2): 119-126.

RICHARDSON A J, WIEGAND C L, 1977. Distinguishing vegetation from soil background information.

Photogrammetric Engineering and Remote Sensing, 43(2): 1541-1552.

RONDEAUX G, STEVEN M, BARET F, 1996. Optimization of soil-adjusted vegetation indices. Remote Sensing of Environment, 55(2): 95-107.

ROUJEAN J L, BREON F M, 1995. Estimating PAR absorbed by vegetation from bidirectional reflectance measurements. Remote Sensing of Environment, 51(3): 375-384.

ROUSE J W, HAAS R H, SCHEEL J A, et al., 1974. Monitoring vegetation systems in the great plains with ERTS. Proceedings of 3rd Earth Resource Technology Satellite (ERTS) Symposium, 1(A): 48-62.

SMITH R, ADAMS J, STEPHENS D, et al., 1995. Forecasting wheat yield in a Mediterranean-type environment from the NOAA satellite. Australian Journal of Agricultural Research, 46(1): 113-125.

SRIPADA R P, HEINIGER R W, WHITE J G, et al., 2006. Aerial color infrared photography for determining early in-season nitrogen requirements in corn. Agronomy Journal, 98(4): 968-977.

TANNER C B, 1963. Plant temperatures. Agronomy Journal, 55(2): 210-211.

TUCKER C J, 1979. Red and photographic infrared linear combinations for monitoring vegetation. Remote Sensing of Environment, 8(2): 127-150.

VERSTRAETE M M, 1987. Radiation transfer in plant canopies: Transmission of direct solar-radiation and the role of leaf orientation. Journal of Geophysical Research-Atmospheres, 92(D9): 10985-10995.

VERSTRAETE M M, 1988. Radiation transfer in plant canopies: Scattering of solar-radiation and canopy reflectance. Journal of Geophysical Research-Atmospheres, 93(D8): 9483-9494.

VOGELMANN J E, ROCK B N, MOSS D M, 1993. Red edge spectral measurements from sugar maple leaves. International Journal of Remote Sensing, 14(8): 1563-1575.

YUVAL S, XUAN Z, DAVID D, et al., 2021. Fusion of Sentinel-2 and PlanetScope time-series data into daily 3 m surface reflectance and wheat LAI monitoring. International Journal of Applied Earth Observation and Geoinformation, 96:102260.

第3章 影像融合技术

3.1 影像融合概述

3.1.1 影像融合概念

影像融合指经过影像配准、特征提取、决策标记、语义等价性分析、辐射校准等处理，从多个源影像中提取重要信息进行融合，使结果影像更适合人类感知和计算机处理的过程。源影像通常是使用不同的成像仪器或者相同成像装置，在不同时间或不同角度拍摄的同一目标或场景的影像。与影像增强技术相比，影像融合充分利用了多个源影像中包含的冗余信息和互补信息，能获得对目标更准确和全面的认识，广泛应用在遥感影像、可见光影像、红外影像、医学影像等的处理和分析中（韩崇昭 等，2010；Gillespie et al.，1987）。

影像融合主要是针对多模态影像、多时态影像、多视角影像的融合。多模态影像是来自不同传感器的影像，例如可见光和红外影像、X射线电子计算机断层扫描仪（X-ray computed tomography，X-CT）和核磁共振波谱（nuclear magnetic resonance spectroscopy，NMR）影像、全色和多光谱卫星影像等。在遥感应用中常需要融合来自不同传感器的影像，例如，融合高空间分辨率和高光谱分辨率的两幅影像，可生成同时具备高空间和高光谱分辨率的影像（Li et al.，2020）。多时态影像融合指融合不同时间获取的同一场景的影像，目的是发现和评估场景的变化，对目标进行快速动态的检测。在遥感应用中，用于变化检测的多时态影像常用于监测土地开发（Kandrika et al.，2011）。多时态影像融合也是对目标或场景的时空信息进行融合，以此为基础甚至可以合成时间范围内未拍摄到的真实影像（Ghassemian，2016）。多视角影像融合是对同一模态的传感器从不同视角拍摄的同一场景的一组影像进行融合，以获得比单视角更高分辨率的影像。在摄影测量领域，多视角影像通常用来生成场景的三维模型（张继贤 等，2021）。在进行影像融合时，面临的问题复杂多样，不仅要考虑融合目的和各个传感器的特性，还要考虑特定的成像条件、成像几何、噪声干扰，以及应用的精度要求和其他相关数据的特性等，因此不存在满足所有应用要求的通用融合方法。

3.1.2 影像融合方法和过程

根据融合目的和源影像的类型，可以将影像融合方法分为以下几类。

（1）多视角影像融合。对来自同一模态传感器从不同视角拍摄的影像进行融合。

（2）多模态影像融合。对来自不同模态传感器拍摄的同一场景或目标的影像进行融合，多模态影像融合常见于可见光和红外影像融合、全色和多光谱卫星影像融合等。

（3）多时态影像融合。对不同时间拍摄的影像进行融合，以监测目标或场景内发生的变化，或者合成在所需时间内未拍摄到的目标物体的真实影像。

（4）多焦点影像融合。应用不同焦距对同一场景多次拍摄，得到的影像在相同位置处清晰程度不同，从这些影像中识别提取清晰的部分，进而合成全局清晰的影像。

（5）用于影像还原的融合。融合两个或两个以上相同场景和模态的影像，如果源影像都比较模糊且含有较高的噪声，经过融合去噪后能得到清晰的影像。

影像融合大多遵循图 3.1 中的步骤（Kaur et al.，2021）。影像配准指对源影像进行空间对齐，是影像融合的开始。广义上来说，影像配准利用各源影像与参考影像的相似特征，将空间对齐转化为相似性优化的问题加以解决。在这个过程中，需要先从源影像中挑选一个作为参考影像。特征提取则是在多个已配准影像的重叠区域中提取亮度、颜色、几何形状、纹理等信息，生成特征影像。决策标记是在特征提取的基础上根据应用问题建立多特征决策算法或规则，然后对配准影像或特征影像进行分类标记。语义等价分析是基于分类标记确定相似对象，用来将决策分类结果对应到共同的对象上进行融合。通常，同模态影像融合不需要进行语义等价分析。当融合影像中仅包含源影像的原始辐射信息时，通过辐射校正能消除影像之间的差异。

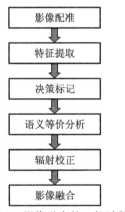

图 3.1　影像融合的一般过程

3.1.3　影像融合的遥感应用

1. 变化检测

多时态影像融合通常用于变化检测，在遥感应用中常需要对比分析同一地理区域的多幅不同时间的影像，找出可能发生的变化，比如农业调查、自然灾害监测、城市变化分析等。多时态影像一般使用相同或同类传感器采集，比如 Landsat-8 每 16 天采集的多光谱影像、Radarsat 的合成孔径雷达影像等。图 3.2（Chen et al.，2019）呈现的是融合两期 SAR 影像进行的农田检测实例，由于 SAR 具有不受天气和光照影响的特点，并且地表变化的微波特性区别明显，其对地表覆盖的变化十分敏感。

（a）2008年7月影像   （b）2009年6月影像   （c）融合差异影像

图 3.2　多时态 SAR 影像用于变化检测的实例

2. 三维测量和场景重建

采用多角度倾斜摄影技术进行摄影测量，可以获得地面或场景点云，实现三维场景重建，如图 3.3 所示，其中多角度影像的匹配和三维点云的生成就利用了多角度影像融合的方法。

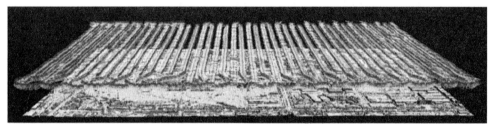

（a）无人机五镜头倾斜摄影飞行方案

（b）三维场景重建

图 3.3　无人机多镜头倾斜摄影三维场景重建

3. 遥感影像的时空融合

当遥感影像比较模糊或信噪比低时，可以采用影像修复来恢复损失的信息并进行重建。影像修复以研发提高影像清晰度和消除噪声的高效算法为主要目标（Reeves，2014）。基于影像融合的修复技术采用多时态或多模态融合处理的方法，可实现对已有的清晰低噪影像的修复。遥感数据的时空融合也可以看作一种影像修复的应用，如图 3.4（Gao et al.，2015）所示，将低空间分辨率和高时间分辨率的 MODIS 影像与中等空间分辨率和低时间分辨率的 Landsat 影像进行融合，可以产生兼顾高时空分辨率的影像，能为作物长势和自然植被监测提供高价值的数据。

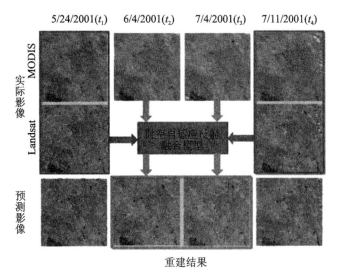

图 3.4 时空自适应反射融合模型处理 MODIS 和 Landsat 影像

3.2 影像融合分类

根据融合实施的不同阶段，可将影像融合分为像素级影像融合、特征级影像融合和决策级影像融合三个层次。像素级影像融合是基础层次的融合，其目的是在融合影像中尽量保留各源影像像素的有用信息。特征级影像融合属于中间层次的融合，其思想主要是提取各源影像的特征（如区域或边缘），然后基于这些特征生成融合影像或特征影像，便于目标的检测。决策级影像融合建立在每个源影像独立完成决策或分类的基础上，然后依据既定准则或者决策可信度，选择全局最优的分类结果进行组合，是最高层次的融合（韩崇昭 等，2010）。

3.2.1 像素级影像融合

影像融合要求所有源影像进行预处理和空间配准。像素级影像融合预处理的主要目的：①改善源影像的质量，可采用的增强方法包括平滑去噪、锐化提高清晰度、灰度变换增强对比度等；②将影像灰度值转换为实际物理量，比如遥感影像的辐射校正。经过预处理的源影像必须具有相同的空间坐标属性，并且有共同的重叠区域，在此基础上，像素级影像融合还要求对源影像进行高精度的空间配准。从预处理后的源影像中寻找具有相同空间位置的像素作为配准控制点建立空间变换模型，然后重采样生成分辨率大小一致的配准影像。像素级融合通常要求源影像采集于同一类传感器，且像素值描述的是相同或同类型的物理量，其流程如图 3.5 所示。

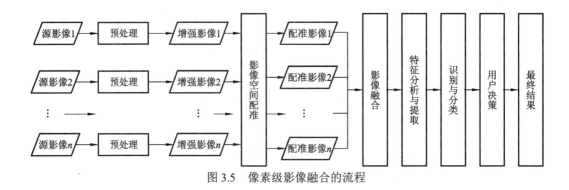

图 3.5 像素级影像融合的流程

3.2.2 特征级影像融合

特征级影像融合的流程如图 3.6 所示。首先，各源影像经过预处理后提取静态特征，包括边缘、纹理、形状、光谱、角度或方向、速度、相似的光照区域、相似的焦距深度区域等；然后，按照不同的方案将特征融合成一个最优的特征集或特征影像；最后，采用统计或其他类型的分类器对融合特征影像进行识别和分类（Pandit et al.，2015）。源影像特征检测的准确性和合理性直接影响融合结果。特征信息与传感器性能和应用目的有着密切的联系，可用来生成各传感器的特征向量（Zeng et al.，2006）。特征级融合对空间对齐的要求不那么严格，且信息压缩性能优异，非常有利于高效的实时遥感影像处理（Joshi et al.，2016；Solberg，2006）。

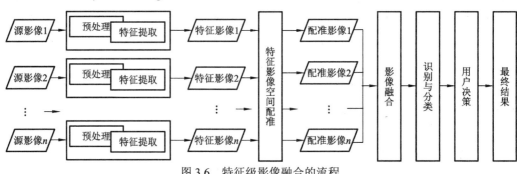

图 3.6 特征级影像融合的流程

3.2.3 决策级影像融合

决策级影像融合首先对源影像分别进行预处理、特征提取和识别分类，然后对分类结果进行空间配准和融合处理，此时需要制订决策规则来解决各源影像的分类差异，例如类别取舍、边界调整、制图综合等，最终获得融合分类结果，其流程见图 3.7。决策级影像融合的分类处理分为两种情况：一种是对同模态的源影像采用相同的分类方法，或者将不同的分类器组合使用；另一种是采用不同的分类方法处理不同模态且互补性较强的源影像，如光学影像和雷达数据。融合分类结果时，可采用逻辑推理方法、统计方法、信息论方法等，常用方法包括贝叶斯推理、D-S（Dempster-Shafer）证据推理、投票系统、聚类分析、模糊集理论、神经网络、熵法等。决策级融合具有良好的实时性和容错性，但其预处理成本较高。此外，决策级融合的数据量最小，抗干扰能力最强，结果真实性较高，尤其能提高多传感器系统的性能（唐聪 等，2019；钱伟 等，2018）。

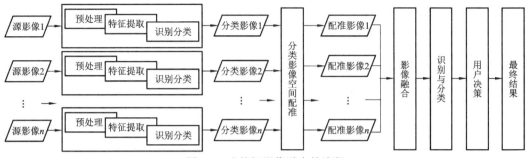

图 3.7　决策级影像融合的流程

像素级影像融合很好地保持了源影像的信息，对象分类和目标识别的性能也最好，所以被视为多传感器影像融合的基础。对简单的目标识别和分类而言，采用单一层次的影像融合即能解决问题。但是，面对复杂场景下的分类或动态多目标检测等问题，在源影像数据有限的情况下实施多层次融合十分必要（姬晓飞 等，2020）。对特征级影像融合和决策级影像融合来说，一般先从源影像中各自提取特征，比如光谱特征来自多光谱影像，空间特征来自全色影像，然后在特征层级进行多尺度特征融合，最后在决策层级使用类别概率图进行加权融合（冯晨霄 等，2019）。

从近 20 年的研究文献来看，像素级影像融合出现了大量的创新方法和技术，主要分为空间域影像融合和变换域影像融合两类。空间域影像融合主要利用局部空间特征（如均值、标准差、梯度、空间频率等）融合源影像；变换域影像融合则针对影像的细节和边缘，采用时域变换方法获得源影像中的频率特征，利用变换系数反映影像的概貌和细节（即影像中的低频和高频信息），然后从中选择所需部分进行重组，再通过逆变换构建融合影像（Li et al.，2011）。

3.3　空间域影像融合方法

空间域影像融合又分为单像素融合和邻域融合两类。单像素融合方法根据各源影像的融合贡献度，采用简单的加权平均或选择灰度最大/最小的方法进行融合，但是很难得到最佳的融合效果。相较而言，基于视觉分析或统计分析的方法能确定更合理的权重和规则，比如 IHS 变换、主成分变换、Brovey 变换等。单像素融合方法只考虑了源影像间的关联，而源影像本身的局部空间特征也影响权重的合理性，由此出现了邻域融合方法，如分块替代法融合方法和考虑邻域像素的滤波方法，它们的实质是引入影像上下文来估计像素权重。下面介绍融合方法时，将源影像定义为 $\{I_1(i,j),I_2(i,j),\cdots,I_n(i,j)\}$，$n$ 是源影像的个数，(i,j) 是影像的行列坐标。

3.3.1 Brovey 变换融合方法

全色锐化（pan-sharping）是影像融合技术在遥感中的典型应用。多光谱影像和全色影像是两种主要的光学遥感影像，多光谱影像具有较高的光谱分辨率和较低的空间分辨率，而全色影像具有较低的光谱分辨率和较高的空间分辨率。全色影像锐化的目的是将全色影像与多光谱影像融合，得到高空间分辨率的多光谱影像。IHS 变换是最常用的全色锐化技术之一，已经成为影像分析中色彩增强、特征增强、空间分辨率提高和不同数据集融合的标准程序（Gillespie et al.，1987）。但是该方法颜色（光谱）失真的问题比较突出，而且只能将高分辨率影像和三个低空间分辨率进行融合。Gillespie 等（1987）提出了增强多波段遥感影像的 Brovey 变换融合方法，该方法逐像素计算任意三个波段的值与三者总和的比值生成三个色度影像，然后对色度和亮度（三个波段的总和）影像进行对比度增强，再将色度和亮度相乘，重建得到三个波段影像，实现增强源影像饱和度的目的。如果用全色波段替代变换的亮度影像，Brovey 变换融合方法也可用于全色锐化融合。重建影像既能保留原有的光谱信息，空间分辨率也得到提高。多波段与全色波段的Brovey 变换融合方法定义如下：

$$
\begin{cases}
I'_R(i,j) = \dfrac{I_{Pan}(i,j)}{I_0(i,j)} I_R(i,j) \\[2mm]
I'_G(i,j) = \dfrac{I_{Pan}(i,j)}{I_0(i,j)} I_G(i,j) \\[2mm]
I'_B(i,j) = \dfrac{I_{Pan}(i,j)}{I_0(i,j)} I_B(i,j)
\end{cases}
\tag{3.1}
$$

其中：$I_0(i,j) = \dfrac{I_R(i,j) + I_G(i,j) + I_B(i,j)}{3}$。

与 HIS 变换和主成分变换相比，Brovey 变换融合影像中的细节特征保留更完整。虽然这三种方法都以高分辨率影像替代来提高融合影像的清晰度，但是它们的逆变换计算不可避免地改变了源影像的灰度值，导致融合结果出现光谱或色彩失真的问题。

3.3.2 分块替代融合方法

分块替代融合方法通常用来处理同模态多聚焦影像中的清晰区域，融合后可得到全局清晰的影像。空间域分块替代融合方法的基本思想是把影像划分成特定尺寸的子块，根据清晰度指标判断提取子块，再将它们融合生成全局清晰的影像（王宏 等，2003）。子块的划分和清晰度指标是影响融合效果的重要因素。以子块均值为判断依据的简单分块替代融合方法是取所有源影像中均值最大的子块放入融合影像中。这类方法简单易行，可实时计算，但是会产生块效应，而且很难确定合适的分块大小。分块过大，不能完全消除模糊部分；分块过小，会由判断依据差异小而导致误判，同样无法消除模糊区块，甚至错选清晰区块（李美丽 等，2019；刘明君 等，2019）。比均值更准确的常用指标有局部方差、梯度向量模方和空间频率测度等。尽管遥感应用中基本不存在同模多聚焦影像，但是基于分块提取影像聚焦和散焦区域的思想在多时相遥感影像配准和融合中得到应用。例如，Liu 等（2015）通过滑动窗口技术对源影像进行分割，用密集的尺度不变特征转换（scale-invariant feature transform，SIFT）方法解析局部特征并度量活动水平值，实现了区块清晰程度的鉴别。此外，SIFT 提取的局部特征还可以用来校正源影像间错误配准的像素，提高融合影像的质量。

3.3.3　基于引导滤波的影像融合方法

影像局部的细节特征对权重分配有着至关重要的影响。滤波器是常用的影像处理方法，它们对邻域像素的卷积操作可以用来识别影像细节。滤波器可分为全局滤波器和局部滤波器两种：前者使用单一的滤波核处理整个影像；后者则根据局部特征生成不同的滤波核，获得边界保持良好的处理效果，具有更强实用性，例如加权最小二乘滤波器、双边滤波器和引导滤波器等。He 等（2013）提出的引导滤波器（guided filter，GF）是一种基于局部线性模型的保持边界滤波器，其优点是计算复杂度与滤波器大小无关。GF 采用平移变异滤波，假设存在一个引导影像 $I(i, j)$ 和一个输入影像 $P(i, j)$，滤波生成的影像为 $Q(i, j)$。$I(i, j)$ 和 $P(i, j)$ 通常是同一场景下具有不同曝光度、分辨率或清晰度的影像。与一般滤波器类似，GF 滤波可以简单地表示为

$$Q(i, j) = \sum_{i=-r}^{r} \sum_{j=-r}^{r} \omega_{i,j}(I) P(i+i, j+j) \tag{3.2}$$

其中：滤波核 $\omega_{i,j}$ 为引导影像 $I(i, j)$ 的函数，与 $P(i, j)$ 无关，并且对 $I(i, j)$ 是线性的。GF 假定 $Q(i, j)$ 是引导影像 $I(i, j)$ 在像素 (i, j) 为中心的局部窗口 $\omega_{i,j}$ 中的线性变换，窗口大小为 $(2r+1) \times (2r+1)$。因此式（3.2）可改写为

$$Q_i = a_k I_i + b_k, \quad \forall i \in \omega_k \tag{3.3}$$

其中：ω_k 为覆盖像素 i 的窗口；a_k 和 b_k 为 ω_k 中的权值系数。可以通过约束输出影像 Q 和输入影像 P 之间的平方差最小来估计 a_k 和 b_k：

$$E(a_k, b_k) = \sum_{i \in \omega_k} [(a_k I_i + b_k - P_i)^2 + \epsilon a_k^2] \tag{3.4}$$

其中：ϵ 为由用户给定的正则化参数；权值系数 a_k 和 b_k 可以用下面的线性回归方程直接求解：

$$\begin{cases} a_k = \dfrac{\dfrac{1}{|\omega|} \sum\limits_{i \in \omega_k} I_i P_i - \mu_k \overline{P_k}}{\delta_k + \epsilon} \\ b_k = \overline{P_k} - a_k \mu_k \end{cases} \tag{3.5}$$

其中：μ_k 和 δ_k 分别为 I 在 ω_k 中的平均值和方差；$|\omega|$ 为 ω_k 的像素个数；$\overline{P_k}$ 为 P 在 ω_k 中的平均值。所有局部窗口 ω_k 中以像素 k 为中心的所有局部窗口将包含像素 i。但是，不同的窗口 ω_k 会计算得到不同的 Q_i。为此，取 a_k 和 b_k 所有可能值的平均，则 Q_i 的估计如下：

$$Q_i = \overline{a}_i I_i + \overline{b}_i \tag{3.6}$$

其中：$\bar{a}_i = \dfrac{1}{|\omega|}\sum\limits_{k \in \omega_i} a_k$；$\bar{b}_i = \dfrac{1}{|\omega|}\sum\limits_{k \in \omega_i} b_k$。

如果输入影像是彩色影像或多波段影像，只需要分别进行滤波处理后再合成即可；如果引导影像是彩色影像时，式（3.3）需要改写为

$$Q_i = \boldsymbol{a}_k^{\mathrm{T}} \boldsymbol{I}_i + b_k, \quad \forall i \in \omega_k \tag{3.7}$$

其中：$\boldsymbol{a}_k^{\mathrm{T}}$ 为一个 3×1 的系数矢量；$\boldsymbol{I}_i$ 为一个 3×1 的颜色向量。则式（3.5）和式（3.7）相应改写为

$$\begin{cases} \boldsymbol{a}_k^{\mathrm{T}} = (\boldsymbol{\Sigma}_k + \epsilon \boldsymbol{U})\left(\dfrac{1}{|\omega|}\sum\limits_{i \in \omega_k} \boldsymbol{I}_i p_i - \mu_k \bar{p}_k\right) \\ b_k = \bar{p}_k - \boldsymbol{a}_k^{\mathrm{T}} \mu_k \\ Q_i = \bar{\boldsymbol{a}}_i^{\mathrm{T}} \boldsymbol{I}_i + \bar{b}_i \end{cases} \tag{3.8}$$

其中：$\boldsymbol{\Sigma}_k$ 为 $\boldsymbol{I}_i$ 在窗口 ω_k 中的 3×3 协方差矩阵；$\boldsymbol{U}$ 为 3×3 的单位矩阵。

对遥感影像而言，基于 GF 的影像融合方法是以高空间分辨率的全色影像为引导，增强低分辨率多波段影像的细节，实现既保留光谱信息，又提高分辨率的融合目标。其主要过程可以分成两个部分：首先，利用均值滤波器处理不同分辨率的源影像，获得两个尺度的特征表征；然后，使用基于引导滤波的加权平均方法，融合基础层和细节层，最终得到融合影像（Li et al.，2013）。

3.4　变换域影像融合方法

空间域融合方法可以看作对二维空间上灰度变化的直接观察和理解，能利用的信息局限于源影像之间的相关性或单一影像的局部空间关系等。如果将影像看作以空间坐标为自变量的实值函数，采用域变换方法可将影像从空间域转换到其他域上，呈现出更能反映影像内涵本征的信息形式。一般可转换的域包括时间域、频率域、金字塔域、梯度域等。变换域影像融合主要针对多尺度、多分辨率的源影像，经过域变换处理后，可得到同频特征图或同谱特征图。变换域影像融合方法主要有基于小波变换和基于金字塔分解两类，从综合性能上来说，基于小波变换的影像融合效果更突出。

3.4.1　离散小波变换融合方法

小波分析是在时间-尺度平面上描述非平稳信号，从根本上克服了傅里叶分析以单个变量（时间或频率）的函数表示信号的缺点，其作为一种新的多分辨率和多尺度的分析方法，广泛应用于多学科研究领域中（高林 等，2017；孙亮 等，2014；刘振慧 等，2007）。Mallat（1989）将小波变换方法纳入函数分析的框架，并描述了快速小波变换算法和小波正态基的一般构建方法，至此小波变换才真正应用于影像分解和融合重建。离散小波变换（discrete wavelet transformation，DWT）是影像小波分析的主要形式，将影像分解为三个高频成分和一个低频成分。因为具有高信噪比，所以 DWT 能最大限度地减少融

合影像的光谱失真（余汪洋 等，2014；Amolins et al.，2007）。

DWT 影像融合分为三个基本步骤。第一步，将源影像变换到小波域中，源影像被 DWT 分解为三个高频成分[分别反映影像中的水平（low-high，LH）、垂直（high-low，HL）和对角线（high-high，HH）细节]，以及一个带有低频信息或影像概貌（low-low，LL）的低频成分。根据所需的分解级别，LL 成分将被多次分解。第二步，应用融合规则，从源影像的最低级别分解结果中选择合适的成分，组成用于逆变换的分解组合。第三步，进行小波逆变换，生成融合影像。图 3.8 描述了 DWT 融合实现遥感多光谱影像全色锐化的过程。首先，全色（panchromatic，PAN）影像和多光谱（multi-spectral，MS）影像均进行三级分解，每个级别相应的小波系数反映了源影像空间细节的分辨率。融合时保留 MS 源影像各级别分解的高频成分，而用 PAN 影像的最低级别的低频成分（LL_P^3）替代 MS 影像对应级别的低频成分（LL_M^3），之后对替代的小波分解进行逆变换，最终生成与 PAN 影像具有相同空间分辨率的 MS 影像。

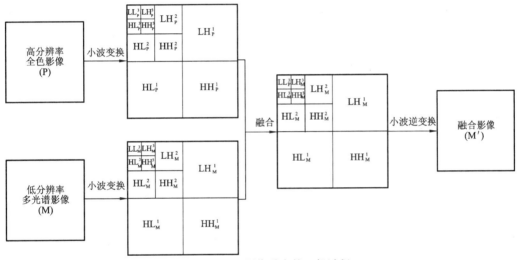

图 3.8　DWT 影像融合的一般过程

作为一种典型的特征级融合方法，DWT 融合方法在减少色彩失真和去噪效果方面比像素级融合方法表现得更好。但是，该方法计算复杂度较高，存在小物体的光谱信息容易丢失、某些参数（如阈值）需要人为确定等问题。为此，研究者提出了改进的 DWT 融合方法。Curvelet 变换（curvelet transform，CvT）在边缘检测和去噪方面性能优异，被成功用于遥感多模态数据的融合中，在全色锐化处理 Landsat ETM+的 Pan 影像和 MS 影像时，融合结果保留了更加丰富的空间信息和光谱信息（Ji et al.，2017；Candès et al.，2005a，b）。Donoho（2001）提出了 Contourlet 变换（contourlet transform，CT），该方法能兼顾影像局部变化和方向性特征，解决影像处理过程中存在的线性/曲线的奇异性问题。下面分别介绍这两种方法。

3.4.2　Curvelet 变换融合方法

体现影像细节的边缘和轮廓基本都是曲线，因此需要能有效描述和表达这些奇异特性的处理方法。小波变换对点奇异性的表达能力比较强，但对线奇异性无能为力。在小波变换的基础上提出了 Ridgelet 变换（ridgelet transform，RT），将影像的线奇异变换为点奇异后再用小波变换处理，较好地解决了线奇异性描述的问题，但却抛弃了具有点奇异性的影像内容（Bhutada et al.，2011）。为此，Candès 等（2000）提出了将曲线无限分割成近似直线的小段后再做进一步处理的单尺度 RT 方法。随后，Donoho（2001）提出了一种多尺度的 RT 方法，即第一代 Curvelet 变换（Curvelet99），之后又提出了改进的 Curvelet02，该变换在所有可能的尺度上对影像进行分解，进而获得更稀疏的表达。由于第一代 Curvelet 的计算复杂度高，分解的数据冗余量巨大，Candès 等（2006，2002）提出了第二代快速 Curvelet 变换（fast curvelet transform，FCvT），并且发布了两种快速离散 Curvelet 变换（fast discrete curvelet transform，FDCvT）方法：非均匀空间快速傅里叶变换（unequally-spaced fast Fourier transform，USFFT）和 Wrap 变换（wrapping-based transform，WBT）。相比 DWT 而言，Curvelet 变换更适合分析二维影像中的曲线状或直线状的边缘特征，且逼近精度更高，稀疏表达能力更强，同时具有很强的方向性（蒋年德 等，2008）。

1. Curvelet 变换表示形式

Curvelet 变换采用基函数与信号的内积实现信号的稀疏表示，可表示为下面的连续形式：

$$c(j,l,\boldsymbol{x}) := \langle f(\boldsymbol{x}), \varphi_{j,l,\boldsymbol{x}} \rangle \tag{3.9}$$

对于二维信号而言，$\boldsymbol{x} \in \mathbf{R}^2$，$\boldsymbol{x} = (x,y)$ 是实数二维空间的位置；$\varphi_{j,l,\boldsymbol{x}}$ 是母 Curvelet 函数，j、l 分别是表示尺度、方向的参量。为了在频域内实现 Curvelet 变换，需要使用频域窗口函数 U 表示 $\varphi_{j,l,\boldsymbol{x}}$。定义 ω 表示频率变量，r 和 θ 分别表示频率域中的极坐标变量，设存在光滑、非负且为实值的径向窗口函数 $W(r)$ 和角度窗口函数 $V(t)$，分别满足以下可允许条件：

$$\begin{cases} \sum\limits_{j=-\infty}^{\infty} W^2(2^j r) = 1, & r \in (3/4,\ 3/2) \\ \sum\limits_{l=-\infty}^{\infty} V^2(t-l) = 1, & t \in (-1/2,\ 1/2) \end{cases} \tag{3.10}$$

然后，采用傅里叶变换定义母 Curvelet 函数 $\varphi_{j,l,\boldsymbol{x}}$，得到频率域窗口函数 $U_j(r,\theta)$，定义如下：

$$U_j(r,\theta) = 2^{-\frac{3j}{4}} W(2^{-j}r) V\left(\frac{2^{\left\lfloor \frac{j}{2} \right\rfloor} \theta}{2\pi} \right) \tag{3.11}$$

其中：$\left\lfloor \dfrac{j}{2} \right\rfloor$ 为向下取整，其结果使支撑 U_j 形成极坐标下的"楔形"窗口（Candès et al.，2006）（图 3.9）。

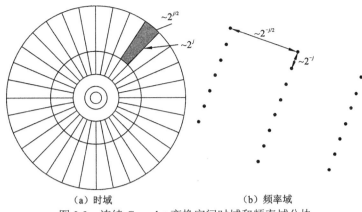

（a）时域　　　　　　　　　　　（b）频率域

图 3.9　连续 Curvelet 变换空间时域和频率域分块

在连续域中，频率域窗口函数 U_j 将频率域分成多个角度不同的光滑环形，并且在角度 $\left\{-2^{-\frac{j}{2}}\pi \leqslant \theta \leqslant 2^{-\frac{j}{2}}\pi\right\}$ 和二进制环域 $\{2^{j-1}, 2^{j+1}\}$ 附近光滑地提取频率信息。显然这样的分割方式并不适用于笛卡儿坐标系的影像处理。为此，Candès 等（2006）提出使用同中心的方形区域 U_j 作为离散化替代，如图 3.10 所示，阴影部分即为一个典型的"楔形"窗口。

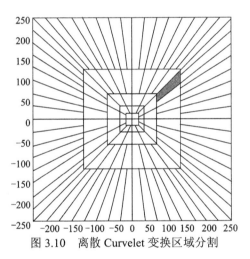

图 3.10　离散 Curvelet 变换区域分割

定义笛卡儿坐标系下的 $\tilde{U}_j(\omega) := \tilde{W}_j(\omega)V_j(\omega)$，径向窗口函数 $\tilde{W}_j(\omega)$ 和角度窗口函数 $V_j(\omega)$ 分别定义如下：

$$\begin{cases} \tilde{W}_j(\omega) = \sqrt{\Phi_{j+1}^2(\omega) - \Phi_j^2(\omega)} \\ V_j(\omega) = V\left(\dfrac{2^{\lfloor\frac{j}{2}\rfloor}\omega_2}{\omega_1}\right) \end{cases}, \quad j \geqslant 0 \tag{3.12}$$

其中：Φ 为一维低通窗口的内积

$$\Phi_j(\omega_1, \omega_2) = \Phi(2^{-j}\omega_1)\Phi(2^{-j}\omega_2) \tag{3.13}$$

设定等间隔的斜率序列 $\tan\theta_l = l \cdot 2^{-\lfloor\frac{j}{2}\rfloor}$；$l = -2^{\lfloor\frac{j}{2}\rfloor}, \cdots, 2^{\lfloor\frac{j}{2}\rfloor} - 1$，则有

$$\tilde{U}_{j,l}(\omega) := \tilde{W}_j(\omega) V_j(\boldsymbol{S}_{\theta_l} \omega) \tag{3.14}$$

其中：剪切矩阵 $\boldsymbol{S}_{\theta_l} = \begin{pmatrix} 1 & 0 \\ -\tan\theta & 1 \end{pmatrix}$。综合得到离散 Curvelet 的定义：

$$\tilde{\varphi}_{(j,l,k)}(\boldsymbol{x}) = 2^{\frac{3j}{4}} \tilde{\varphi}_j[\boldsymbol{S}_{\theta_l}^{\mathrm{T}}(\boldsymbol{x} - \boldsymbol{S}_{\theta_l}^{-\mathrm{T}} b)] \tag{3.15}$$

其中： $b = (k_1 \cdot 2^{-j}, \ k_2 \cdot 2^{-j})$。在此基础上，离散 Curvelet 变换定义如下：

$$c(j,l,k) = \int \hat{f}(\omega) \tilde{U}_j(\boldsymbol{S}_{\theta_l}^{-1}\omega) \mathrm{e}^{i\langle S_{\theta_l}^{-\mathrm{T}} b, \omega\rangle} \mathrm{d}\omega \tag{3.16}$$

2. 基于 USFFT 的 FDCvT 实现

由于剪切的块 $\boldsymbol{S}_{\theta_l}^{-\mathrm{T}}\left(k_1 \cdot 2^{-j}, \ k_2 \cdot 2^{-\frac{j}{2}}\right)$ 不是标准的矩形块，不能运用快速傅里叶变换算法，为此需要将剪切算子与 $\hat{f}$ 进行乘积运算得到矩形网格，并改写为

$$c(j,l,k) = \int \hat{f}(\omega) \tilde{U}_j(\boldsymbol{S}_{\theta_l}^{-1}\omega) \mathrm{e}^{i\langle S_{\theta_l}^{-\mathrm{T}} b, \omega\rangle} \mathrm{d}\omega = \int \hat{f}(\boldsymbol{S}_{\theta_l}\omega) \tilde{U}_j(\omega) \mathrm{e}^{i\langle b, \omega\rangle} \mathrm{d}\omega \tag{3.17}$$

USFFT 实现的具体过程如下。

首先，对影像 $f(x_1, x_2)$ 进行二维快速傅里叶变换（two-dimensional fast Fourier transform，2D FFT），得到二维频率域

$$\tilde{F}(n_1, n_2), \quad -\frac{n}{2} \leqslant n_1, \ n_2 < \frac{n}{2} \tag{3.18}$$

其中：n 为方形影像边长长度。

然后，在频率域对每一对尺度和角度的组合 (j, l)，重采样 $\tilde{F}(n_1, n_2)$ 得到

$$\hat{f}(n_1, n_2, -n_1 \tan\theta_l), \quad (n_1, n_2) \in P_j \tag{3.19}$$

其中

$$P_j = \{(n_1, n_2) \mid n_{1,0} \leqslant n_1 < n_{1,0} + L_{1,j}, \ n_{2,0} \leqslant n_2 < n_{2,0} + L_{2,j}\} \tag{3.20}$$

其中： $(n_{1,0}, n_{2,0})$ 表示矩形框左下角坐标；同时， $L_{1,j} \approx 2^j$， $L_{2,j} \approx 2^{\frac{j}{2}}$。

第三步，将重采样值 $\hat{f}$ 乘以窗口函数 U_j 得到

$$\tilde{f}_{(j,l)}(n_1, n_2) = \hat{f}(n_1, n_2 - n_1 \tan\theta_l) \times \tilde{U}_j(n_1, n_2) \tag{3.21}$$

最后，选择合适的笛卡儿网格 $b = \left(k_1 \times 2^{-j}, \ k_2 \times 2^{-\frac{j}{2}}\right)$ 后进行逆 FFT，得到离散 Curvelet 系数 $c^D(j,l,k)$：

$$c^D(j,l,k) = \sum_{n_1,n_2 \in P_j} \hat{f}(n_1, n_2 - n_1 \tan\theta_l) \times \tilde{U}_j(n_1, n_2) \mathrm{e}^{i2\pi\left(k_1\frac{n_1}{L_{1,j}} + k_2\frac{n_2}{L_{2,j}}\right)} \tag{3.22}$$

3. FDCvT 影像融合过程

Curvelet 变换具有很强的稀疏表达能力，能用少量但值较大的变换系数表示出影像的直线和曲线边缘，因此可用于融合多模态影像、多分辨率影像和多聚焦影像。下面先

描述一下基于 FDCvT 影像融合的一般过程。设对 n 个大小为 $N \times M$ 已经精确配准的影像 $\{I_1, I_2, \cdots, I_n\}$ 进行融合，需经过如下几个步骤。

第一步，对影像 $\{I_1, I_2, \cdots, I_n\}$ 分别进行 FDCvT，每幅影像得到不同尺度的 Curvelet 系数，包括粗尺度系数和细尺度系数。

第二步，根据融合目的，采用不同的融合规则，对各尺度层的低频系数和高频系数选择来自不同影像的系数，生成融合 Curvelet 系数。

第三步，对融合 Curvelet 系数进行逆 FDCvT 重构得到融合影像。

图 3.11 说明了两幅影像进行 FDCvT 影像融合的一般过程（杨勇 等，2015；李晖晖 等，2006）。

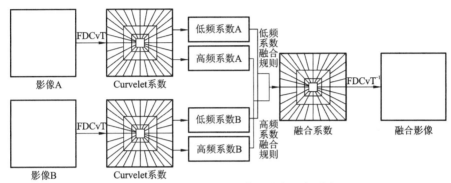

图 3.11　基于 FDCvT 影像融合的一般过程

针对融合目的制订合理的融合规则至关重要。低频系数是对影像概貌的表示，或源影像的近似子图；而高频系数是对影像边缘的稀疏表示。

常见的低频成分融合规则包括以下两种。

（1）直接使用某一个源影像 $I_t(t=1,2\cdots,n)$ 的低频系数 $C_j^t(k_1,k_2)$ 作为融合的低频系数，即

$$C_j^f(k_1, k_2) = C_j^t(k_1, k_2) \tag{3.23}$$

为了保证融合影像具有更高的清晰度，要求选择源影像的清晰度较高者，因此，可以计算各源影像低频系数的标准差（standard deviation，STD）。$C_j^t(k_1,k_2)$ 的标准差可按下式计算：

$$\text{std}^t = \sqrt{\frac{\sum_{i=-\frac{N-1}{2}}^{\frac{N-1}{2}} \sum_{j=-\frac{M-1}{2}}^{\frac{M-1}{2}} [C_j(k_1+i, k_2+j) - \bar{C}_j(k_1,k_2)]^2}{N \times M}} \tag{3.24}$$

（2）所有源影像低频系数的加权结果作为融合的低频系数，即

$$C_j^f(k_1, k_2) = \sum_{t=1}^{n} \alpha_t C_j^t(k_1, k_2) \tag{3.25}$$

其中：α_t 为加权系数，且 $\sum_{t=1}^{n} \alpha_t = 1$。$\alpha_t$ 可以根据各低频系数的方差来进行计算，即

$$\alpha_t = \frac{(\text{std}^t)^2}{(\text{std}^1)^2 + (\text{std}^2)^2 + \cdots + (\text{std}^n)^2} \tag{3.26}$$

常见的高频成分的融合规则包括以下三种。

（1）使用绝对值较大的高频系数，如下：

$$C_{j,l}^f(k_1,k_2)=C_{j,l}^t(k_1,k_2),\ 当\ |C_{j,l}^t(k_1,k_2)|==\max\{[|C_{j,l}^i(k_1,k_2)|\ i=1,2\cdots,n\}]\quad(3.27)$$

（2）邻域能量加权融合规则。由于影像能量系数之间的相关性直接影响融合影像是否能够正确地保留和反映源影像的真实信息，需要准确计算高频系数的能量分布。通常使用 3×3 或 5×5 的滑动窗口，以目标像素为中心的邻近区域的平均加权能量来衡量高频系数，计算如下：

$$E_{j,l}^t(k_1,k_2)=\sum_{-T\leqslant i,j\leqslant T}w(i,j)[C_{j,l}^t(k_1+i,k_2+j)]^2\quad(3.28)$$

其中：$w(i,j)$ 为加权系数；T 为滑动窗口的大小。则融合规则为

$$C_{j,l}^f(k_1,k_2)=C_{j,l}^t(k_1,k_2),\ 当\ |E_{j,l}^t(k_1,k_2)|==\max\{[|E_{j,l}^i,(k_1,k_2)|\ i=1,2,\cdots,n\}]\quad(3.29)$$

（3）保留邻域中绝对值较大的高频系数，即取邻域中绝对值最大的高频系数作为融合影像的高频系数

$$C_{j,l}^f(x,y)=\max_{-T\leqslant i,j\leqslant T}\{[C_{j,l}^t(x+i,y+j)|t=1,2,\cdots,n]\}\quad(3.30)$$

如果考虑更复杂的情况，赋予邻域中最大的高频系数一定的权重后再作为融合系数，这样可以减少盲目选择邻域内最大系数而造成的信息损失。另外，采用加权法也可以将多个源影像信息结合起来，更好地突出融合的理念。

3.4.3　非下采样 Contourlet 变换融合方法

1. Contourlet 变换概述

Contourlet 变换（contourlet transform，CT）是在继承小波多尺度分析思想基础上，由 Donoho（2001）和 Do 等（2000）提出的一种多方向多尺度分析算法。CT 变换也称为金字塔形方向滤波器组（pyramidal directional filter bank，PDFB），是由拉普拉斯金字塔（Laplacian pyramid，LP）与方向性滤波器组（directional filter bank，DFB）结合而成（图 3.12）。CT 首先应用 LP 对影像进行分解，得到一个低通（低频）子带和一个带通（高频）子带，迭代使用 LP 对低通子带实现多尺度分解，在不同尺度上有效地捕获

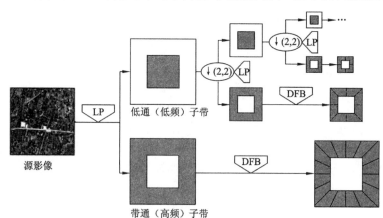

图 3.12　CT 的滤波器组进行影像分解（3 种尺度）

影像中的奇异点；然后由 DFB 对各尺度下的带通子带部分分解为 $n=2^k$ ($k=1, 2, \cdots$) 个不同方向的楔形子带，最终得到多尺度多方向的分解子带影像（系数）。DFB 采用了长宽变化随尺度改变的楔形结构作为 Contourlet 基的支撑空间，因此比小波变换能更好地表现边缘特征。

LP 对源影像进行多尺度分解和重构的流程如图 3.13 所示。首先，对源影像依次使用低通滤波器 H 和滤波器 M 下采样得到分解尺度下的低通子带 a。而低通子带经过 M 上采样后用合成滤波器 G 得到预测源影像，计算源影像与预测结果的差值即得到带通子带 b。在此基础上，多尺度分解就是通过对低通子带进行迭代分解实现的。与传统 LP 重构不同，CT 中 LP 的重构使用了双重框架算子来增强抗噪声干扰的能力。

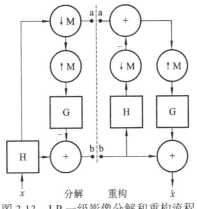

图 3.13　LP 一级影像分解和重构流程

DFB 最初是由 Bamberger 等（1992）提出的方向性分解方法（图 3.14）。该方法使用树状结构，树中的每一级都由一个双带滤波器组组成，通过两个互补的扇形滤波器对影像的频谱进行分割。通过使用多速率恒等式，一个 l 级的树结构 DFB 可以被看作由一个等价滤波器和全部的采样矩阵组成的 2^l 个并行通道滤波器组。等价的滤波器组表示为 $G_k^{(l)}$，$0 \leqslant k < 2^l$，其中 k 为对应子带的序号。全部采样矩阵的对角矩阵形式如下：

$$S_k^{(l)} = \begin{cases} \text{diag}(2^{l-1}, 2), & 0 \leqslant k < 2^{l-1} \\ \text{diag}(2, 2^{l-1}), & 2^{l-1} \leqslant k < 2^l \end{cases} \tag{3.31}$$

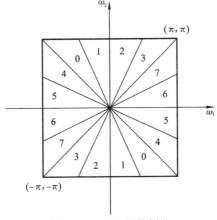

图 3.14　DFB 频带划分

式（3.31）表示采样过程是分离的。由 DFB 的等价并行观点可得

$$\{g_k^{(l)}[n-S_k^{(l)}m]\}_{0\leq k<2^l,m\in z^2} \tag{3.32}$$

式（3.32）由 $S_k^{(l)}$ 产生的采样格子上对等价滤波器的冲击响应进行变换得到的，它为 $l^2(z^2)$ 上的离散信号提供了一组基，这组基表现出多方向监测和局域定位能力。

CT 方法具有多分辨率、局部性、多方向性、近邻界采样和各向异性等性质，采用了更稀疏的 CT 系数捕捉影像中的边缘轮廓和方向性纹理信息，因此能很好地描述影像中的线奇异和面奇异。但是，由于在 LPFB 和 DFB 过程中使用了下采样操作，CT 不具备平移不变性。另外，LP 分解中的下采样操作使低频子带的频谱泄露，进一步导致 DFB 分解中方向频谱部分混叠，因而在相同尺度下的几个子带包含了相同的方向信息，这种情况被称为 Gibbs 现象。另外，使用 DFB 不能得到稀疏的影像表示，也不能像小波变换那样以多分辨率的方式分析特征，因此 CT 缺乏多尺度的特性。上述问题明显削弱了 CT 的方向选择能力。

2. 非下采样 Contourlet 变换概述

为了克服下采样导致 CT 丧失平移不变性和频谱混叠现象的问题，Da Cunha 等（2006）提出了非下采样 CT（non-subsampled contourlet transform，NSCT）。该方法在继承 CT 多尺度、多方向、各向异性等特点的基础上，取消下采样过程以消除 Gibbs 现象，使 CT 具有平移不变性，是一种超完备的多尺度变换方法。NSCT 主要由非下采样金字塔滤波器组（non-subsampled pyramid filter banks，NSPFB）和非下采样方向滤波器组（non-subsampled directional filter banks，NSDFB）两部分组成。该方法首先借鉴 àtrous 算法设计了一个双通道 NSPFB，反复使用该滤波器组将影像分解为多尺度的低频子带和高频子带，在这个过程中取消了下采样过程，所以保证了该分解方法的平移不变性；然后，采用 NSDFB 反复对各尺度的高频子带进行方向分解，最后得到不同尺度和方向的子带影像（系数）。图 3.15 给出了 NSCT 的两级分解。

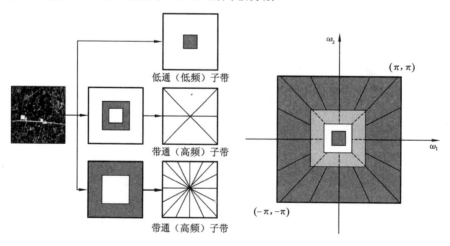

（a）非下采样滤波器组合结构　　　　　　　　（b）理想频谱划分

图 3.15　NSCT 的结构和频谱划分

NSPFB 对影像进行分解时，下级滤波器使用矩阵 $\boldsymbol{Q}=\begin{bmatrix} 2 & 0 \\ 0 & 2 \end{bmatrix}$ 对上级滤波器进行采样，影像经 k 级非采样塔式分解后可得到 $k+1$ 个与源影像具有相同尺寸大小的子带影像。图 3.16 给出了对影像采用 NSPFB 进行三级分解的结构。在第 j 层低通滤波器的理想带通支撑是 $\left[-\dfrac{\pi}{2^j},\dfrac{\pi}{2^j}\right]^2$，高通滤波器的理想带通支撑是低通滤波器的补集，为 $\left[-\dfrac{\pi}{2^{j-2}},\dfrac{\pi}{2^{j-1}}\right]^2\bigg\backslash\left[-\dfrac{\pi}{2^j},\dfrac{\pi}{2^j}\right]^2$。影像经 j 层分解后，每层一个带通影像产生 $j+1$ 的冗余。图 3.16 中 $H_0(z)$ 为低通滤波器，$H_1(z)$ 为高通滤波器，$H_1(z)=1-H_0(z)$，合成滤波器 $G_0(z)=G_1(z)=1$，系统满足完全重构的 Bezout 恒等式：

$$H_0(z)G_0(z)+H_1(z)G_1(z)=1 \tag{3.33}$$

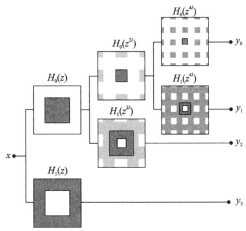

图 3.16　三级 NSPFB 分解

NSDFB 为一组扇形二通道非下采样滤波器组，如果对某尺度下子带影像进行 k 级方向分解，将得到 2^k 个与源影像尺寸大小相同的方向子带影像。综合以上两个步骤，源影像经 k 级 NSCT 分解后将得到 l 个低频子带影像和 $\sum\limits_{j=1}^{k}2^{l_j}$ 个带通方向子带影像，其中 l_j 为尺度 j 下的方向分解级数。Bamberger 等（1992）提出的方向滤波器组是树形结构的滤波器组，是由严格采样的两通道扇形滤波器组和下采样操作实现的。它将二维频域面剖分成方向楔，因为存在下采样和上采样操作，不能得到平移不变性。如果对滤波后的信号进行上采样操作，可以得到平移不变性，此时上采样操作可以使用五点梅花插值法。双通道扇形滤波器组构成的四通道非下采样方向滤波器组和频谱分解示意图如图 3.17 所示。第二层的上采样扇形滤波器 $U_0(z^Q)$ 和 $U_1(z^Q)$ 由棋盘式的频域支撑，与第一层滤波器结合后，可以得到 4 个方向的频域分解，即 $U_k^{eq}(z)=U_i(z)U_j(z^Q)$。合成滤波器也采用相同方式得到。

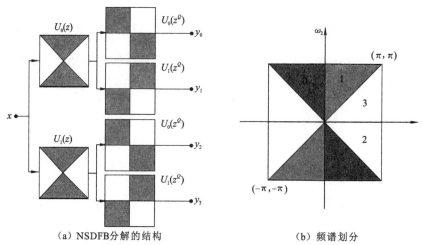

（a）NSDFB分解的结构　　　　　　　　　　　（b）频谱划分

图 3.17　四通道 NSDFB 的结构和频谱划分

NSCT 的非下采样金字塔滤波器组和非下采样方向滤波器组都满足完全重构条件。NSCT 不仅继承了 Contourlet 变换的多尺度和多方向性，还具备了平移不变性和方向选择性。

3. NSCT 影像融合的过程

假设在影像融合之前，所有源影像 $\{I_i\}_{i=2,3,4,\dots}$ 已经过严格的空间配准。基于 NSCT 的影像融合过程可分为三个主要步骤。

第一步，分别对每一个源影像 I_i 进行 NSCT 分解，得到各自的 NSCT 系数 $\{H^{I_i}_{j,k}, L^{I_i}\}$，其中，$H^{I_i}_{j,k}$ 是 I_i 在尺度 j 下第 k 个方向的带通子带系数，L^{I_i} 是 I_i 的低通子带系数，$j \in J$，$k \in K$。J 为尺度分解的级数，K 为每级尺度下方向分解数，那么进行三级分解时，$J=\{1,2,3\}$，$K=\{2^0, 2^2, 2^3\}$。

第二步，采用不同的融合规则得到低通子带系数（低频成分）和带通子带系数（高频成分），进而得到融合影像 F 的 NSCT 系数 $\{H^F_{j,k}, L^F\}$。

第三步，采用 NSCT 逆变换得到融合影像 F。

3.4.4　混合式影像融合方法

针对影像多尺度、多方向、局部和各向异性的特点，基于变换域的多尺度影像融合方法能够将源影像从空间域变换到其他域，然后选择各自不同但又显著的尺度和方向特征进行融合。除了前文列举的典型方法，为了克服特征融合中的各种问题，人们不断地提出并应用新的变换域方法，比如 Kekre 小波变换、平稳小波变换（stationary wavelet tranform，SWT）、Shearlet 变换、梯度域变换、Tetrolet 变换域方法等。

多尺度变换方法各有优劣，例如：小波变换能提取源影像的局部变化特征，但是因其平移可变性而无法有效提取边缘信息；而 NSCT 具有平移不变性，提取的高频系数很好地保留了源影像的边缘信息。如果能优势互补，变换域混合方法能获得比单一方法更好的融合效果，例如二者组合能实现高质量的影像修复，以及高效的去噪解卷积算法

（Starck et al.，2001）。Eslami 等（2005）使用小波变换与修正的 DFB 得到了主观视觉效果更好和峰值信噪比更高的融合结果，并提出新的影像重建和无冗余的多尺度几何变换框架。Contourlet 变换和小波变换分别在细尺度和粗尺度上控制融合规则，能明显改善变换系数的冗余度和稀疏表示，混合方法使得融合影像的量化误差最小。Shutao 等（2010）将 SWT 与 NSCT 结合起来进行影像融合，其性能比 NSCT、SWT、CvT 和基于小波的等值线变换（wavelet-based contourlet transform，WBCT）表现得更好。以上结果表明，混合变换方法比任何单一方法都更具优势。

同时人们也认识到，空间域变换方法的优点也能弥补变换域方法存在的不足。变换域方法能很好地应对源影像相关性较小、信息互补性强或光谱特征差异明显的情况，比如多聚焦影像、红外与可见光影像等，但是却不能兼顾多尺度特征容留和噪声抑制。为此，混合使用空间域和变换域的方法，既能实现多尺度影像融合，又能有效抑制源影像中的各种噪声。当然，单一空间域的方法往往会导致融合影像对比度降低或出现较大的块。因此采用空间域和变换域混合的影像融合算法，往往是先将源影像在变换域中融合，然后用空间域提取源影像的边缘信息取代初始融合影像中的边缘信息，以补偿边缘信息的损失。Palkar 等（2019）基于 Kekre 混合小波变换（Kekre's hybrid wavelet transform，KHWT）的框架，组合空间域和变换域的不同正交变换（例如主成分变换、离散余弦变换、离散傅里叶变换等）对多模态影像进行融合，融合影像保留了源影像大量的有用信息，且对比度明显更优。

3.5 基于深度学习的影像融合技术

3.5.1 深度学习

20 世纪 50 年代人们提出发展人工智能（artificial intelligence，AI）。在早期阶段，受限于当时的计算机技术，AI 主要围绕专家推理机来模拟人的思想和行为。到了 1980 年，机器学习开始兴起，尤其是人工神经网络、支持向量机、遗传算法等先进方法，表现出比传统统计方法和专家推理机制更好的适应性和准确性，机器学习将 AI 推到了一个新的高度。但是，机器学习仍然没有完全摆脱传统统计分析的思维，需要根据先验知识确定的特征作为输入，而先验知识往往来源于领域知识和专家经验，容易受限于人们的认知和事物的复杂性，因此很难分析和评价先验知识的不确定性及其对结果的影响。提高机器学习算法的性能有两种途径，一是增加训练样本的数量，二是找出尽可能多的有用特征。但是，即使训练样本成倍增加，也不能明显地改善大多数算法的表现。而有用特征的发掘高度依赖领域知识，所以当人们还不能完全理解和掌握领域的全部知识时，要想得到反映事物本质的全部特征将十分困难。随着大数据时代的到来，在面向海量信息时，人工干预式的数据分析显得力不从心；为此，机器自主学习并自主地从大数据中发掘有用特征的设想成为深度学习出现的契机。

深度学习无需人工干预就能从影像中自动提取最优特征，并且还能描述目标和输入的各种复杂关系，为影像融合研究提供了新的思路和方向。深度学习利用多个隐含层结构的机器学习模型，具备两个特点（Hinton et al.，2006）：一是包含多个隐含层的人工神经网络具有优异的特征学习能力，经学习得到的特征是对数据本质的刻画；二是通过分层预训练（layer-wise pre-training）减少深度神经网络的训练难度，非监督学习是实现分层预训练的主要方式。与传统机器学习相比，深度学习需要大量的样本进行训练才能得到有用的特征，并对多层次的非线性网络节点的参数求解，构造出更优逼近的复杂非线性函数，从而具有极强的表达和学习能力。影像融合的主要目的是尽量准确保留源影像中的重要特征，通常以高频子带的形式来表达。然而，影像中的边缘和轮廓是无法预测的，也不可能采用统一和标准的方式进行定义或描述，所以预设影像特征无助于提高影像融合效果和方法的鲁棒性。深度学习采用分层预训练，通过组合影像中底层特征形成更加抽象的可赋予属性类别的高层特征，在多个隐含层次中实现这种分布式的影像特征，就代表了机器对影像特征的理解深度。

卷积神经网络（convolutional neural networks，CNNs）是面向深度学习提出的基本网络模型，之后发展了残差网络（residual network，ResNet）、密集卷积网络（dense convolutional network，DenseNet）、生成对抗网络（generative adversarial network，GAN）等。CNNs 源于人工神经网络（artificial neural networks，ANNs），所以下面先后介绍 ANNs 和 CNNs 在影像融合中的应用。

3.5.2　人工神经网络

1. 基本概念

ANNs 是受人类神经系统启发的建模技术，从描述物理现象或决策过程的实例数据中学习复杂的行为模式，采用多层神经元网络构成非线性模型。ANNs 源于"神经计算"，是基于对生物神经网络理解构建的高度简化的数学模型，具备从实例中学习和归纳的能力，即使在输入数据包含错误或不完整的情况下，也能产生有意义的解决方案，并且能随着时间的推移调整解决方案以补偿不断变化的环境。与传统方法相比，ANNs 具有速度快、稳健灵活的特点，对新环境有很强的适应能力，得到广泛的应用，比如影像处理、语音处理、执行从输入模式（空间）到输出模式（空间）的一般映射、对类似模式进行分组、解决受限的优化问题、机器人技术和股市预测等。

ANNs 由神经元网络组成，每个神经元接收标定的输入变量或其他神经元的输出进行计算，它的输出也可作为其他神经元的输入。每个神经元都是一个独立的处理单元，由权重向量（W，用于权衡输入的数据值）、偏置量（b，防止除以零）和激活函数（g，将神经元的值传递给网络中的下一个神经元）组成 [图 3.18（a）]。对输入变量进行标准化可以确保数值在激活函数的有效范围内（例如，log-sigmoid 函数要求输入值 x 必须在 0 和 1 之间）。通常使用两种标准化方法：输入值和输出值转换到[0, 1]或[-1, 1]、输入值和输出值 z-score 标准化方法，使结果的均值为 0、标准差为 1。设输入向量 $x \in \mathbf{R}$，经仿射变换得到 $z = W^{\mathrm{T}} x + b$，然后输入激活函数。ANNs 最基本的两个激活函数如下所示。

（1）sigmoid函数：

$$g(z) = \sigma(z) = \frac{1}{1 + \mathrm{e}^{-z}} \tag{3.34}$$

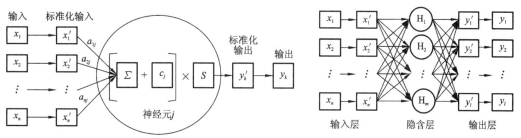

(a) 单个神经元的基本组成和计算结构　　　　(b) ANNs的基本组成和计算结构

图 3.18　神经元和 ANNs 的基本组成和计算结构

其中：z 为经仿射变换的标准化结果。

（2）双曲正切（tanh）函数：

$$g(z) = \frac{\mathrm{e}^z - \mathrm{e}^{-z}}{\mathrm{e}^z + \mathrm{e}^{-z}} \tag{3.35}$$

通常，tanh 函数用作隐含层的激活函数，而 sigmoid 函数用于输出层，但并非强制规定。sigmoid 函数将实数映射为$(0, 1)$，所以它可以用来建立概率模型；而 tanh 函数返回值在-1 和 1 之间，不能用于概率模型，但它的梯度变化更强，结合正负输出，更容易被优化。

神经元的输出计算如下：

$$H_j = g\left(c_j + \sum_{i=1}^{i=n} (a_{ij} x_i') \right) \tag{3.36}$$

其中：H_j 为第 j 个神经元的输出，$j = 1, 2, \cdots, m$；$\{x_i'\}_{i=1,2,\cdots,n}$ 为输入 $\{x_i\}_{i=1,2,\cdots,n}$ 标准化的结果；a_{ij} 为第 j 神经元对 x_i 的权重；c_j 为第 j 神经元的偏差。输出变量的计算如下：

$$y_k' = b_k + \sum_{j=1}^{m} (d_{jk} H_j) \tag{3.37}$$

其中：y_k' 为标准化的输出；d_{jk} 为神经元 j 对 y_k' 输出的权重；b_k 为偏差。

基本的 ANNs 包括输入层、隐含层和输出层 [图 3.18（b）]。输入层节点通过激活函数将信息传递给隐含层的所有神经元，它们根据所呈现的证据或被激活或保持休眠状态。隐含层对证据应用加权函数，当隐含层中的一个特定节点或一组节点的值达到某个阈值时，就会传递给输出层的一个或多个节点。输入层的节点数取决于数据规模，输出层的节点数则根据目标设定，而隐含层数量和每个隐含层的神经元数量则由用户设计。根据 Hsu 等（1995）的研究，三层前馈神经网络可以用来模拟现实世界的功能关系，这些关系可能是已知的，也可能是十分复杂很难定义的。因此，ANNs 的设计重点是寻找隐含层中的最佳神经元数量，一般采用试错法进行。每个隐含层的神经元数量都从 1 到 n 逐个组合（n 为输入数据的节点数量），然后找出使输出的预测值和实际值之间的 R^2 最大时的最小神经元数量，即为最终隐含层的神经元数量。为了减少工作量，Maren 等（1990）建议将输入层和输出层的节点数量的几何平均值作为隐含层神经元的初始个数。在自动优化算法中，采用修剪算法和增长算法来辅助优化。前者从一个大的网络开始，系统地删除贡献最小的节点；后者则从一个小的网络开始，逐步增加节点直到性能的改善不明显为止。

通常，可按照数据流经网络的方向划分 ANNs。比如，信息单向传递的网络被称为前馈型神经网络，信息由输入层节点接收、处理并传递给下一个（隐含）层，直到最后的输出层。如果信息是双向流经节点的，即将后一层的输出反馈回前一层，这样的网络模型称为循环型神经网络或反馈型神经网络。

2. ANNs 的学习策略

ANNs 必须通过大量的已知样本进行自主学习才能确定期望输出的权重和阈值。假设训练前 ANNs 没有任何先验知识，初始权重也只是一组随机值或经验值，学习就是根据样本的输入和期望的输出反复调整权重，直到找到一个使整体预测误差最小的权重空间。样本量越大，ANNs 的性能就越好，其最终权重矩阵就代表了它对问题的认知。

ANNs 采用的学习策略主要有监督学习（supervised learning）、强化学习（reinforcement learning）和非监督学习（unsupervised learning）等。监督学习需要大量的已知样本，在学习过程中对每个节点的连接权重和阈值进行反复调整和优化，寻找使 ANNs 的输出与已知输出误差函数最小的一组连接权重和阈值。强化学习源于行为主义心理学，是模仿人通过与周围环境的交流进行学习的过程。强化学习的主体被称为智能体，它从行为引起环境奖励性的回馈中获得激励，并强化此类行为的权重而形成认知。强化学习也是一种试错学习技术，但与监督学习不同的是它不需要训练样本，而是不断尝试各种可能，在行为选择和各种后果之间找到一个平衡点，以获得利益最大化的环境奖励。非监督学习也需要训练样本，但与以上两种学习策略不同，它是为了将输入样本聚类为具有相似特征的类别，或者通过降维来发现更有价值的特征组合。

3. ANNs 模型

目前为止已经发展了多种人工神经网络模型，由于数量众多不可能一一列举，下面仅简述影像融合中使用频率较高的三种。

1）径向基函数神经网络

径向基函数神经网络（radial basis function neural networks，RBFNNs）是一种三层前向网络，具有最基本的拓扑结构，但能高精度逼近任意连续的非线性网络（Guo et al.，2020）。RBFNNs 的输入层将输入无差别分配给隐含层的神经元。每个隐含层神经元都内置一个径向基函数（radial basis function，RBF）和偏差（b_k），但各自具有不同的中心位置和宽度。RBF 作为非线性传递函数，对输入信息进行操作。高斯函数是最常用的 RBF，通过计算输入矢量（$\boldsymbol{x}$）和 RBF 中心（c_j）之间的欧氏距离（Euclidean distance，EUD）实现非线性转换，公式如下：

$$h_j(\boldsymbol{x}) = \exp\left(-\frac{\left\|\boldsymbol{x} - c_j\right\|^2}{r_j^2}\right) \qquad (3.38)$$

其中：h_j 为第 j 个神经元的 RBF 的计算转换结果；c_j 和 r_j 分别为该 RBF 的中心和宽度。对于输出层的第 k 个输出节点而言，需要对每个神经元的 h_j 赋予相应的权重 w_{kj}，然后所有神经元的输出加权和再加上偏差项 b_k 就得到输出神经元的输出结果 y_k，公式如下：

$$y_k(\boldsymbol{x}) = \sum_{j=1}^{n_h} w_{kj} h_j(\boldsymbol{x}) + b_k \tag{3.39}$$

RBFNNs 需要优化 RBF 中心、隐含层神经元的数量、宽度和权重。常采用随机子集选择、k-means 聚类、正交最小二乘学习算法和径向基函数结合偏最小二乘算法等优化 RBF 中心。针对数据特点和性质，所有 RBF 可以设置相同或者不同的宽度。与其他 ANNs 相比，RBFNNs 具有对未经训练的模式也响应较好、逼近能力好、拓扑结构简单、容易设计和训练、抗噪性能好、学习算法更快、能够在线学习等优点。此外，RBFNNs 学习训练集时分析简单，但能建立复杂的函数转换系统（Jalili-Jahani et al.，2020），成为许多研究和应用工作的首选。

2）自组织映射神经网络

自组织映射（self-organization map，SOM）神经网络是基于"胜者全得"概念设计的一种竞争型非监督学习的 ANNs 模型，主要由输入层和竞争层（或 Kohonen 层）构成。SOM 在学习过程中采用多次循环竞争，每次循环只允许满足特定条件的神经元输出，而抑制其他神经元，即"胜者全得"。学习开始前，随机赋予竞争层神经元权值，保证它们具有相同的输出概率；每次竞争结束时，只有一个神经元获胜并相应地调高权值，而其他神经元的权值保持不变。通过不断循环竞争，最终得到训练样本的特征分布。SOM 能根据输入样本的模式，使用不同的神经元进行转换，进而获得最可能的分类结果。

SOM 神经网络采用两层拓扑结构（图 3.19），竞争层是由所有神经元组成的二维平面阵列，输入层的节点和竞争层神经元实现全连接，竞争层所有神经元与其临近神经元也存在连接，在学习过程中获胜神经元及其临近神经元的权值向量都将得到更新。所以，SOM 的典型特点是在神经元阵列上可以形成识别输入样本模式的特征拓扑分布。输入层处于平面阵列下方，每个输入节点与阵列中所有神经元均有连接，称为前向连接权，一般通过迭代进行调整；而平面阵列上各个神经元之间的连接，称为侧向权连接，构成侧抑制并引起竞争行为（Miljkovic，2017）。SOM 神经网络的构建和学习过程的主要步骤如下。

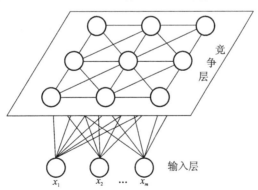

图 3.19　二维阵列 SOM 神经网络模型的拓扑结构

第一步，构建并初始化 SOM 神经网络。基于问题设定竞争层的神经元数量，并为它们随机分配权重向量。

第二步，计算输入向量 $\boldsymbol{X}_i$ 与竞争层权重向量 $\boldsymbol{W}_j$ 之间的相似程度，通常用最小欧氏距离准则，进行组织归类，即计算第 j 个神经元的权重向量 $\boldsymbol{W}_j$ 和输入数据 $\boldsymbol{X}_i$ 之间的欧氏距离：

$$\text{EUD}_j = |\boldsymbol{X} - \boldsymbol{W}_j| = \sqrt{\sum_{i=1}^n (\boldsymbol{X}_i - \boldsymbol{W}_{ij})^2} \tag{3.40}$$

第三步，比较 EUD_j，最小者对应的神经元获胜。

第四步，调整各神经元权重，获胜神经元基于输入变量调整自身权重，并根据获胜神经元调整的结果重新调整其他神经元权重。权重更新公式如下：

$$W(t+1) = W(t) + \Theta(t)\alpha(t)[V(t) - W(t)] \tag{3.41}$$

其中：t 为当前的迭代次数；$W(t)$ 为神经元权重向量；$V(t)$ 为输入向量；$\alpha(t)$ 为随 t 变化的学习率；$\Theta(t)$ 为优胜邻域或邻域函数，邻域定义为以获胜神经元为中心，半径为 R 的范围。所有输入数据进行有限次迭代过程被称作 SOM 的训练。

第五步，更新 α 和 Θ，迭代第二步至第五步。

第六步，根据终止条件停止训练，终止条件通常设置为迭代达到预设次数。

3）生成对抗网络

Goodfellow 等（2014）受"二人零和博弈"的启发提出了生成对抗网络（GAN）。GAN 由一个生成网络（G）和一个判别网络（D）组成（图 3.20）。D 先采用真样本进行训练，而后 G 将随机噪声样本转换为伪样本，输入 D 中判断是真实样本还是伪样本，输出判断为真的概率，并将结果反馈到 G 或 D 调整它们的权重参数。GAN 训练时往往固定 G 或 D 中的一个，调整另一个的权重。经过多次交替迭代后，使 D 尽可能准确地鉴别真伪样本，而 G 则尽可能生成能以假乱真的伪样本。

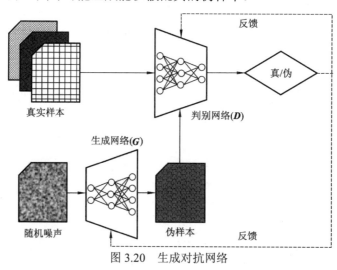

图 3.20　生成对抗网络

数学上，生成网络定义为一个多层感知网络构成的生成模型 $G(z, \boldsymbol{\theta}_g)$，$\boldsymbol{\theta}_g$ 是 G 中神经元的权重矢量；z 是噪声矢量，通常假设其服从高斯分布。G 的作用是将任意 z 从潜在的概率空间映射到真实的数据空间，通过神经网络和有效的权重参数的设置，生成伪样本数据 x。显然，G 和 $\boldsymbol{\theta}_g$ 决定了映射关系，而 z 作为映射的样本材料。在每一次迭代前，都要先从潜在的概率空间中随机产生 z 后生成伪样本 x 传递给 D。判别网络定义为一个多层感知网络构成的判别模型 $D(x, \boldsymbol{\theta}_d)$，$\boldsymbol{\theta}_d$ 是 D 中神经元的权重矢量。D 需要先用一批真样本进行训练得到初始的 $\boldsymbol{\theta}_d$，使 $\boldsymbol{D}$ 能最大限度地正确识别所有真样本。当输入来自 $\boldsymbol{G}$ 生成的伪样本 $\boldsymbol{x}$ 时，$\boldsymbol{D}$ 的判断结果反馈给 $\boldsymbol{G}$，并调整 $\boldsymbol{\theta}_g$ 使 $\ln[1-\boldsymbol{D}(\boldsymbol{G}(\boldsymbol{z})]$ 最小，其目的是使 $\boldsymbol{x}$ 尽量被 $\boldsymbol{D}$ 判断为真样本。$\boldsymbol{D}$ 和 $\boldsymbol{G}$ 之间的这种对抗过程可以用定义为

$$\min_{\boldsymbol{G}}\left(\max_{\boldsymbol{D}}(V(\boldsymbol{D},\boldsymbol{G}))\right)=E_{\boldsymbol{x}\sim p_{\text{data}}(\boldsymbol{x})}[\ln \boldsymbol{D}(\boldsymbol{x})]+E_{\boldsymbol{z}\sim p_z(\boldsymbol{z})}[\ln(1-\boldsymbol{D}(\boldsymbol{G}(\boldsymbol{z})))] \tag{3.42}$$

GAN 在有限次数的迭代中进行训练，其算法（Goodfellow et al.，2014）如下。

第一步，训练 $\boldsymbol{D}$，以下过程将迭代执行 k 次。

（1）按照噪声的先验分布 $p_g(\boldsymbol{z})$，随机抽样产生一个大小为 m 的小批量噪声样本集 $\{\boldsymbol{z}^{(1)},\boldsymbol{z}^{(2)},\boldsymbol{z}^{(3)},\cdots,\boldsymbol{z}^{(m)}\}$。

（2）按照真实数据的分布 $p_{\text{data}}(\boldsymbol{x})$，随机抽样产生一个大小同样为 m 的小批量真实样本集 $\{\boldsymbol{x}^{(1)},\boldsymbol{x}^{(2)},\boldsymbol{x}^{(3)},\cdots,\boldsymbol{x}^{(m)}\}$。

（3）使用式（3.42）计算每一对 $(\boldsymbol{z}^{(i)},\boldsymbol{x}^{(i)})$ $(0<i<m)$ 的平均损失，采用梯度上升策略对 $\boldsymbol{D}$ 的权重矢量 $\boldsymbol{\theta}_d$ 进行优化调整。

第二步，按照先验分布 $p_g(\boldsymbol{z})$，随机抽样产生一个大小为 m 的小批量噪声样本集 $\{\boldsymbol{z}^{(1)},\boldsymbol{z}^{(2)},\boldsymbol{z}^{(3)},\cdots,\boldsymbol{z}^{(m)}\}$。

第三步，使用式（3.42）计算 $\boldsymbol{z}^{(i)}$ $(0<i<m)$ 的平均损失，采用梯度下降的策略对 $\boldsymbol{G}$ 的权重矢量 $\boldsymbol{\theta}_g$ 进行优化调整。

上述算法中，$\boldsymbol{D}$ 经过 k 次迭代训练后才更新 $\boldsymbol{G}$，但整个过程可以进行多次连续迭代。k 可以等于 1，但迭代次数越多，$\boldsymbol{D}$ 的优化效果越好。

4. 基于 ANNs 的影像融合

基于 ANNs 的影像融合的一般原理如图 3.21 所示。首先需要将源影像 A 和源影像 B（已经严格配准，但可能大小不同）分解成大小分别为 M 和 N 的若干块，然后从对应区块中提取特征，并转换为神经网络所需的归一化特征矢量，每一个分量成为输入层的一个节点，而输出层的节点就代表特征融合的结果。输入层的第 i 个节点通过权重 $w_{i,j}$ 与隐含层的第 j 个神经元连接，隐含层第 j 个节点与输出层的第 t 个节点之间的权重为 $v_{j,t}$。加权函数描述了融合影像特征与源影像特征之间的响应关系。ANNs 作为一种通用的函数近似器，可以直接适应由一组有代表性的训练样本定义的任何非线性函数。一旦经过训练，ANNs 模型将记忆该函数关系，并用于下一步的计算。

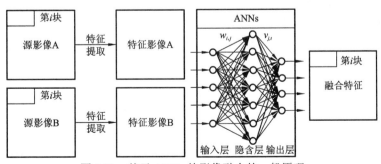

图 3.21 基于 ANNs 的影像融合的一般原理

ANNs 已被广泛用于开发多传感器数据融合的非线性模型。Thomas 等（1995）利用 ANNs 实现了可见光和红外影像的像素级融合。Zhang 等（2008）探索了使用 RBF 神经网络结合近邻聚类方法进行聚类、并使用成员权重进行融合的方法，在适当的宽度参数下可以获得较好的聚类融合效果。Carpenter 等（1988）利用自适应共振理论（adaptive resonance theory，ART）神经网络形成了一个新的自组织信息融合框架。自适应共振理论映射（adaptive resonance theory map，ARTMAP）神经网络可以从不一致的训练数据中建立分层的知识结构，并为输出类别分配不同的知识层次等级，解决输入像素标签中存在的明显矛盾问题（Carpenter et al.，1991）。Wang 等（2007）提出了一种基于分割区域和神经网络的特征级影像融合方法，取得了比传统方法效率更高的结果。

基于 ANNs 的融合方法利用人工神经网络的模式识别能力，同时，神经网络的学习能力使其在影像融合过程中的定制成为可能。许多应用表明，当输入的多个传感器数据不完整或噪声较大时，采用 ANNs 的融合方法比传统方法有更多的优势。由于 ANNs 的自学习特性，它在土地利用/土地覆盖分类方面常被作为一种有效的决策层融合工具。此外，ANNs 支持多输入-多输出的处理框架，进而可以融合高维数据，如长时间序列数据或超高光谱数据。

3.5.3 卷积神经网络

早期 ANNs 基本采用全连接层，但是这会导致权重参数数量巨大、训练困难、出现过拟合等问题。影像处理需要一种既能有效降维，又能保留数据原始特征的技术手段。1981 年的诺贝尔医学奖获得者 David Hubel 和 Torsten Wiesel 发现了人脑在处理各种影像时视觉皮层的活动机制，揭示了人类视觉从抽象到概括的逐层分级处理原理。基于视觉皮层分级的认识，人们提出采用多层卷积特征提取和降维的方法，将影像转换到特定的特征空间，再结合全连接的人工神经网络进行识别。该方法取得了十分惊人的准确性，尤其是在复杂影像处理方面具有明显的优势。最早的卷积神经网络是 Waibel 等（1989）提出的时延神经网络（time delay neural network，TDNN），参考反向传播（back-propagation，BP）算法框架的学习策略，在语音识别上取得了成功。其后，Zhang（1988）提出了用于检测医学影像的平移不变人工神经网络（shift-invariant artificial neutral network，SIANN）。LeCun 等（1989）在论述计算机视觉处理的 LeNet 时，首次使用了"卷积神经网络"一词。LeNet 由两个卷积层和两个全连接层组成，包含 6 万个以上的学习参数，其规模是 TDNN 和 SIANN 不可比的。LeNet 是现代卷积神经网络的雏形和开端，以此为基础构建出 LeNet-5 及多种变体，它们均采用了交替出现的卷积层-池化层结构，成为现代卷积神经网络的基本结构。随着深度学习理论的提出，以及分布式计算、集群计算、云计算得到先进硬件（多核多线程 CPU、支持高度线程化的多核 GPU）的支持后（Hinton et al.，2006），卷积神经网络得到飞速发展（Gu et al.，2018）。2012 年，AlexNet（Krizhevsky et al.，2017）的成功引人瞩目，同时期涌现出了众多优秀的 CNNs 模型，比如，ZFNet、VGGNet、GoogLeNet、ResNet（He et al.，2016a；Szegedy et al.，2015；Simonyan et al.，2014；Zeiler et al.，2013）等，使 CNNs 研究不仅成为科研热区，而且成为行业创新的驱动力。

1. CNNs 的基本结构

典型卷积神经网络（CNNs）由输入层（input layer）、卷积层（convolutional layer）、池化层（pooling layer）、全连接层（fully connected layer）和输出层（output layer）构成。与普通的神经网络相比，CNNs 的各层神经元以宽度、高度和深度 3 个维度进行排列，如图 3.22（Mazurowski et al., 2019）所示。卷积层、池化层和全连接层的作用可以简单地理解为特征提取、降维和分类。每层都使用一个微分函数对前一层激活输出进行转换处理。多个卷积层和池化层的组合堆叠使用也是 CNNs 的典型特点，每一组合层表示影像特征的抽象程度和降维尺度。下面主要概述卷积层、池化层和全连接层。

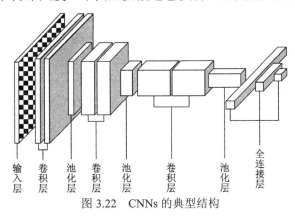

图 3.22　CNNs 的典型结构

1）卷积层

在 CNNs 中，设 x 为输入，w 为过滤器或卷积核，而输出通常被称为激活。定义 x 和 w 的卷积如下：

$$(x*w)(a) = \int x(t)w(a-t)\mathrm{d}a \tag{3.43}$$

由于影像的离散性，可以定义上式的离散形式为

$$(x*w)(a) = \sum_a x(t)w(t-a) \tag{3.44}$$

其中：x 为一个多维数组；卷积核 w 是需学习训练的参数；a 理论上可以在实数空间任意维度取值，由于 x 和 w 是实数空间上的有限，而且 $w(a)$ 不为 0，所以 a 也是有限维度的。这意味着可将式（3.44）进行有限求和。虽然卷积的定义与维度无关，但在影像处理时，往往需要采用二维或三维卷积运算，因此式（3.44）改写为

$$(I*K)(i,j) = \sum_m \sum_n I(m,n)K(i-m,j-n) \tag{3.45}$$

或者

$$(I*K)(i,j,k) = \sum_m \sum_n \sum_l I(m,n,l)K(i-m,j-n,k-l) \tag{3.46}$$

其中：I 和 K 分别为 x 和 w 离散化的数组形式；m、n、l 为数组的大小。式（3.45）和式（3.46）满足交换律，即 $I*K=K*I$，因此也可以将式（3.45）改写为

$$(I*K)(i,j) = \sum_m \sum_n I(i-m,j-n)K(m,n) \tag{3.47}$$

由于 K 具有有限的支持度，这个先验的无限和就变成了有限的。

卷积核 w 的大小远小于输入影像，而且其相同或者等于零的元素较多，因此 w 具有稀疏性。w 在影像上要按照一定的步长进行滑动，然后与覆盖的影像局部进行卷积操作。一般认为影像平移和卷积操作是可以互换的，即卷积操作需要给 CNNs 即赋予平移不变性。因为检测影像中物体的特征只取决于物体本身，而不取决于它的精确位置，而卷积操作能够满足平移不变性的合理假设。

除了 sigmoid 和 tanh 函数外（参见 3.5.2 小节），CNNs 常用的激活函数还包括以下 6 类。

（1）整流线性单元（rectified linear unit，ReLU）函数：

$$g(z_i) = \begin{cases} \max(0, z_i), & z_i \geqslant 0 \\ 0, & z_i < 0 \end{cases} \tag{3.48}$$

其中：z_i 为神经元 i 的输出，下同。

（2）Leaky ReLU 函数：

$$g(z_i) = \begin{cases} z_i, & z_i > 0 \\ a_i z_i, & z_i \leqslant 0 \end{cases} \tag{3.49}$$

其中：a_i 为梯度调节参数，通常取值小于或等于0.01。

（3）指数线性单元（exponential linear units，ELU）函数：

$$g(z_i) = \text{ELU}(z_i) = \begin{cases} z_i, & z_i > 0 \\ a_i(\text{e}^{z_i} - 1), & z_i \leqslant 0 \end{cases} \tag{3.50}$$

其中：a_i 为梯度调节参数，与式（3.49）中含义相同。

（4）Softmax 函数：

$$g(z_i) = \frac{\text{e}^{z_i}}{\sum\limits_{j=1}^{n} \text{e}^{z_j}} \tag{3.51}$$

其中：n 为同一层神经元的总数；z_j 为神经元 j 的输出。

（5）Swish 函数：

$$\text{swish}(z_i) = z_i \cdot \text{sigmoid}(z_i) = \frac{z_i}{1 + \text{e}^{-z_i}} \tag{3.52}$$

（6）Maxout 函数：

$$g(z) = \max_i \{z_i\} = \max_i \{w_i^{\text{T}} x_i + b_i\} \tag{3.53}$$

其中：x 为样本；w 为权重；b 为偏置。

CNNs 主要采用 ReLU 函数替代 sigmoid 函数作为神经元的激活函数，主要是 ReLU 函数具有以下优势。

（1）sigmoid 函数包含指数运算，计算复杂度高，而 ReLU 函数计算简单，成本明显低于 sigmoid 函数。

（2）在深度网络中，sigmoid 函数容易产生梯度消失。

（3）ReLU 函数会使部分神经元输出为 0，增加网络的稀疏性，因而可以减少参数依赖和过拟合的情况。尽管 ReLU 函数收敛快，但在实际应用中容易失效，此时可以采用 Leaky ReLU 函数替代。

2）池化层

池化层的作用是在汇总统计输入特征的基础上减少特征空间维度，同时最大程度地保留基本信息。池化层的操作包括最大值池化、均值池化、随机池化、重叠池化、空间金字塔池化等。最大值池化是最常用的操作，它将特征影像划分为边长为 l 的正方形或立方体块的规则网格，然后计算每个网格的最大特征值。如果处理二维数据，可以通过使用 $3×3$ 的卷积核并设置步长为 2 来实现同样的目标。而且，在这种情况下还可以同时将滤波器的数量增加一倍，减少信息损失，同时聚集更高层次的特征。

3）全连接层

一般全连接层接收 n 维输入，输出 m 维的结果。其输出由权重矩阵 $W \in M_{m,n}(\mathbf{R})$ 和偏置向量 $b \in \mathbf{R}^m$ 决定。假定输入向量 $x \in \mathbf{R}^n$，全连接层的输出定义为

$$\mathrm{FC}(z) = g(Wx + b) \in \mathbf{R}^m \tag{3.54}$$

其中：g 为激活函数。

如果是面向影像分类或分割等问题，全连接层主要负责完成分类，输出 $m×1$ 的向量。根据式（3.54），全连接层采用核大小为 $1×m$ 的卷积滤波器处理有 n 个通道的特征图时，等价于对特征图每个节点的输出使用了相同的具有 m 个输出的全连接层。

2. 几种常用 CNNs

2010～2017 年举办的 ImageNet 大规模视觉识别挑战赛（ImageNet large scale visual recognition challenge，ILSVRC）发掘了大量先进的 CNNs 模型，将深度学习推向了研究与应用的最前沿。其间，AlexNet（2012 年，分类第一名）、GoogLeNet（2014 年，分类第一名）、VGGNet（2014 年，定位第一名，分类第二名）、ResNet（2015 年，分类第一名）引起了人们对 CNNs 的广泛兴趣，并在随后数年间得以迅速的普及和应用。下面简要概述这几种典型的 CNNs 模型。

1）AlexNet

Krizhevsky 等（2017）提出的 AlexNet 将 ILSVRC 的 120 万张高分辨率影像分类为 1 000 个不同的类别，是首次在影像分类中应用深度学习网络，并以远远低于第二名的 16.4%错误率获得冠军，被认为是影像分类领域的重要里程碑。AlexNet 有 6 000 万个参数和 65 万个神经元，由 5 个卷积层和 3 个全连接层组成（图 3.23）。为了加快训练速度，AlexNet 使用了非饱和神经元和双路 GPU 提升卷积操作。为了减少全连接层的过拟合，AlexNet 采用了名为"dropout"的正则化方法，该方法被后续研究证明是十分有效的。

AlexNet 包含 8 个带权重的层，前 5 个是卷积层，其余 3 个是全连接层；最后一个全连接层的输出被送入一个 1 000 路 Softmax，产生 1 000 个类别标签的分布。AlexNet 采用两路并行 GPU 进行训练，运行时第 2 卷积层、第 4 卷积层和第 5 卷积层的卷积核只与前一层中位于同一 GPU 上的卷积核相连。第 3 卷积层的卷积核与第 2 卷积层的所有卷积核相连接。全连接层的神经元与前一层的所有神经元相连。第 1 卷积层和第 2 卷积层之后是两个响应标准化卷积层，每一个响应标准化卷积层和第 5 卷积层后都有一个最大池化层，形成重叠池化。ReLU 非线性激活函数被应用于每个卷积层和全连接层的输出。

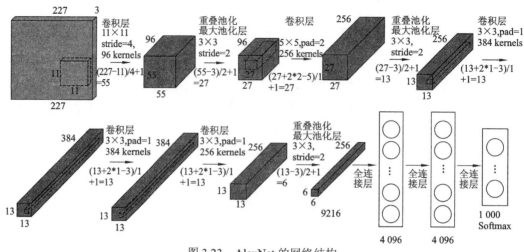

图 3.23　AlexNet 的网络结构

AlexNet 拥有的庞大参数量限制了其实际应用，尤其当训练样本有限时，很容易造成模型过拟合和模型收敛时间过长等问题。因此，可以从减少卷积层（深度）、使用更小卷积和更小的步长等方面着手改进，且改进后的 AlexNet 仍然具有很高的分类性能。

2）VGGNet

由 Simonyan 等（2014）提出的 VGGNet 模型在 2014 年的 ILSVRC 影像分类比赛中获得第一名，在目标定位比赛中获得第二名。VGGNet 先将训练集的 224×224 RGB 影像减去每个像素的 RGB 平均值后再使用。预处理后的影像推送进入卷积层的堆栈中，用大小为 3×3 的核进行卷积操作。表 3.1 描述了 VGGNet 的体系结构，卷积层和池化层的交替堆叠是其核心结构，但并非所有卷积层都配置池化层。VGGNet 总共设置了 5 个最大池化层，利用一个 2×2 窗口按照步长 2 实现最大池化。卷积层堆栈后是 3 个全连接层，前 2 个全连接层各有 4 096 个通道，第 3 个全连接层则进行 1 000 路分类，每类对应一个通道。最后一层是 Softmax 层。全连接层的配置在所有网络中都是一样的；除最后的全连接分类层，所有卷积权重都使用 ReLU 激活函数。

与 AlexNet 不同的是，VGGNet 采用 4 种不同深度的架构，分别为 VGG11、VGG13、VGG16 和 VGG19。4 种架构的结构一致，但深度（层数）分别为 11 层、13 层、16 层和 19 层。VGGNet 采用随机梯度下降算法，样本批量大小为 128，动量为 0.9，权重衰减为 0.000 5。网络初始化设置均值为 0，标准差为 0.01 的高斯分布对每一层的权重进行初始化，第 2 卷积层、第 4 卷积层和第 5 卷积层及全连接隐含层中的神经元偏置初始化为常数 1，通过为 ReLU 提供正输入来加速早期阶段的学习，剩余层中的神经元偏置初始化为常数 0。由于卷积神经网络权重的初始化非常关键，一般先对 VGG11 进行随机权重初始化，然后用训练好的 VGG11 对更深的架构（VGG13/VGG16/VGG19）网络的前 4 个卷积层和最后 3 个全连接层进行初始化，其余中间层被随机初始化。在实际影像分析时，为了获得固定大小为 224×224 的输入影像，往往在重采样的训练影像上进行随机裁剪获得基础样本，然后对基础样本进行随机水平翻转和随机的 RGB 颜色变换以扩充训练数据集。VGGNet 具有非常好的泛化性，在语音识别、语义分割、目标识别与检测等领域的应用中得到认可。

表 3.1 不同深度的 VGGNet 架构

VGG11	VGG13	VGG16	VGG19
输入（224×224 的 RGB 影像）			
conv3-64	conv3-64 conv3-64	conv3-64 conv3-64	conv3-64 conv3-64
最大池化层			
conv3-128	conv3-128 conv3-128	conv3-128 conv3-128	conv3-128 conv3-128
最大池化层			
conv3-256 conv3-256	conv3-256 conv3-256	conv3-256 conv3-256 conv3-256	conv3-256 conv3-256 conv3-256 conv3-256
最大池化层			
conv3-512 conv3-512	conv3-512 conv3-512	conv3-512 conv3-512 conv3-512	conv3-512 conv3-512 conv3-512 conv3-512
最大池化层			
conv3-512 conv3-512	conv3-512 conv3-512	conv3-512 conv3-512 conv3-512	conv3-512 conv3-512 conv3-512 conv3-512
最大池化层			
全连接层（4 096 个神经元）			
全连接层（4 096 个神经元）			
全连接层（1 000 个神经元）			
Softmax 层			

3）GoogLeNet

GoogLeNet 是 Szegedy 等（2015）提出的代号为 Inception 的深度卷积神经网络架构，是在 ILSVRC-2014 的分类和目标检测竞赛上提出的新技术。通过精心设计，GoogLeNet 在增加网络深度和宽度的同时能维持原有计算成本，提高了网络内部计算资源的利用率。GoogLeNet 基于 Hebbian 原理和多尺度处理思想，设计了由 9 个 Inception 模块（感知层）堆叠，深达 22 层的网络（图 3.24）。

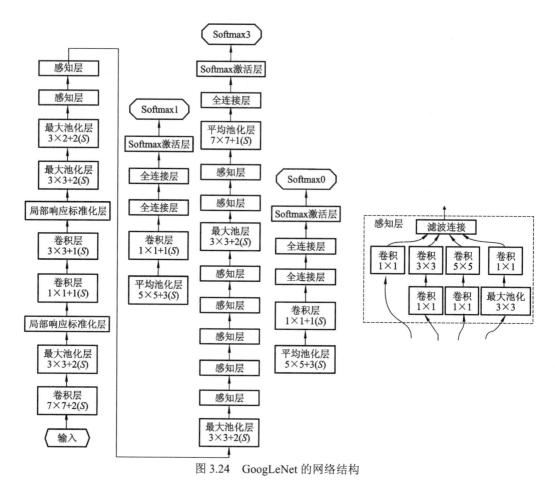

图 3.24 GoogLeNet 的网络结构

GoogLeNet 是神经网络中性能较为突出的模型，改善了自 AlexNet 以来存在的过拟合、计算量庞大和准确率不高等不足。在实际应用中，人们发现 GoogLeNet 网络比较适合大规模自然场景影像的分类，因此被用于遥感影像特征融合和目标识别。为了适应遥感影像训练样本少的实际情况，需要对 GoogLeNet 进行重新设计，降低网络深度。

4）ResNet

理论上，增加深度可以提高深度神经网络的准确性，但是实际情况却是网络越深，梯度消失或弥散，导致网络退化越严重，训练反而没有取得预期的效果。He（2016a）提出的深度残差网络（ResNet）采用捷径连接构造出残差单元，跳过卷积层模块，很好地解决了梯度消失或弥散现象，使更深的网络也能得到有效训练。ResNet 构建了由浅到深的、具有不同卷积层数的网络结构（表 3.2）。与普通深度神经网络不同，ResNet 在网络中插入了残差模块构建的"高速直连通道"，实现了跳层连接（图 3.25）。残差模块有原始版本（He et al.，2016a）和改良版本（He et al.，2016b）两种基本结构（图 3.26），两者均由两个卷积层、两个 ReLU 激活函数、两个批量标准化和一个跨层路径（恒等映射）组成。原始版本在相加操作后设置了一个 ReLU 激活函数；而改良版本中跳层连接路径直通输入与输出，更利于误差的反向传播，网络也更容易训练。

表 3.2　ResNet 的基本结构

层	输出	18 层	34 层	50 层	101 层	152 层
卷积层 1	112×112	7×7，64，步长 2				
卷积层 2	56×56	3×3 最大池化，步长 2				
		$\begin{bmatrix}3\times3,64\\3\times3,64\end{bmatrix}\times2$	$\begin{bmatrix}3\times3,64\\3\times3,64\end{bmatrix}\times3$	$\begin{bmatrix}1\times1,64\\3\times3,64\\1\times1,256\end{bmatrix}\times3$	$\begin{bmatrix}1\times1,64\\3\times3,64\\1\times1,256\end{bmatrix}\times3$	$\begin{bmatrix}1\times1,64\\3\times3,64\\1\times1,256\end{bmatrix}\times3$
卷积层 3	28×28	$\begin{bmatrix}3\times3,128\\3\times3,128\end{bmatrix}\times2$	$\begin{bmatrix}3\times3,128\\3\times3,128\end{bmatrix}\times4$	$\begin{bmatrix}1\times1,128\\3\times3,128\\1\times1,512\end{bmatrix}\times4$	$\begin{bmatrix}1\times1,128\\3\times3,128\\1\times1,512\end{bmatrix}\times4$	$\begin{bmatrix}1\times1,128\\3\times3,128\\1\times1,512\end{bmatrix}\times8$
卷积层 4	14×14	$\begin{bmatrix}3\times3,256\\3\times3,256\end{bmatrix}\times2$	$\begin{bmatrix}3\times3,256\\3\times3,256\end{bmatrix}\times6$	$\begin{bmatrix}1\times1,256\\3\times3,256\\1\times1,1\,024\end{bmatrix}\times6$	$\begin{bmatrix}1\times1,256\\3\times3,256\\1\times1,1\,024\end{bmatrix}\times23$	$\begin{bmatrix}1\times1,256\\3\times3,256\\1\times1,1\,024\end{bmatrix}\times36$
卷积层 5	7×7	$\begin{bmatrix}3\times3,512\\3\times3,512\end{bmatrix}\times2$	$\begin{bmatrix}3\times3,512\\3\times3,512\end{bmatrix}\times3$	$\begin{bmatrix}1\times1,512\\3\times3,512\\1\times1,2\,048\end{bmatrix}\times3$	$\begin{bmatrix}1\times1,512\\3\times3,512\\1\times1,2\,048\end{bmatrix}\times3$	$\begin{bmatrix}1\times1,512\\3\times3,512\\1\times1,2\,048\end{bmatrix}\times3$
	1×1	平均池化，1 000-d 全连接，Softmax				

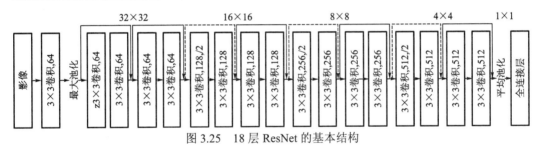

图 3.25　18 层 ResNet 的基本结构

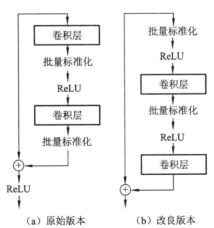

（a）原始版本　　（b）改良版本

图 3.26　ResNet 的两种残差模块

3. 基于 CNNs 的影像融合

目前，用于影像融合的神经网络技术包括脉冲耦合神经网络（pulse coupled neural network，PCNN）（Eckhorn et al.，1990）、卷积稀疏编码（convolutional sparse coding，CSC）（Zeiler et al.，2010）、卷积神经网络（CNNs）和生成对抗网络（GAN）等。CNNs 能多尺度分解和表达影像特征，因此可用于特征级影像融合。在多聚焦、多模态影像融合中，CNNs 的特征提取和数据表示能力很强。其优势主要表现在 CNNs 可以有效地从训练数据中学习特征而不需要人为的干预，可以通过深度 CNNs 对不同信号之间的复杂关系进行建模。因此，CNNs 适用于多源影像融合，特别是对类别差异较大的传感器获得的影像数据之间进行融合（王娟 等，2020）。下面结合遥感应用说明基于 CNNs 的影像融合的一般框架。

超分辨重构（super-resolution reconstuction，SRR）是遥感影像融合的关键，但传统方法往往需要随影像类型、采集时间等进行人为修正，而深度学习方法能在不需要人工干预的情况下实现超分辨率重构。SRR 算法通过增强低分辨率影像中的高频成分恢复重建得到高分辨率影像。仅从单张影像进行重构是比较困难的（Shao et al.，2018），而遥感能提供低分辨率多光谱（MS）影像和高分辨率的全色（PAN）影像的全色锐化（详见本章 3.3 节相关内容）。基于 CNNs 的全色锐化的融合框架如图 3.27 所示。先对 MS 影像重采样使其与 PAN 影像的分辨率一致，然后以步长 k 分别从 MS 影像和 PAN 影像中提取块，输入 CNNs 挖掘并学习 PAN 影像的结构信息和 MS 影像的光谱信息。由于学习的特征不一样，对 PAN 影像和 MS 影像可以分别配置不同卷积层数的 CNNs 子网络，输入块的大小也可以不同。如果 PAN 影像和 MS 影像的块尺寸分别为 $m \times m$ 和 $n \times n$，那么各自的卷积层数量分别为 $\left\lceil \dfrac{(m-1)}{2} \right\rceil$ 和 $\left\lceil \dfrac{(n-1)}{2} \right\rceil$。两个子网络都将输出 $k \times k$ 大小的特征图，将它们拼接后，输入包含 1×1 滤波器的额外卷积层来预测残差，最后被添加到主 MS 影像中实现重建预期的高分辨率 MS 影像。

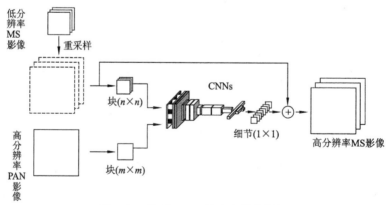

图 3.27　基于 CNNs 的全色锐化框架

上述框架也适用于低分辨率的高光谱影像与高分辨率的多光谱影像的融合（Lu et al.，2020）。深度 CNNs 用于多源遥感影像融合的研究和应用也越来越多，比如光学和 SAR 影像融合（Sun et al.，2016）、光学和 LiDAR 影像融合（Ghamisi et al.，2017）等。

由于学习训练周期长、样本数据集不稳定等原因，AlexNet、VGGNet 和 ResNet 等深度网络方法用于遥感影像融合时，往往通过减少层数和参数、加快收敛来缩短训练周期（Zhang et al.，2020；Sun et al.，2019）。由于既有方法在影像融合中已经获得了不错的效果，而深度学习在解决光谱稳定性方面还没有明显的优势，所以这方面的研究和应用仍有待深入。

3.6 融 合 评 价

可以通过主观视觉评价影像融合的效果，从清晰度、轮廓完整性、边缘模糊程度、光谱保真等方面与源影像或参考影像进行目视对比和综合分析。显然，这种主观目视判断的结果会因人而异，也不可能严格地定量分析。为了科学客观地比较和衡量各种融合算法，需要客观的评价指标和定量化的分析方法。一般影像融合效果的评价分为有参考影像评价和无参考影像评价两种情况，前者需要提供一个符合应用目的和要求的参照影像，将融合影像与之计算，用得到的误差类指标来衡量融合效果。由于大多数应用没有参考影像，所以这种方法往往用于算法研究；在实际应用中，往往需要从源影像和融合影像的信息质量方面进行比较和分析，相关评价方法也是研究热点。

3.6.1 有参考影像融合评价

当参考影像 (I_r) 可用时，影像融合算法的性能可以用以下指标进行评估。

（1）拟合误差百分比（percentage fit error，PFE）：

$$PFE = 100 \times \frac{\mathrm{norm}(I_r - I_f)}{\mathrm{norm}(I_r)} \tag{3.55}$$

其中：norm 计算最大奇异值，作为参考影像和融合影像 (I_f) 的一致性规范。当 I_f 和 I_r 完全相同时，PFE 为 0；当融合影像偏离参考影像时，PFE 将增加。

（2）峰值信噪比（peak signal to noise ratio，PSNR）：

$$PSNR = 20\lg\left[\frac{L^2}{\frac{1}{MN}\sum_{i=1}^{M}\sum_{j=1}^{N}(I_r(i,j) - I_f(i,j))^2}\right] \tag{3.56}$$

其中：融合影像的大小为 $M \times N$，(i,j) 是像素索引，下同；L 为影像的灰度等级；I_f 和 I_r 的相似程度越高，PSNR 越高，意味着融合效果越好。

（3）结构相似性指数（structure similarity index measure，SSIM）：

$$SSIM = \frac{(2\mu_{I_r}\mu_{I_f} + C_1)(2\sigma_{I_rI_f} + C_2)}{(\mu_{I_r}^2 + \mu_{I_f}^2 + C_1)(\sigma_{I_r}^2 + \sigma_{I_f}^2 + C_2)} \tag{3.57}$$

其中

$$\mu_{I_r} = \frac{1}{MN}\sum_{i=1}^{M}\sum_{j=1}^{N}I_r(i,j) \tag{3.58}$$

$$\mu_{I_f} = \frac{1}{MN} \sum_{i=1}^{M} \sum_{j=1}^{N} I_f(i,j) \tag{3.59}$$

$$\sigma_{I_r}^2 = \frac{1}{MN-1} \sum_{i=1}^{M} \sum_{j=1}^{N} [I_r(i,j) - \mu_{I_r}]^2 \tag{3.60}$$

$$\sigma_{I_f}^2 = \frac{1}{MN-1} \sum_{i=1}^{M} \sum_{j=1}^{N} [I_f(i,j) - \mu_{I_f}]^2 \tag{3.61}$$

$$\sigma_{I_r I_f} = \frac{1}{MN-1} \sum_{i=1}^{M} \sum_{j=1}^{N} [I_r(i,j) - \mu_{I_r}][I_f(i,j) - \mu_{I_f}] \tag{3.62}$$

为了避免 $\mu_{I_r}^2 + \mu_{I_f}^2$ 或 $\sigma_{I_r}^2 + \sigma_{I_f}^2$ 极小或等于 0 而导致计算结果不稳定或无效的情况，分别添加两个常数 C_1 和 C_2。SSIM 针对目标结构而设计，而遥感影像是高度结构化的，显示出强烈的空间依赖关系，含有目标物体重要的结构信息。

3.6.2 无参考影像融合评价

当参考影像不可用时，可以用以下指标来度量融合算法的性能。

（1）标准偏差（standard deviation，SD，用 σ 表示）：

$$\sigma = \sqrt{\sum_{i=0}^{L} (i - \bar{l})^2 h_{I_f}(i)} \tag{3.63}$$

其中

$$\bar{l} = \sum_{i=0}^{L} i h_{I_f} \tag{3.64}$$

$h_{I_f}(i)$ 为 I_f 的归一化直方图；L 为该直方图的频段数。如果 I_f 没有噪声，σ 值越高，I_f 的对比度越好，说明融合算法性能越优异。

（2）交叉熵（cross entropy，CE）。源影像 $I_1, I_2, \cdots, I_n$ 和融合影像 I_f 的总体交叉熵为

$$CE(I_1, I_2, \cdots, I_n; I_f) = \frac{CE(I_1; I_f) + CE(I_2; I_f) + \cdots + CE(I_n; I_f)}{n} \tag{3.65}$$

其中

$$CE(I_k; I_f) = \sum_{i=0}^{L} h_{I_k}(i) \ln \left[\frac{h_{I_k}(i)}{h_{I_f}(i)} \right], \quad k = 1, 2, \cdots, n \tag{3.66}$$

其中：$h_{I_k}(i)$ 为 I_k 的信息熵；$h_{I_f}(i)$ 为 I_f 的信息熵。

（3）空间频率（spatial frequency，SF）：

$$SF = \sqrt{RF^2 + CF^2} \tag{3.67}$$

其中：RF 为影像的行频率（row frequency）

$$RF = \sqrt{\frac{1}{MN} \sum_{i=0}^{M-1} \sum_{j=1}^{N-1} [I_f(i,j) - I_f(i,j-1)]^2} \tag{3.68}$$

CF 为影像的列频率（column frequency）

$$CF = \sqrt{\frac{1}{MN}\sum_{j=0}^{N-1}\sum_{i=1}^{M-1}[I_f(i,j)-I_f(i-1,j)]^2}\qquad(3.69)$$

SF 反映融合影像的整体活动水平，其值越高，融合影像质量越高，相应的融合算法性能越好。

参 考 文 献

冯晨霄, 汪西莉, 2019. 融合特征和决策的卷积-反卷积图像分割模型. 激光与光电子学进展, 56(1): 151-159.

高林, 赵建辉, 2017. 基于小波变换的图像融合增强算法. 火箭推进, 43(4): 57-62, 69.

韩崇昭, 朱洪艳, 段战胜, 2010. 多源信息融合. 2 版. 北京: 清华大学出版社.

姬晓飞, 石宇辰, 王昱, 等, 2020. D-S 理论多分类器融合的光学遥感图像多目标识别. 电子测量与仪器学报, 34(5): 127-132.

蒋年德, 王耀南, 毛建旭, 2008. 基于 Curvelet 变换的遥感图像融合研究. 仪器仪表学报, 29(1): 61-66.

李晖晖, 郭雷, 刘航, 2006. 基于二代 Curvelet 变换的图像融合研究. 光学学报, 26(5): 657-662.

李美丽, 高楠, 折延宏, 等, 2019. 基于边缘和多特征选择的多聚焦图像融合. 光电子·激光, 30(3): 291-297.

刘明君, 董增寿, 邵贵成, 2019. 基于改进的四叉树分解多聚焦图像融合算法研究. 科技通报, 35(4): 152-156.

刘振慧, 高晶敏, 崔天横, 2007. 一种基于小波变换的图像融合新算法. 计算机工程与应用, 571(12): 74-76.

钱伟, 常霞, 虎玲, 2018. 多传感器图像融合质量评价方法研究. 计算机时代, 310(4): 1-3.

孙亮, 严薇, 刘平芝, 等, 2014. 采用小波分析的 SRTM DEM 与 ASTER DEM 数据融合. 测绘科学技术学报, 31(4): 388-392.

唐聪, 凌永顺, 杨华, 等, 2019. 基于深度学习的红外与可见光决策级融合跟踪. 激光与光电子学进展, 56(7): 217-224.

王宏, 敬忠良, 李建勋, 2003. 一种基于图像块分割的多聚焦图像融合方法. 上海交通大学学报, 37(11): 1743-1746, 1750.

王娟, 柯聪, 刘敏, 等, 2020. 神经网络框架下的红外与可见光图像融合算法综述. 激光杂志, 41(7): 7-12.

杨勇, 童松, 黄淑英, 2015. 快速离散 Curvelet 变换域的图像融合. 中国图象图形学报, 20(2): 219-228.

余汪洋, 陈祥光, 董守龙, 等, 2014. 基于小波变换的图像融合算法研究. 北京理工大学学报, 34(12): 1262-1266.

张继贤, 刘飞, 王坚, 2021. 轻小型无人机测绘遥感系统研究进展. 遥感学报, 25(3): 708-724.

AMOLINS K, ZHANG Y, DARE P, 2007. Wavelet based image fusion techniques: An introduction, review and comparison. ISPRS Journal of Photogrammetry and Remote Sensing, 62(4): 249-263.

BAMBERGER R, SMITH M J T, 1992. A filter bank for the directional decomposition of images: Theory and design. IEEE Transactions on Signal Processing, 40(4): 882-893.

BHUTADA G G, ANAND R S, SAXENA S C, 2011. Edge preserved image enhancement using adaptive fusion of images denoised by wavelet and Curvelet transform. Digital Signal Processing, 21(1):118-130.

CANDÈS E J, DONOHO D L, 2000. Curvelets: A surprisingly effective nonadaptive representation for objects with edges//COHEN A, RABUT C, SCHUMAKER L, eds. Curves and surfaces Fitting. Nashville: Vanderbilt University Press:105-120.

CANDÈS E J, GUO F, 2002. New multiscale transforms, minimum total variation synthesis: Applications to edge-preserving image reconstruction. Signal Processing, 82(11): 1519-1543.

CANDÈS E J, DONOHO D L, 2005a. Continuous Curvelet Transform: I. Resolution of the wavefront set. Applied and Computational Harmonic Analysis, 19(2): 162-197.

CANDÈS E J, DONOHO D L, 2005b. Continuous Curvelet Transform: II. Discretization and frames. Applied and Computational Harmonic Analysis, 19(2): 198-222.

CANDÈS E J, DEMANET L, DONOHO D, et al., 2006. Fast discrete Curvelet transforms. Multiscale Modeling & Simulation, 5(3): 861-899.

CARPENTER G A, GROSSBERG S, 1988. Adaptive resonance theory: Stable self-organization of neural recognition codes in response to arbitrary lists of input patterns. Proceedings of The 8th Conference of the Cognitive Science Society. Hillsdale: Erlbaum Associates: 45-62.

CARPENTER G A, GROSSBERG S, REYNOLDS J H, 1991. A self-organizing ARTMAP neural architecture for supervised learning and pattern recognition//MAMMONE R J, ZEEVI Y Y, eds. Neural Networks: Theory and Applications. New York: Academic Press: 43-80.

CHEN H, JIAO L, LIANG M, et al., 2019. Fast unsupervised deep fusion network for change detection of multitemporal SAR images. Neurocomputing, 332: 56-70.

DA CUNHA A L, ZHOU J P, DO M N, 2006. The nonsubsampled contourlet transform: Theory, design, and applications. IEEE Transactions on Image Processing, 15(10): 3089-3101.

DO M N, VETTERLI M, 2002. Contourlets: A directional multiresolution image representation. Proceedings of International Conference on Image Processing: I-I.

DONOHO D L, 2001. Ridge functions and orthonormal ridgelets. Journal of Approximation Theory, 111(2): 143-179.

ECKHORN R, REITBOECK H J, ARNDT M, et al., 1990. Feature linking via synchronization among distributed assemblies: Simulations of results from cat visual cortex. Neural Computation, 2(3): 293-307.

ESLAMI R, RADHA H, 2005. New image transforms using hybrid wavelets and directional filter banks: Analysis and design. Proceedings of IEEE International Conference on Image Processing: 733-736.

GAO F, HILKER T, ZHU X, et al., 2015. Fusing Landsat and MODIS data for vegetation monitoring. IEEE Geoscience and Remote Sensing Magazine, 3(3): 47-60.

GHAMISI P, HÖFLE B, ZHU X X, 2017. Hyperspectral and LiDAR data fusion using extinction profiles and deep convolutional neural network. IEEE Journal of Selected Topics in Applied Earth Observations and Remote Sensing, 10(6): 3011-3024.

GHASSEMIAN H, 2016. A review of remote sensing image fusion methods. Information Fusion, 32(A): 75-89.

GILLESPIE A R, KAHLE A B, WALKER R E, 1987. Color enhancement of highly correlated images. II. Channel ratio and "chromaticity" transformation techniques. Remote Sensing of Environment, 22(3): 343-365.

GOODFELLOW I J, POUGET-ABADIE J, MIRZA M, et al., 2014. Generative adversarial networks. Machine Learning, arXiv, 1406. 2661[stat.ML].

GU J, WANG Z, KUEN J, et al., 2018. Recent advances in convolutional neural networks. Pattern Recognition, 77: 354-377.

GUO R, LI Y T, ZHAO L J, et al., 2020. Remaining useful life prediction based on the Bayesian regularized radial basis function neural network for an external gear pump. IEEE Access, 8: 107498-107509.

HAGHIGHAT M B A, AGHAGOLZADEH A, SEYEDARABI H, 2011. Multi-focus image fusion for visual sensor networks in DCT domain. Computers & Electrical Engineering, 37(5): 789-797.

HE K M, SUN J, TANG X, 2013. Guided image filtering. IEEE Transactions on Pattern Analysis and Machine Intelligence, 35(6): 1397-1409.

HE K M, ZHANG X Y, REN S Q, et al., 2016a. Deep residual learning for image recognition//Proceedings of 2016 IEEE Conference on Computer Vision and Pattern Recognition (CVPR). IEEE: 770-778.

HE K, ZHANG X, REN S, et al., 2016b. Identity mappings in deep residual networks//LEIBE B, MATAS J, SEBE N, et al., eds. Computer Vision-ECCV 2016. Lecture Notes in Computer Science, 9908. Berlin: Springer: 630-645.

HINTON G E, SALAKHUTDINOV R R, 2006. Reducing the dimensionality of data with neural networks. Science, 313(5786): 504-507.

HSU K L L, GUPTA H V, SOROOSHIAN S, 1995. Artificial neural network modeling of the rainfall‐runoff process. Water Resources Research, 31(10): 2517-2530.

JALILI-JAHANI N, FATEHI A, 2020. Multivariate image analysis-quantitative structure-retention relationship study of polychlorinated biphenyls using partial least squares and radial basis function neural networks. Journal of Separation Science, 43(8): 1479-1488.

JI X X, ZHANG G, 2017. Image fusion method of SAR and infrared image based on Curvelet transform with adaptive weighting. Multimedia Tools and Applications, 76(17): 17633-17649.

JOSHI N, BAUMANN M, EHAMMER A, et al., 2016. A review of the application of optical and radar remote sensing data fusion to land use mapping and monitoring. Remote Sensing, 8(1): 70.

KANDRIKA S, RAVISANKAR T, 2011. Multi-temporal satellite imagery and data fusion for improved land cover information extraction. International Journal of Image and Data Fusion, 2(1): 61-73.

KAUR H, KOUNDAL D, KADYAN V, 2021. Image fusion techniques: A Survey. Archives of Computational Methods in Engineering, 28(1): 1-23.

KRIZHEVSKY A, SUTSKEVER I, HINTON G E, 2017. ImageNet classification with deep convolutional neural networks. Communications of the ACM, 60(6): 84-90.

LECUN Y, BOSER B, DENKER J S, et al., 1989. Backpropagation applied to handwritten zip code recognition. Neural Computation, 1(4): 541-551.

LECUN Y, BOTTOU L, BENGIO Y, et al., 1998. Gradient-based learning applied to document recognition.

Proceedings of the IEEE, 86(11): 2278-2324.

LI S, KANG X, HU J, 2013. Image fusion with guided filtering. IEEE Transactions on Image Processing, 22(7): 2864-2875.

LI S, YANG B, HU J, 2011. Performance comparison of different multi-resolution transforms for image fusion. Information Fusion, 12(2): 74-84.

LI X, YUAN Y, WANG Q, 2020. Hyperspectral and multispectral image fusion based on band simulation. IEEE Geoscience and Remote Sensing Letters, 17(3): 479-483.

LI X Q, ZHANG X M, DING M Y, 2019. A sum-modified-Laplacian and sparse representation based multimodal medical image fusion in Laplacian pyramid domain. Medical & Biological Engineering & Computing, 57(10): 2265-2275.

LIU Y, LIU S, WANG Z, 2015. Multi-focus image fusion with dense SIFT. Information Fusion, 23: 139-155.

LU X, YANG D, JIA F, et al., 2020. Coupled convolutional neural network-based detail injection method for hyperspectral and multispectral image fusion. Applied Sciences, 11(1): 288-240.

MALLAT S G, 1989. A theory for multiresolution signal decomposition: The wavelet representation. IEEE Transactions on Pattern Analysis and Machine Intelligence, 11(7): 674-693.

MAREN A J, HARTSON C T, PAP R M, 1990. Handbook of neural computing. San Diego: Applications Academic Press.

MAZUROWSKI M A, BUDA M, SAHA A, et al., 2019. Deep learning in radiology: An overview of the concepts and a survey of the state of the art with focus on MRI. Journal of Magnetic Resonance Imaging, 49(4): 939-954.

MILJKOVIĆ D, 2017. Brief review of self-organizing maps. Proceedings of 2017 40th International Convention on Information and Communication Technology, Electronics and Microelectronics (MIPRO): 1061-1066.

PALKAR B, MISHRA D, 2019. Fusion of multi‐modal lumbar spine images using Kekre's hybrid wavelet transform. IET Image Processing, 13(12): 2271-2280.

PANDIT V R, BHIWANI R J, 2015. Image fusion in remote sensing applications: A review. International Journal of Computer Applications, 120(10): 22-32.

REEVES S J, 2014. Chapter 6-Image restoration: fundamentals of image restoration//TRUSSELL J, SRIVASTAVA A, ROY-CHOWDHURY A K, et al., eds. Academic Press Library in Signal Processing. New York: Elsevier: 165-192.

SHAO Z, CAI J, 2018. Remote sensing image fusion with deep convolutional neural network. IEEE Journal of Selected Topics in Applied Earth Observations and Remote Sensing, 11(5): 1656-1669.

SHUTAO L, BIN Y, 2010. Hybrid multiresolution method for multisensor multimodal image fusion. IEEE Sensors Journal, 10(9): 1519-1526.

SIMONYAN K, ZISSERMAN A, 2014. Very deep convolutional networks for large-scale image recognition. Computer Vision and Pattern Recognition, arXiv, 1409. 1556v6[cs.CV].

SOLBERG A H S, 2006. Data fusion for remote-sensing applications//CHEN C H, eds. Signal and Image Processing for Remote Sensing. Boca Raton: CRC Press: 249-271.

STARCK J L, DONOHO D L, CANDèS E J, 2001. Very high quality image restoration by combining wavelets and Curvelets. Proceedings of SPIE, 4478: 9-19.

SZEGEDY C, LIU W, JIA Y, et al., 2015. Going deeper with convolutions. 2015 IEEE Conference on Computer Vision and Pattern Recognition (CVPR): 1-9.

SUN A Y, SCANLON B R, 2019. How can big data and machine learning benefit environment and water management: A survey of methods, applications, and future directions. Environmental Research Letters, 14(7): 073001.

SUN H, SUN S, 2016. A novel reconfigurable feeding network for quad-polarization-agile antenna design. IEEE Transactions on Antennas and Propagation, 64(1): 311-316.

THOMAS F, GRZEGORZ G, 1995. Optimal fusion of TV and infrared images using artificial neural networks// STEVEN K, DENNIS W, eds. Applications and Science of Artificial Neural Networks. SPIE Conference Series, 2492: 919-925.

WAIBEL A, HANAZAWA T, HINTON G, et al., 1989. Phoneme recognition using time-delay neural networks. IEEE Transactions on Acoustics, Speech, and Signal Processing, 37(3): 328-339.

WANG R, BU F L, JIN H, et al., 2007. A feature-level image fusion algorithm based on neural networks. 2007 First International Conference on Bioinformatics and Biomedical Engineering: 821-824.

ZEILER M D, FERGUS R, 2013. Visualizing and understanding convolutional networks//FLEET D, PAJDLA T, SCHIELE B, et al., eds. Computer Vision: ECCV 2014. Cham: Springer.

ZEILER M D, KRISHNAN D, FERGUS T B, 2010. Deconvolutional networks. IEEE Conference on Computer Vision and Pattern Recognition (CVPR): 2528-2535.

ZENG Y, ZHANG J X, VAN GENDEREN J L, 2006. Comparison and analysis of remote sensing data fusion techniques at feature and decision levels// ISPRS 2006, ISPRS Mid-term Symposium 2006 Remote Sensing: From Pixels to Processes, Enschede: ITC.

ZHANG C, YUE P, TAPETE D, et al., 2020. A deeply supervised image fusion network for change detection in high resolution bi-temporal remote sensing images. ISPRS Journal of Photogrammetry and Remote Sensing, 166: 183-200.

ZHANG H, SUN X N, ZHAO L, et al., 2008. Image fusion algorithm using RBF neural networks// CORCHADO E, ABRAHAM A, PEDRYCZ W, eds. Hybrid Artificial Intelligence Systems. Berlin: Springer: 417-424.

ZHANG W, 1988. Shift-invariant pattern recognition neural network and its optical architecture. Proceedings of Annual Conference of the Japan Society of Applied Physics: 4788.

第4章 农作物遥感监测数据获取与处理

遥感数据是在全球和区域范围内对农作物状态进行监测和量化的基本信息来源。农作物类型制图、长势评估、面积估计和产量预测是农作物遥感的主要任务。为了提高农作物监测的准确性和效率，综合利用多源遥感数据及气象、土壤、病虫害等数据进行作物产量预测、类型制图和面积估计是主要的研究方向。由于农作物生长具有周期性，短周期的长时序遥感数据既能提高作物识别的准确性，也为作物长势分析提供重要的动态信息。选择遥感数据时，空间和时间尺度的合理搭配十分重要，研究区域大小、农作物的空间分布特点和生长周期等是做出选择的重要参考。低空间分辨率遥感数据，如MODIS、VIIRS 和 AVHRR，能提供全球逐日观测数据，再加上作物产量的统计数据是开发经验模型的首选，可用于全球、洲或国家级地区的农作物监测工作。随着重访周期缩短的中等空间分辨率的遥感数据（如 Landsat-8 的 OLI、Sentinel-2A/B 的 MSI、GF-6的 WFV）的出现，可以通过降尺度的方法使原来在低空间分辨率数据上建立的经验产量模型也适用于区域尺度和田间尺度的产量估计。精细的光谱信息有利于定量反演作物的叶绿素、氮、水分及光合有效辐射等关键农学参数，能帮助准确掌握作物的营养状况和生长趋势，也是作物产量估计的关键信息。目前还没有全时全域覆盖的星载高光谱数据，已有平台还存在空间分辨率和数据质量不高的问题，阻碍了作物精细化遥感反演，因此现在的农作物遥感仍然以多光谱数据为主。微波雷达成像数据也是农作物遥感的重要数据，其具有不受天气条件影响的全天候工作能力，被视为光学遥感的重要补充。

高的空间分辨率和光谱分辨率有利于提高农作物识别的准确性，但就目前的情况来看，提高空间分辨率的同时增加光谱波段数还存在很大的技术难度。多光谱影像的空间分辨率可以到米级（例如，SPOT-6 四波段影像的星下点地面分辨率为 6 m；高分二号和高分七号的四波段影像的星下点地面分辨率为 3.2 m），而高光谱影像的最高空间分辨率仍低于 10 m。为了提高多光谱影像或高光谱影像的空间分辨率，可以采用同源全色影像与多光谱影像融合的全色锐化方法（详见第 3 章相关部分）；也可以采用异源高空间分辨率与低分辨率的光谱影像融合，但难度明显高于前者，需要解决影像精确地理配准、不同成像时间的光照条件和地面阴影的影响等问题（Sara et al.，2021）。

随着光谱仪小型化技术的发展，使用无人机平台获得超高空间分辨率的多光谱和高光谱数据变得十分容易。与卫星遥感相比，在天气条件允许的情况下，无人机能随时升空作业，具备快速响应采集数据需求的能力，迅速成为田间尺度作物遥感监测的主要手段。另外，无人机载红外热像仪和 LiDAR 技术日渐成熟，能获得作物热辐射信息、精确的田块测绘数据和冠层结构测量结果等，为分析作物长势和环境提供了十分有用的信息。

准备作物遥感监测数据时，需要综合考虑研究区范围、作物候期、作物生长特点、田间环境、作物的辐射特征及数据规模和计算成本等。除了遥感数据，地面开展的小区实验、田间农学参数测量、作物采样和分析为作物遥感监测提供了重要的建模数据，而农田管理调查、统计资料收集、气象和土壤数据收集等也为作物遥感监测提供了重要的环境和社会经济背景数据。本章将以冬油菜为监测对象，论述和分析可用的卫星遥感、无人机遥感、地面调查和其他相关数据的收集和整理工作。

4.1 遥感数据获取与预处理概述

4.1.1 遥感数据获取与选择

1. 数据来源

专门的数据分发机构是获取卫星遥感数据的主要渠道，用户通过机构提供的数据检索平台，按照数据类型、数据等级、拍摄时间、地理范围、云量等条件查询需要的数据，付费或免费下载即可。目前，免费提供中低分辨率遥感数据的官方机构主要是美国国家航空航天局（National Aeronautics and Space Administration，NASA）的地球数据中心（Earth Data Center）、欧洲空间局（European Space Agency，ESA）的 Copernicus 数据中心和中国航天科技集团（China Aerospace Science and Technology Corporation，CASC）的中国资源卫星应用中心。NASA 免费提供 MODIS、Landsat 和 TerraSAR-X 等数据，ESA 主要提供 Sentinel 系列卫星的多种遥感数据，CASC 主要提供包括高分中低分辨率系列、风云、环境等系列卫星的中低分辨率数据，包括光学和微波遥感数据。除此之外，还有众多的商业卫星服务商以付费方式分发各类高分辨率遥感数据，例如 Pleiades、WorldView-3、高分七号、吉林一号、高景一号等卫星的米级和亚米级高空间分辨率数据。通过这些数据渠道，可以方便及时地获取存档或者近期拍摄的光学和微波雷达遥感数据，这为农作物监测提供了便利。同时，部分卫星还具备预编程采集数据的能力，为用户提供预定时间和区域的拍摄服务，也是实时监测农业灾害的有力手段。

除了遥感数据（0~2 级）和影像（3 级）产品，还有目标特征信息（4 级、5 级）和专题信息（6 级）产品可用于大尺度农业遥感监测。这类产品被称为标准化遥感数据产品，是在低级数据上消除时间、辐射和地形等影响后得到的一种全球尺度或大尺度上一致可比的数据标准化产品。基于 MODIS 的代表性产品有：①MOD13，其内容为归一化植被指数和增强型植被指数，空间分辨率为 250 m，是 8 天合成产品；②MOD15，其内容为叶面积指数和光合有效辐射，空间分辨率为 1 km，是每天及旬、月合成产品；③MOD16，其内容为陆地蒸散量，空间分辨率为 1 km，是旬、月合成产品；④MOD17，其内容为植被净初级生产力，空间分辨率为 250 m 和 1 km，是每旬和月更新产品。基于 SPOT 的植被 NDVI 数据覆盖全球 5 年间的植被指数变化，其时间分辨率是 1 天，空间分辨率为 1 km。上述产品的时间分辨率高，但空间分辨率较低，均可从相关机构免费下载。中小尺度研究覆盖地理范围小，为了得到一致性和准确性更高的目标特征和专题信息，一般由用户自行处理和生产遥感数据。

2. 光学/微波遥感数据

从光学遥感数据中可以提取植被指数来直接表征农作物的生长状况，如 NDVI、EVI、

SAVI 等可反映农作物长势、病虫害胁迫、养分胁迫等；此外，植被指数也被用来反演估计覆盖度、LAI、光合有效辐射分量、叶绿素含量、N 含量、水分含量、生物量等。农作物的微波辐射特性与作物高度、叶面积、覆盖度、冠层含水量、几何形状有关，同时底层土壤介电性能与含水量等对农作物的微波辐射亮温也有贡献。因此，微波成像数据被广泛用来监测农田土壤湿度、识别作物类型、评估作物长势等。微波遥感具有全天候、全天时的特点，能够反映作物生育期内连续完整的观测信息。尤其是全极化合成孔径雷达遥感数据，利用其多种极化（HH、HV、VH 和 VV）的后向散射系数，能准确识别作物类型并估计生物量，实现农作物全生育期的生长动态监测。由上述可知，两类数据都可以提取相同的作物参数，比如 LAI、生物量等，因此，在进行农作物监测时需要考虑选择光学遥感数据还是微波雷达数据；此外，还可以将两类数据进行补充融合，或用来合成时序数据。

3. 空间分辨率

可以从监测区域的空间尺度和目标问题的本征尺度来考虑遥感数据合适的空间分辨率。通常，在全球尺度上开展植被覆盖季节性变化分析、农田识别、农业干旱评估等工作，1 km 的低空间分辨率遥感数据即可胜任。而在中等尺度上开展作物类型识别、生物量估计、产量估计等工作，则空间分辨率需要高于 30 m。如果在小尺度上进行农田级别的作物品种识别、冠层参数定量反演等精准分析，则空间分辨率至少要优于米级，而且需要较多的光谱信息。另外，考虑数据处理的复杂程度和时间成本，空间分辨率并非越高越好；而在同一尺度水平上来看，高的光谱分辨率对提高分析精度更有利。

4. 时相

作物具有季相节律性和物候变化规律性的特点，主要表现为作物整体的生物物理和生物化学特性呈现出时间上的规律性变化，这种时相规律还因作物种类不同存在明显的差异。因此，可以利用时间序列遥感数据提取作物参数的时序变化，还原和分析作物的时相变化规律，识别农作物类型和监测作物长势。

从作物监测的精细程度来看，逐日信息是最有帮助的，但从作物变化的时相变化尺度来看，并非所有监测目的都要求逐日的观测数据。例如，作物类型识别只需要一些重要时刻的信息，因为在这些关键物候期，作物之间及作物与其他植被具有明显的区别。综合分析作物关键物候期的时序变化特征，作为识别依据，可避免利用单一时相影像数据由"异物同谱"等原因导致的错分、漏分等现象，进而有效识别作物类型。作物的快速估产也可采用关键物候期的数据，一般通过建立的经验模型能得到较好的产量预测结果，而且数据规模小、实现难度低。另外，考虑数据的可获得性，要想得到完整的逐日数据的难度相当大。例如，在 Terra 和 Aqua 两颗卫星的配合下能得到每天重访的 MODIS 数据，但云覆盖问题导致很难获得逐日的高质量影像。因此，掌握关键物候期作物生长状况的一般规律和特点，结合目标作物当地的物候历信息，是选择合适遥感影像的前提和依据。

作物的时相规律受品种、地理位置、气候、农田环境和管理（如轮作制度，种植方式）的影响。一般来说，同一地理分区采用相同的轮作制度时，作物的生育期基本固定；

不同品种的生育期有一定差异，但整体物候期划分基本一致；气候小幅度变化对作物生长影响不大，但持续异常的气候变化（比如同期气温偏高、降雨量偏多或偏少等）会引起生育期延长/缩短或者关键物候日期的提前/推迟。因此，根据作物物候期选择或预订遥感数据，要先掌握相关作物的一般生育期，并结合近期气候变化做出合理的决定。以冬油菜为例，其主要生育日期包括播种日期、出苗日期、抽薹日期、初花日期、盛花日期、角果期和成熟日期。受气候差异影响，不同地域的冬油菜生育期略有差别。图 4.1（任涛，2013）显示，在我国长江流域中下游地区，不同种植方式（移栽和直播）下冬油菜生育期也存在差异。长江中游与下游地区的冬油菜生育期相差 10 天左右，主要由地理位置和气候差异决定；而种植方式是影响冬油菜生育期的另一个显著因素，直播冬油菜的苗期比移栽的早 20 天左右，苗期和越冬期整个平均延长 30 天左右，但蕾薹期、花期和角果期基本相同。依照冬油菜的生育期，通常会选择花期时的影像进行冬油菜遥感识别，因为此时冬油菜与其他作物有最高的区分度；如果进行早期冬油菜识别，则需要考虑同期小麦等冬季作物的播种期和苗期。长江中下游地区冬小麦的播种时间一般在 11 月上旬左右，因此可以选择 9 月下旬和 11 月中旬两个时间段的影像区分这两种作物，进而得到比较准确的识别结果。

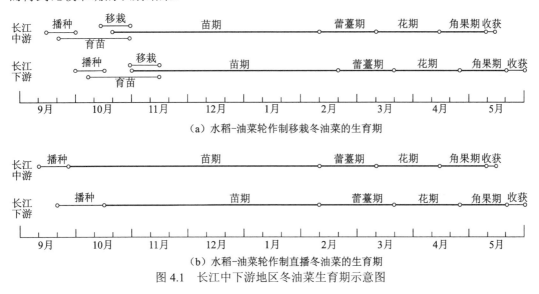

图 4.1　长江中下游地区冬油菜生育期示意图

4.1.2　时序遥感数据构建

遥感数据需要经过预处理后才能进一步用于主题信息提取和分析。预处理的目的是改正或补偿成像过程中的辐射失真、几何畸变、各种噪声及高频信息的损失。预处理主要有辐射定标、几何校正、地理配准三个基本过程。特殊情况下，还需要进行去云去霾、消除阴影、裁剪和镶嵌、去噪等处理。针对不同的遥感数据有时还需要特殊的预处理，例如 SAR 数据的多视处理、斑点噪声滤波，LiDAR 数据的点云滤波等。

针对作物遥感监测而言，完整生育期的遥感数据是提取作物生长动态信息的前提，但是在获取光学遥感时，或多或少会受到云、云在地面投射的阴影及气溶胶等的影响，所以获取完全无云的遥感影像有时是比较困难的。为了弥补时序上的缺失，解决因天气原因导致监测区域遥感影像质量不佳的问题，有必要对被遮盖的影像部分进行处理，尽可能恢复地面的光谱信息。

传统的遥感去云方法有同态滤波法、小波分解法、时间平均替代法等。同态滤波法结合频率过滤与灰度变化，来分离云与背景地物，最终从影像中去除云的影响。该方法适合处理大范围内存在薄云的影像，但会涉及滤波器及截止频率的选择，在滤波的过程中有时会丢失一些有用信息（周小军 等，2015；江兴方，2007）。时间平均替代法利用同一地区不同时相的影像，采用同周期近时相的影像资料的相对变化率来反演替代有云区，达到去云的目的（许章华 等，2013）。这种方法适用于地物特征随时间变化较小的地区，如荒漠、戈壁等；对于植被覆盖茂密的地区，由于植被的长势与时间有密切的关系，不同时相的植被长势在影像中有明显的区别，所以不能使用这种简单的替代方法（江兴方，2007；宋晓宇 等，2006）。从理论上来说，基于大气辐射传输过程的去云方法能得到最佳的效果，一般用于消除薄云和雾霾的影响，但达不到完全去云的目的。识别影像中云的厚度对去云算法的性能、保持无云区域的光谱信息十分重要（汪月云 等，2018）。采用深度学习方法实现遥感影像去云是近几年兴起的研究，相较于传统方法，GAN、VGG、ResNet 等在去云去雾应用中取得了良好的效果（裴傲 等，2020；李华莹 等，2019）。

4.1.3　超分辨率重建

较高的空间分辨率虽然会增加处理成本和计算复杂度，但能显著提高农作物识别的准确性。在实际生活中，人们往往会遇到现有遥感数据的空间分辨率过低，或者因时序数据缺失只能使用低空间分辨率数据替代的情况，因此提高现有数据的空间分辨率是十分必要的。提高遥感数据的空间分辨率的前提是尽可能保持光谱信息不失真，可利用的方法包括超分辨率重建、全色锐化、多源遥感数据融合等。其中全色锐化是比较常用的方法，但是这种方法存在两个主要问题：一是需要同源的高分辨率全色影像作为基础；二是大多数全色锐化的方法容易造成光谱信息失真，虽然改进的基于变换域的融合方法在保持光谱不变性上有了很大提升，但仍然会受到地面情况的影响。关于全色锐化处理的知识请参见第 3 章相关内容，此处不再赘述，下面简要论述超分辨率重建方法。

超分辨率重建能在缺少高分辨率全色影像的情况下，对单帧遥感影像进行处理，实现分辨率的提高。超分辨率重建技术综合利用数字影像处理、计算机视觉等领域的相关知识，借助特定算法和处理流程，克服或补偿影像采集系统或采集环境本身的限制而导致的成像影像空间分辨率低、边界模糊等问题。超分辨率重建算法有基于插值、基于退化模型和基于深度学习三种类型（Dong et al.，2016）。基于插值的超分辨率重建方法利用已知的像素信息，通过内插拟合生成影像平面上加密像素的信息来实现，常采用的空间插值方法有最近邻、双线性、双三次卷积、样条插值、克里金等。基于插值的超分辨率重建方法计算简单、易于理解，但是也存在明显缺陷。首先，它假设像素灰度值的变化是一个连续、平滑的过程，但影像的实际情况并不完全支持该假设，所以容易丢失细节和轮廓信息，影响重建结果。其次，在重建过程中，仅根据一个事先定义的转换函数来计算超分辨率影像，不考虑影像降质退化的可能，会导致重建影像出现模糊、锯齿等现象。基于退化模型的超分辨率重建方法假定低分辨率影像是高分辨率影像降低质量的结果，而随机变换、模糊化及添加随机噪声等是降质退化的主要表现。该类方法通过退化模型模拟影像降质，从低分辨率影像中提取高频信息，然后根据对未知超分辨率影像的先验知识生成的重建约束，实现影像重建。常见的重建方法包括迭代反投影法、凸集投影法和最大后验概率法等（肖宿 等，2009）。基于深度学习的超分辨率重建是目前的主流技术，该方法利用大量的训练数据，从中学习低分辨率影像和高分辨率影像间隐含的映射关系，预测低分辨率影像对应的高分辨率影像，从而实现影像的超分辨率重建过程。近几年，基于深度卷积神经网络和稀疏表示方法实现影像超分辨率重建在遥感影像处理中受到关注（李昂 等，2019；李欣 等，2018；薛洋 等，2018；秦振涛，2015）。关于卷积神经网络和稀疏表示方面的知识有大量文献介绍，本书第 3 章也有涉及，在此不再具体介绍。

4.2 无人机遥感及其数据获取与预处理

4.2.1 无人机遥感

无人机（unmanned aerial vehicle，UAV）是一种无人驾驶的航空器，具有动力装置和导航模块，能在一定范围内靠无线电遥控设备或计算机预编程序自主控制飞行（Adam et al.，2012）。无人机系统（unmanned aircraft/aerial system，UAS）则是一套综合的技术支撑系统，是对 UAV 概念的扩展，它由机体、机上载荷和地面设备等组成，实现飞行、操控、数据处理和信息传导等功能（Jeremiah，2012）。无人机最初是由军事目的发展而来的，在 20 世纪末期无人机开始民用化。在军用无人机技术的基础上，经过简化和创新，出现了丰富的轻量化民用无人机系统。按照动力、用途、控制方式、结构、航程和飞行器重量等，可以将民用 UAV 划分为多种类型：按动力可分为太阳能、燃油、燃料电池和混合动力；按用途可分为工业级和消费级；按控制方式可分为无线电遥控、预编程自主控制、程控与遥控复合控制；按结构可分为固定翼、旋翼、无人直升机和垂直起降；按航程可分为近程、中程和远程；按飞行器重量可以分为微型、小型、中型和大型（吴汉平，2003）。无人机遥感（unmanned aerial vehicle remote sensing，UAVRS）是利用先进的无人驾驶飞行器技术，如遥感传感器技术、遥测遥控技术、通信技术、定位测姿系统（position and orientation system，POS）技术、差分全球定位系统（differential global positioning system，DGPS）技术和遥感应用技术，实现自动化、智能化、专业化地快速获取国土、资源、环境、事件等的空间遥感信息，并进行实时处理、建模和分析的先进新兴航空遥感技术（李德仁 等，2014）。

用于搭载光谱相机和激光雷达扫描系统的 UAV 需要强劲的动力系统。一般大型长航时 UAV 多采用油动或混合动力系统，但此类系统操作复杂且使用和维护成本高昂。随着锂电池技术的发展，较长航时（1~3 h）的纯电 UAV 在测绘和遥感领域成为主流应用平台。锂电驱动的多旋翼无人机具有可折叠、垂直起降、可悬停、对场地要求低等优点。根据螺旋桨数量，可将该类无人机细分为四旋翼、六旋翼、八旋翼等，螺旋桨数量越多，飞行越平稳，操作越容易。在多旋翼无人机上可以搭载重量大、类型多的任务载荷，但受限于飞行速度和续航时间（一般不超过 1 h），每次观测的区域面积较小（小于 10 hm²）。此外，可根据分辨率需求设置它的飞行高度和速度，能轻易获得分辨率极高的数据，因此普遍用于小区实验观测。另一种目前比较常用的无人机是固定翼 UAV，此类无人机早期采用滑跑或弹射起飞，伞降或滑跑着陆，对场地有一定要求。而新型的垂直起降（vertical take-off and landing，VTOL）固定翼无人机，兼具固定翼和多旋翼的特点，对起降场地要求低，续航时间长（一般 2 h 以上），适合携带较大载荷进行大范围作业。

无人机遥感系统的基本组成如图 4.2（李德仁 等，2014）所示。

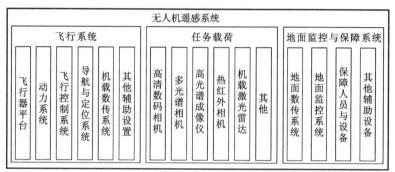

图 4.2　无人机遥感系统的基本组成

无人机遥感系统首先必须配备飞行控制系统、导航与定位系统及机载数传系统等来实现姿态和航向控制，并按照预定航线自动驾驶飞机执行飞行任务。飞行控制系统主要包括稳定飞行姿态的垂直陀螺，获取飞行平台位置信息的全球导航卫星系统（global navigation satellite system，GNSS）接收机，以及控制飞机自主飞行的微处理器等（杨爱玲 等，2010）。导航与定位系统除为飞行控制系统提供准确的定位信息外，还能与地面测控网或实时差分定位（real time kinematic，RTK）基站组成后差分定位系统，为数据后处理提供高精度地理信息。机载数传系统负责与地面实时双向通信，下行发送飞机姿态、位置、电量、实时影像等信号，上行接收地面的控制指令。

地面监控与保障系统为无人机安全作业提供支持，包括地面数传系统、地面监控系统、保障人员与设备及其他辅助设备等。地面数传系统负责地面控制系统与机载数传系统的通信连接，完成飞行计划上传、紧急控制指令发送、飞机下行信息接收等任务，一般情况下数传通信有效范围应大于 5 km。地面监控系统为用户提供实时采集飞机状态、发送遥控指令和显示飞行航迹等功能，并在紧急时刻介入控制保障 UAV 安全。地面监控系统通常由笔记本电脑、通信电台、地面控制软件及控制飞机起降、飞行的遥控设备等组成（吴益明 等，2006）。地面监控系统还需要为用户提供友好的航线设计功能，方便用户快速制订飞行计划。此外，用户需要为无人机作业提供安全保障，诸如机体维护保养、制订安全飞行计划、电池维护、起飞前后检查等。按照相关法律法规，用户还需拥有无人机飞行执照。其他辅助设备包括 RTK 地面站、小型气象站、望远镜、对讲机等。

以对地遥感为目的的无人机任务载荷通常包括高清数码相机、多光谱相机、高光谱成像仪、热红外传感器、小型合成孔径雷达和激光雷达扫描系统等。与传统的航天和航空影像相比，作为机载遥感设备的小型成像与非成像传感器存在分辨率高、像幅小、影像数量多、倾角过大和倾斜方向不规律等特点。因此，针对 UAV 的飞行特点和影像处理的特殊要求，需要专门的影像处理系统，根据相机定标参数、姿态数据和 POS 数据进行影像的几何校正和辐射校正、影像匹配点的自动识别和快速拼接，实现影像质量和飞行质量的快速检查等。UAV 遥感数据的处理可分为地面后处理和机上实时处理，目前主要以地面后处理为主。飞行时影像存储在任务载荷的大容量存储卡或机载的专用存储器中，待完成飞行后，将影像和相关辅助数据拷贝到性能强劲的工作站中，然后用专门的 UAV 影像处理系统进行空三处理和拼接，生成正射影像或三维数据。常见的 UAV 影像处理系统有 Context Capture、Pix4DMapper、Metashape 等。我国也有很多优秀的 UAV 影像处理软件系统，如 MapMatrix、DP Modeler 等。未来，随着 UAV 飞行速度、影像分辨率、数据采样频率和通信频带宽度的不断提升，海量遥感影像数据的自动、高速、高质量实时处理将成为 UAV 遥感应用的新瓶颈。因此，不断进行大量科学研究与实践，解决新的技术问题，设计开发高性能的 UAV 遥感影像智能处理系统，是 UAV 遥感监测应用系统推陈出新的前提（李德仁 等，2014）。

综上所述，UAV 遥感有如下特点。

（1）超高空间分辨率。具有获取超高分辨率遥感影像数据的能力是无人机遥感的最大特点，其与无人机的飞行高度、成像设备的视场大小、感光元器件的大小和尺寸等直接相关。一旦设备安装后，飞行高度就决定了影像的分辨率，而飞行高度又取决于飞行连续拍照时的航向重叠率和旁向重叠率。在多重条件设定合理的情况下，一般 UAV 影像的空间分辨率可以达到分米级，在飞行高度较低的情况下，也能获得厘米级分辨率的影像。

（2）快速机动完成监测任务。由于无人机起飞条件并不严苛，尤其对旋翼和垂直起降无人机来说，只要天气条件允许就能随时执行航飞任务，并按照任务需要快速获取遥感数据，完成监测任务。

（3）近地表观测结果更加客观真实。无人机用于农业遥感时的一般飞行高度为 100～500 m，大气对上行辐射影响较小，这对光谱成像和 LiDAR 设备来说非常有利，能为后续的数据分析提供高质量的影像。

除了电力驱动导致续航时间相对较短，UAV 遥感也有不少局限性，存在如下问题。第一，尽管 UAV 遥感影像的空间分辨率高，但其影像像幅较小、数量多，动辄上千张，甚至数万张，这给后续影像处理带来巨大的工作量。第二，UAV 的稳定性不如有人操纵飞机：一是容易引起影像倾角过大且倾斜方向没有规律，造成影像的无效空三解算和点云生成，最终导致任务失败；二是在较大风力下，UAV 的飞行航线可能发生随机紊乱，导致影像的航向重叠率和旁向重叠率不规则变化，造成拼接结果出现空洞和缝隙。第三，由于无人机携带的大多为非专业测绘相机，也不会搭载专业惯性测量单元（inertial measurement unit，IMU）设备，而单幅相机与地物空间的投射映射关系比较复杂，镜头畸变很大，影像内部几何关系比不稳定，导致影像的倾斜、变形较大。第四，无人机作业时间较长，光照条件的变化会导致影像存在明显的色差和不一致的对比度，对光谱设备而言，不同时刻获取的光谱信息的一致性无法得到保证。另外，由于无人机的飞行高度低，地面起伏和冠层高低变化也会影响数据的一致性。

无人机遥感在农业中的应用包括农作物长势监测、病虫害监测与预警、干旱/渍水监测等。利用无人机低空作业可以快速获取农田影像资料，通过空间信息分析技术全面掌握农作物长势、物候、土壤墒情等各项指标，发现养分/水分胁迫和病虫害侵袭并标识问题区域，为田间管理提供快速准确的信息。与传统田间监测手段相比，无人机农田监测具有范围大、时效强和客观准确的优势。2002 年，美国国家航空航天局在著名的 Pathfinder-Plus 太阳能无人机上搭载高分辨率彩色多光谱成像仪，评估了咖啡种植园内草害、灌溉效率和咖啡豆成熟度等情况。Hunt 等（2005）在无线电遥控无人机上安装数码相机，评估了大豆、苜蓿和玉米的冠层氮含量和生物量。2010 年后，无人机逐渐普及，并在短时间内开展了大量的应用研究，其应用领域也在不断拓展。我国的无人机飞防已经十分普及，在农作物表型测量、长势评价、病虫害防治、生物量与估产和农田环境监测中取得了显著成就。

4.2.2 无人机遥感数据采集与预处理

使用无人机对农作物进行低空观测能获得更加精细的遥感数据。从大的方面来说，UAV 遥感数据的精度主要包括光谱信息的准确性和空间定位的精确性。前者取决于传感器的光谱响应技术，而后者则需要稳定可靠的 UAV 控制与定位系统。除此之外，科学制订飞行航摄计划对获得高质量遥感数据同样重要。本小节以冬油菜实验小区的 UAV 多光谱观测为例，说明 UAV 遥感数据采集的一般过程和数据预处理需注意的问题。

1. 无人机设备与使用

使用 DJI Inspire 1 T600 型号无人机同步搭载 DJI Zenmuse X3 机载相机及 MicaSense RedEdge 的 5 通道多光谱相机（图 4.3），在平板设备上安装 DJI GS Pro 软件进行航线规划及远程飞行控制，共同组成无人机系统，以获得无人机载数码影像及多光谱数据。其中，无人机载数码影像空间分辨率为 0.7 cm，多光谱数据空间分辨率为 2.2 cm，具体航线规划及传感器信息见表 4.1。每次飞行均选择无云、无风或微风、晴朗天气，于 10:00～14:00（太阳高度角大于 45°）进行无人机航线飞行。在无人机起飞前，手动控制多光谱传感器拍摄标准白板以进行后期多光谱数据的辐射校正工作。

MicaSense RedEdge   DJI Zenmuse X3

图 4.3 搭载小型多光谱相机和高清数码相机的无人机平台

表 4.1　无人机航线规划与传感器信息

传感器				飞行高度 /m	横向重叠率 /%	纵向重叠率 /%	地面分辨率 /cm
名称	重量/g	尺寸/mm	波段				
DJI Zenmuse X3	221	107×76×95	——	15	70	70	0.7
MicaSense RedEdge	180	121×66×46	蓝:475 nm†, 20 nm‡ 绿:560 nm†, 20 nm‡ 红:668 nm†, 10 nm‡ 红边:717 nm†, 10 nm‡ 近红外:840 nm†, 40 nm‡	30	70	70	2.2

注：†为中心波长；‡为波段宽度

首先需要确定 UAV 的航摄范围。综合考虑所需影像的地面分辨率、航向重叠度、旁向重叠度、航摄基高比及传感器的成像模式、响应时间、曝光时间、存储空间等因素，在确保成图精度的前提下，在航摄范围内规划 UAV 飞行时间和拍摄点。当航摄范围内地形高差大于航高的六分之一时，需分区间拍摄以获得分辨率一致的影像；当航摄范围较大、需多架次才能完成航摄任务时，且分区间必须要有重叠部分。每天的飞行应集中在 10:00～14:00 进行，同时还要考虑不同拍摄时间的天气条件变化对影像的影响。

2. 影像数据拼接处理

经过十多年的发展，无人机影像处理已经十分成熟，大多数商业化软件都能处理数量庞大的影像，经过空间定位、正射校正、光谱校正等过程，最终生成测区的正射影像、三维模型等。它们都按照基本的处理步骤和过程，如下所述。

（1）预处理。预处理不能改变原始影像的大小和几何形状，但可以进行对比度拉伸、匀光匀色、去云去雾、色彩平衡与增强等，提高影像质量。从理论上看，光谱影像每次曝光时的成像条件都是不同的。但如果对单次成像进行单独光谱校正，很难得到精确的内外方位元素的参数，因此常利用附加的感光辅件获得拍照时各波段的入射辐射，进而得到比较理想的光谱数据。

（2）模型定向及空中三角测量。计算确定每幅影像的准确空间位置的过程称为空间定向或模型定向。经过空间定向后，所有影像的所有像素都能准确映射到实际空间的对象。空间定向分为内定向、相对定向和绝对定向三个过程。内定向是恢复影像正确的内方位元素的过程，至少需要相机的焦距 f 和每幅影像的像主点坐标（x_0，y_0）三个参数。相对定向是为了确定和恢复影像正确的相对位置关系，解算立体像对的相对方位元素，使同名像点的投影光线对对相交，并形成与实景相似的几何模型。相对定向并不能完全恢复单幅影像的外方位元素，所得模型的大小和空间方位也都是任意的。绝对定向借助已知地面控制点（或像控点），对相对定向得到的模型进行平移、旋转与缩放来恢复每幅影像的绝对定向元素，并将其转换到地面坐标系中。空中三角测量可以看作模型定向的应用，在由数十条航带和数千个影像对覆盖的测区内，利用像控点和特殊数学模型，平差解算出精度所需的全部控制点（待定点或加密点）及每幅影像的外方位元素。空中三角测量是无人机遥感影像处理中最关键的步骤。

（3）数据生产。在空中三角测量的基础上，能生产的基本数据包括数字表面模型（digital surface model，DSM）和数字正射影像（digital orthophoto map，DOM）。按照模型的组织形式和存储格式，DSM 可以分为栅格和矢量两种类型。栅格 DSM 是在空中三角测量得到的立体像对模型上进行网格采样得到的，网格的大小就是栅格大小或地面分辨率。矢量 DSM 也被称为三维模型，同样在立体像对模型上采用特殊算法建立的矢量网络描述立体面，然后采用多种格式组织数据结构，其主要应用是重建三维虚拟场景。常见的数据结构组织方式如 osgb、obj、3dtile 等，它们大多是采用切片方式结合场景精细程度构造的分层树结构。类似传统遥感数据处理，DSM 和 DOM 也可提取观测对象的信息。

4.3　田间调查取样与分析

4.3.1　调查方案及试验设计

下面以冬油菜田间取样调查和试验的典型方案，具体说明农作物田间调查的工作情况。

1. 油菜小区试验设计

试验于 2015 年 9 月至 2017 年 5 月在湖北省荆门市沙洋县曾集镇张池村（30°43′21″N，112°18′13″E）进行。本试验采用裂区试验设计，对比分析水稻-冬油菜轮作模式下，不同施肥模式和秸秆管理方式的有效性。前茬水稻采用移栽的种植方式，每年 5 月下旬移栽，移栽密度为 14 000 兜/亩（1 亩 ≈ 666.67 m^2），9 月中上旬收获；玉米采用点播的种植方式，每年 5 月下旬播种，密度为 6 000 株/亩，9 月中下旬收获；小麦采用条播的种植方式，每年 10 月底播种，播种量 15 kg/亩（供试品种为郑麦 9 023），来年的 5 月下旬收获；冬油菜采用移栽的种植方式，移栽密度为 7 500 株/亩（供试品种为华抗 62），每年 10 月中旬移栽，来年的 5 月上旬收获。冬季试验每个小区（所有处理）增施磷肥 2 kg/亩（2016 年/2017 年冬油菜季每个处理已增施磷肥 2 kg/亩，再增施 1 年磷肥，之后冬季不再增施磷肥）。表 4.2 为 10 种不同处理的说明，表 4.3 为 10 种处理 3 个重复的实验小区示意说明。

表 4.2　水稻-冬油菜轮作方式下不同施肥模式和秸秆处理

编号	处理	备注
1	对照（CK）	无肥对照处理，秸秆不还田
2	优化化肥+有机肥+秸秆（OPT+M+S）	有机肥用量同编号 3。水稻季养分投入：氮肥 180 kg/hm^2+磷肥 60 kg/hm^2+钾肥 75 kg/hm^2，其中氮肥按照 50%基肥+30%分蘖肥+20%穗肥施用，磷肥一次性基施，钾肥按照 2/3 基肥+1/3 穗肥施用。冬油菜季养分投入：氮肥 180 kg/hm^2+磷肥 60 kg/hm^2+钾肥 75 kg/hm^2，其中氮肥按照 60%基肥+20%越冬肥+20%薹肥施用，磷钾肥均一次性基施。两季作物秸秆均还田

编号	处理	备注
3	有机肥（M）	只施有机肥处理，有机肥用量由其中的氮含量决定，氮素投入量同编号4，秸秆不还田
4	优化化肥（OPT）	水稻季养分投入：氮肥 180 kg/hm²+磷肥 60 kg/hm²+钾肥 75 kg/hm²，其中氮肥按照50%基肥+30%分蘖肥+20%穗肥施用，磷肥一次性基施，钾肥按照 2/3 基肥+1/3 穗肥施用。冬油菜季养分投入：氮肥 180 kg/hm²+磷肥 60 kg/hm²+钾肥 75 kg/hm²，其中氮肥按照 60%基肥+20%越冬肥+20%薹肥施用，磷钾肥均一次性基施。两季作物秸秆均不还田
5	优化化肥-不施氮（OPT-N）	优化处理基础上两季均不施化学氮肥，秸秆不还田
6	优化化肥-不施磷（OPT-P）	优化处理基础上两季均不施化学磷肥，秸秆不还田
7	优化化肥-不施钾（OPT-K）	优化处理基础上两季均不施化学钾肥，秸秆不还田
8	优化化肥+秸秆（OPT+S）	肥料投入量和施用方式同优化化肥处理相同，两季秸秆均还田
9	1/2 化肥+1/2 有机肥（1/2OPT+1/2M）	该处理化肥用量为优化化肥处理的一半，有机肥用量为有机肥处理用量的一半，两季作物秸秆不还田
10	高量化肥（HIT）	水稻季养分投入：氮肥 300 kg/hm²+磷肥 120 kg/hm²+钾肥 150 kg/hm²，其中氮肥按照 60%基肥+40%分蘖肥施用，磷钾肥均一次性基施。冬油菜季养分投入：氮肥 300 kg/hm²+磷肥 120 kg/hm²+钾肥 150 kg/hm²，其中氮肥按照 60%基肥+40%越冬肥施用，磷钾肥均一次性基施。两季作物秸秆均不还田

表 4.3　试验小区排列示意

重复 I	重复 II	重复 III
6（OPT-P）	3（M）	10（HIT）
7（OPT-K）	5（OPT-N）	8（OPT+S）
4（OPT）	10（HIT）	1（CK）
8（OPT+S）	2（OPT+M+S）	6（OPT-P）
9（1/2OPT+1/2M）	4（OPT）	3（M）
3（M）	1（CK）	7（OPT-K）
5（OPT-N）	9（1/2OPT+1/2M）	2（OPT+M+S）
1（CK）	7（OPT-K）	4（OPT）
2（OPT+M+S）	8（OPT+S）	5（OPT-N）
10（HIT）	6（OPT-P）	9（1/2OPT+1/2M）

注：小区面积为 24.8 m²（4.5 m×5.5 m）

2. 冬油菜田间调查方案

本案例的调查方案在 2019～2020 年度实施。

1）调查目的

（1）获得准确的冬油菜冠层结构参数，为遥感数据的校正和结构参数反演建立校正模型。

（2）为县域冬油菜养分要素（N 含量、生物量、叶绿素含量等）反演和生长模型校正提供地面观测数据。

2）调查内容

（1）野外调查和测量反映不同生长时期冬油菜冠层结构的参数，包括 LAI、叶倾角分布等生理参数。

（2）采集植株样，获取分析 N、P、K、叶绿素等生化数据。

3）调查方案

（1）调查地点和采样点设置。调查区包括沙洋县张池实验站附近区域的农户种植地和武穴市大法寺、万丈湖的农户种植地。

（2）采样点设置。选择冬油菜连片种植程度高的地方，在长势差异明显的点设置采样调查点。以上两个调查区分别设置 15～20 个采样点。

（3）测量和取样。

第一，定点方法。在调查点悬系彩色气球，便于在 UAV 影像上找到准确的调查位置。气球悬挂在调查样方的西北角上（图 4.4），注意在样方冠层上不能有气球的阴影。

图 4.4   悬挂气球标识调查点示意图

第二，调查点。观察调查点周围 5～10 m，冬油菜长势基本一致，远离树木和建筑物等避免产生阴影遮挡。放置 1 m×1 m 取样框作为调查样方，测量和取样必须在取样框中进行。

第三，生理指标（如 LAI）使用 SunScan 进行测量，注意每次测量结果的准确，随时对比前后测量的结果；检查仪器工作是否正常，确保每次测量数据的准确性；观察实际冠层，判断 LAI 大致的测量值，进行专业的判断。一般冬油菜的 LAI 不大于 6，正常生长情况下 LAI 为 1～4。在整个生长过程中，LAI 主要呈现先升高后下降的趋势，通常 LAI 在蕾薹期前达到最大值。

第四，生化指标与地上部分生物量测量。样方内采集一棵代表性植株的全部绿色健康叶片，置于保温桶带回，室内分析叶绿素、N、P、K 等含量。在样方内采集一棵代表性植株，保留地上部分器官，分离茎、叶、花、角果等，分别放入纸袋，带回后烘干称量地上生物量。

第五，光谱测量。使用 PSR+3500 超轻便携式地物光谱仪测量样方冠层光谱，并在样方中选取 3～5 片功能叶进行叶片光谱测量，注意拍照留存测量时间。测量时注意观察仪器和数据是否正常，不要采集和记录错误或异常数据。测量时要严格按照仪器使用的要求和规范，随时进行白板校正。

第六，UAV 航测。使用垂直起降固定翼无人机，搭载 RedEdge 多光谱相机和 Sony A7RII 单反相机，对采样点区域进行航测。

4）时间安排

综合卫星过境时间和冬油菜生长状况，安排在如下时间开展地面调查工作（表4.4）。

表 4.4　2019～2020 年冬油菜田间调查时间和工作安排

观测日期（年-月-日）	生育期	光谱*		UAV 航拍	生理生化参数
		叶片	冠层		
2019-11-15	苗期	184	46	两个调查区	LAI，N、P 和 K 含量，地上部分生物量（茎叶）
2019-12-25	越冬期	184	46	两个调查区	LAI，N、P 和 K 含量，地上部分生物量（茎叶）
2020-02-10	蕾薹期	184	46	两个调查区	LAI，N、P 和 K 含量，地上部分生物量（茎叶）
2020-04-10	盛花期		46	两个调查区	LAI，N、P 和 K 含量，地上部分生物量（茎叶花）
2020-04-25	角果期		46	两个调查区	LAI，N、P 和 K 含量，地上部分生物量（茎叶果）
2020-05-10	成熟期		46	两个调查区	LAI，N、P 和 K 含量，地上部分生物量（茎果），产量

注：*数量表示，叶片的是样本数量，冠层的是样点数量

4.3.2　光谱测量

地面采集农作物的光谱信息主要有两方面的用途：一是利用地面测得的光谱反射率对遥感影像进行辐射校正；二是直接使用光谱估计农作物属性或者研究光谱响应机理。无论是哪一方面的应用，地面光谱测量的实际对象都要区分为叶片和冠层两个级别。叶片级光谱测量可获得测量部分的反射率、吸收率和透射率，而冠层级光谱测量主要是观测视场内的反射率。地物光谱仪是常用的田间光谱测量仪器。

1. 叶片级光谱测量

由于野外测量容易受到环境的干扰，叶片级光谱测量一般需要叶片夹、积分球等辅助装备才能获得准确的数据。叶片夹的作用是夹住叶片形成一个封闭的测量环境，通过光纤导入的光以一定的角度照射到叶片上较小的部位。此时，如果叶片背部称托的部件为黑色吸光材质，那么与入射光纤同侧放置的接收光纤收集到的就是反射光；如果为白色反光材料，那么采集的就是叶片正面反射和透射反射的光线，经过处理后得到的实际是叶片的吸收光谱；连续进行反射和吸收光谱测量后，通过计算可得到叶片的透射光谱。

使用叶片夹和积分球不受天气状况的影响，理论上可以全天工作，但是测量前需将叶片擦拭干净。由于叶片上的物质组成并非均匀分布，测量的部位对数据分析影响较大。

对于冬油菜而言，一般从顶部第 1 片完全伸展叶开始，向下取第 3 片叶进行测量，分别在叶片根部、中部和尖部 3 个部位各测量 3 个点位后计算平均光谱，即为该点（植株）的叶片光谱数据。测量时，叶片夹要注意避开叶脉、孔洞、微小瘢痕等部位，以确保测量准确性和数据有效性。

2. 冠层级光谱测量

农作物冠层的反射光谱与卫星遥感采集光谱的辐射传输过程基本一致，后者多了冠层反射光谱经大气入瞳过程。因此，冠层级光谱测量的数据可以用来对卫星影像进行辐射校正，将其转换为地面反射辐射，而不是大气层顶的发射辐射。同时为了掌握冠层光谱随农作物生长的变化特点，需要定期进行重复观测。冠层级光谱测量在开放的田间环境中进行，天气状况会影响测量的准确性，因此需要晴朗无云无风的天气条件。太阳高度角也是影响光谱测量的因素之一，较高的植株相互遮挡产生的阴影会增加噪声，所以一般在 10:00～14:00 的有效时间段进行，夏季可适当放宽，冬季则适当缩短，视具体情况而定。

以冬油菜为例，从苗期（抽薹前）开始，每隔 20 天左右选择晴朗无云、无风或微风日，在 10:00～14:00 进行冠层光谱测量。在冬油菜试验的每个小区或调查点，各选取 5 个有代表性的观测点，测量前进行标准白板校正（标准白板反射率为 1，所得目标物光谱即为无量纲的相对反射率）。测量时光谱仪的光纤探头视场角为 25°，垂直向下，距离作物冠层高度为 0.7～1.0 m。每个观测点记录 5～10 条采样光谱，取全部光谱的平均值作为相应小区或者调查点的冠层光谱反射数据。

4.3.3 作物农学参数的调查与测量

1. 叶面积

田间农作物叶面积测量方法可分为传统测量法、数码影像处理法、冠层分析法和激光扫描重建法等。传统测量方法有长宽系数法、方格法、纸重法。方格法和纸重法需要将叶片从植株上取下后进行叶面积量测，虽然结果较准确，但工作量大，已经较少采用。长宽系数法简便易行，不需要采集叶片，但精度较低。数码影像处理法利用高清数码相机，从冠层上方垂直向下，或从冠层底部垂直向上拍照，依据构像方程和镜头畸变参数，估算出叶面积和叶倾角分布等参数。冠层分析法主要依据朗伯-比尔（Lambert-Beer）定律，根据不同植被冠层结构对太阳辐射直接、间接拦截的能量与太阳辐射能量的比率变化不同，计算出叶面积指数（Wilhelm et al.，2000），实际测量时需要可采集冠层光辐射的专业仪器。激光扫描重建法则是利用激光扫描仪获得植株的激光点云进行三维重建，然后使用特定算法和软件计算出叶面积。此方法能得到非常精确的植株三维模型，可提取多种农学参数；但激光扫描条件要求较高，不适合在田间植株相互遮挡比较严重的情况下使用，而且使用成本也较高，因此在实际田间叶面积测量中使用较少。

叶面积测量前需要确定调查的样方，以及样方在田间的分布。样方可用 0.5 m 或

1 m 边长的取样框确定范围，每个调查点可按 5 点取样布置样方在田块中的分布位置。下面以冬油菜叶面积田间测量为例简单介绍相关方法。

1）长宽系数法

使用直尺测量叶柄到叶尖的长和垂直于叶脉的最大宽度（图 4.5），通过下面的长宽乘积与叶面积的经验公式来计算叶面积。

$$LAI = 0.75 \rho_{种} \frac{\sum_{i=1}^{m}\sum_{j=1}^{n}(L_{ij} \times B_{ij})}{m} \tag{4.1}$$

其中：L_{ij} 为直尺测量每株各叶片的叶长；B_{ij} 为最大叶宽；n 为第 j 株的总叶片数；m 为测定株数；$\rho_{种}$ 为种植密度。汪瑞清等（2007）将此方法与采用影像处理计算像素叶面积方法对比，应用此方法计算冬油菜苗期叶面积指数的 R^2 达到 0.90。

图 4.5　长宽系数法测量油菜叶面积

2）冠层分析法

采用英国 Delta 公司的 SunScan 冠层分析系统（SunScan canopy analysis system）进行测量，测量时 SunScan 置于冬油菜冠层下方（图 4.6）。六叶期、十叶期及蕾薹期时，每个小区选取 3 个点，每个点按照"米字形"分别测量 4 次，取其平均值作为小区的 LAI，各时期均有 30 个样点数据；越冬期时，将研究小区细化，每小区选取 4 个 1 m×1 m 样方（与株高测量的样方一致），每个样方按照"米字形"分别测量 4 次，取其平均值作为每个样方的 LAI，得到共计 120 个样点数据。

图 4.6　SunScan 冠层分析系统测量油菜 LAI

2. 色素含量

农作物绿色叶片中色素含量的高低可以反映植株的健康状况，采集叶片后可用分光光度计测定色素含量。农作物分析需要调查的主要色素包括叶绿素 a（Chl_a）、叶绿素 b（Chl_b）、胡萝卜素（Cars）等，其中 Chl_a 和 Chl_b 含量之和即叶绿素含量。以冬油菜色素含量测定为例来说明实际调查情况：采用 5 点取样布置采样，每个样方内选取代表性植株，取其从顶向下第一、第四和最后一片完全展开叶，剪碎混合均匀后称取 0.2 g，加入 50 ml 丙酮与无水乙醇混合液（体积比为 1∶1），在室温暗处静置 24 h 左右至样品完全发白，用分光光度计分别测定 665 nm（Chl_a 吸收峰）、643 nm（Chl_b 吸收峰）、474 nm（Cars 吸收峰）处的吸光度值 A。按照下面公式计算各色素含量：

$$Chl_a = \frac{(9.99A_{665} - 0.0872A_{643}) \times 0.05}{0.2} \tag{4.2}$$

$$Chl_b = \frac{(17.7A_{643} - 3.04A_{665}) \times 0.05}{0.2} \tag{4.3}$$

$$Cars = \frac{(4.92A_{474} - 0.0255Chl_a - 0.225Chl_b) \times 0.05}{0.2} \tag{4.4}$$

其中：A_{665}、A_{643} 和 A_{474} 为提取液在 665 nm、643 nm 和 474 nm 处的吸光度值。

上面的取样和测定是基于叶片重量进行的，也可以通过打孔的方式避免采集整个叶片测定体积含量。在样方中取 3 株代表性植株的第一、第四和最后一片叶片，均匀打孔，混匀后每个样本取 0.4 g，记录打孔样的数量，每个小区 3 组样本重复。之后采用上述同样的方法进行分光光度测定 665 nm、649 nm 下的光吸收率。此时，叶绿素含量计算公式如下：

$$Chl_a = \frac{(13.95A_{665} - 6.88A_{649})V}{S} \tag{4.5}$$

$$Chl_b = \frac{(24.96A_{649} - 7.32A_{665})V}{S} \tag{4.6}$$

其中：A_{665}、A_{649} 为提取液在分光光度计 665 nm、649 nm 下的吸光度值；V 为溶液总体积（即 50 ml）；S 为打孔叶片的面积，即叶片数量与打孔器面积的乘积。

通过化学分析方法测定色素含量费时费力，可借助成熟的速测仪器快速采集数据。法国 FORCE-A 公司研发了便携式 Dualex 植物氮平衡指数测量仪（图 4.7），可测量表征农作物生理活性的生理生化指标，如氮平衡指数（nitrogen balance index，NBI）、叶绿素（chlorophyll，Chl）及类黄酮（flavonoids，Flav）等，其中，NBI 为 Chl 与 Flav 之比。这些指数可以衡量作物的氮肥状况、叶绿素相对含量、类黄酮相对含量，而且与农作物叶片的氮含量呈显著相关关系（Tremblay et al.，2007；Cartelat et al.，2005）。该仪器通过双重激发的叶绿素荧光测量叶片紫外吸收率，从而评估多酚化合物的含量（Goulas et al.，2004）。Li 等（2015）利用 NBI 表征水稻叶片的氮浓度水平，基于无人机数码影像计算的深绿颜色指数（dark green colour index，DGCI）成功建立了水稻 NBI 反演模型。鱼欢等（2010）通过 SPAD（soil and plant analyzer development）值和 Dualex 值评估了玉米追氮量对玉米生长的影响，进而确定了适宜的追氮量，实现了氮素精准管理，提高了农作物产量。每个观测点选取具有代表性的 3 株植株进行测量，每株测量油菜功能叶（顶 4 叶）的叶尖、叶中、叶尾 3 个部位，取平均值作为该点的 NBI 和 Chl、Flav 含量。

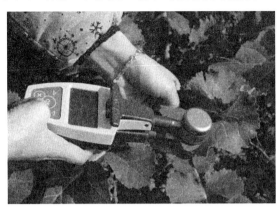

图 4.7　植物氮平衡指数测量仪测量冬油菜的 NBI 和 Chl、Flav 含量

3. 生物量和产量

采用样方取样时，用边长为 0.5 m 或 1 m 铝制或塑料方框确定取样位置，采集方框内所有农作物植株的全部/地上/果实部分，实时称重为含水鲜物质重量（或鲜生物量，简称鲜重），风干或烘干后称重为干物质重量（或干生物量，简称干重）。单位面积上植株总鲜重和总干重、地上部分鲜重和干重、果实（籽粒）的鲜重或干重等都是衡量生物量的不同方式。地上部分生物量反映了农作物在不同生长阶段物质积累的总量，因此地上部分生物量调查是农作物田间调查生物量的主要内容。生物量以单位面积上地上部分的农作物的总重量作为数据形式，果实相关的指标就是产量。

冬油菜的田间调查产量主要以地上部分干物质总量、籽粒干重、籽粒数等为主，为了分析农作物长势过程中物质分配情况，也会将根、茎、叶、花、角果等分别烘干称重。冬油菜籽粒产量是在成熟时，将一定面积收获的籽粒置于阳光通风处暴晒至恒重，将籽粒打出并换算成实际田间产量，常用单位为 kg/hm^2。

分析较大范围（如全国）时，可以从统计年鉴上收集历年的冬油菜生产数据，包括冬油菜总产量、种植面积和单位面积产量等，将其与遥感估计的统计结果进行对比分析。也可采用空间化方法（详情参见 4.4.5 小节）分析这些数据，并与遥感估计方法结合，分析油菜产量的时空分布趋势和规律。

4. 养分元素含量

农作物叶片中养分元素含量是反映植株营养健康状况的重要指标。N、P 和 K 元素是农作物生长的基本元素，它们含量的高低对农作物生长起着关键作用，成为叶片级光谱估计和冠层级遥感反演的重要目标。叶片光谱分析取样以单片叶为一个样品；冠层样品则需拔取样方内若干株代表性植株，将根、茎、叶、花、果（粒）分离开作为不同的样品处理。

田间农作物养分元素取样调查一般采用两种方法：一种是传统方法，取样带回实验室处理后通过化学方法分析测定，得到比较准确的元素含量结果；另一种是借助养分速测仪器，直接或间接获得养分含量数据。两种方法相比，第二种方法的优势在于样品无损且测量速度快，适合大量取样，但仪器的准确性和可靠性决定了数据的精度。通常分析少量采样点时可同时采用两种方法，利用化学方法测定的结果建立速测仪器的校正函数，然后再用速测仪器进行大量采样。影响速测结果准确性的因素包括农作物品种、地理范围、生长期等，建立鲁棒性强的校正函数对速测仪器的应用十分重要。SPAD 叶绿素仪是一种通用的速测仪器，其测定的 SPAD 值可以换算为叶绿素和 N 含量，常用于作物 N 养分状况的快速诊断。

下面简单列举一下 N、P 和 K 的传统化学分析方法。取样样品置于烘箱（80℃）烘干 24 h，磨碎过 0.25～0.5 mm 筛备用。氮（N）：常采用凯氏定氮法，当样品数量较大时，也可以采用纳氏试剂比色方法，两种方法测定均为样品的全氮含量；如果要测定硝态氮含量，则可采用水杨酸-锌粉还原-H_2SO_4-加速剂消煮法。磷（P）：常采用钒钼黄吸光光度法测定含 P 较高的样品，比如籽粒、叶片等；采用钼锑抗分光光度法测定含 P 较低的样品，比如茎秆等。钾（K）：一般采用火焰光度法对样品消煮液中的 K 含量进行测定。

4.4 其他辅助数据

4.4.1 气象数据

农作物生长离不开合适的气象条件，温度、降雨量、光照时长等影响着农作物各种生理生化过程，例如水分吸收、养分运移、物质代谢、能量转换、生长分化等。农作物经过长期栽培后，已经形成了固定的种植、生长和收获的周期。在整个生育期内，气候的异常变化对农作物生长的影响十分显著，若出现干旱、水涝、冻害、高温等灾害性天气时，会导致减产减收。因此，详细的气象数据资料能为农作物遥感监测提供重要的判断依据，气象因子和遥感信息的结合使农作物长势的定量化分析更加准确。

一般通过公开的数据源获取大范围气象数据，比如中国气象局提供了全国多年的气象资料，内容丰富详细，是获取研究区气象资料的权威来源。国际上也有一些公开的气象数据来源，比如美国国家海洋和大气管理局提供全球气象站点的观测数据。从这些渠道通常获得的是气象站点的观测数据，不便于用来做空间分析；也可以下载栅格数据，或者采用气象模型结合空间插值方法生成所需的栅格数据。此方面并非本书所涉及内容，读者可阅读相关书籍和文献自行参考。

与农作物生长直接相关的主要气象因子包括日平均温度、日最高温度、日最低温度、日降雨量、日照时数等。从植物生长的气象模型来说，需要在以上基本因子基础上，计算可以与农作物生长建立直接定量关系的指标，其中积温、太阳辐射和累计降雨量是最重要的气象因子。

农作物生长需要一定的热量条件，当一段时间内的累积温度达到一定数值时，农作物开始新的阶段，通常使用活动积温和有效积温表示。农作物的活动积温定义为一段时间内大于某临界温度值的日平均气温的总和，这里用到的临界温度是指农作物生长所需的最低温度或生物学下限温度。如果仅仅考虑下限温度是不全面的。当温度过高时，农作物的生育速度可能会减缓，生育期反而可能延长，因此，考虑生物学上限温度的有效积温更为合理。有效积温定义为一段时间内大于下限温度而小于上限温度的日平均气温的总和。积温的计算需要日平均温度数据，通常从农作物播种时开始累计。下面给出两种积温的计算公式：

$$K_1 = \sum_{i=1}^{n} \overline{t_i}, \quad \overline{t_i} \geqslant t_0 \quad (当\overline{t_i} < t_0时，\overline{t_i} = 0) \tag{4.7}$$

$$K_2 = \sum_{i=1}^{n} \overline{t_i}, \quad t_0 \leqslant \overline{t_i} \leqslant t_1 \quad (当\overline{t_i} > t_1或\overline{t_i} < t_0时，\overline{t_i} = 0) \tag{4.8}$$

其中：K_1、K_2 分别为活动积温和有效积温；$\overline{t_i}$ 为第 i 日的平均气温；t_0 和 t_1 分别为农作物生长的下限温度和上限温度；n 为计算积温的总日历天数。当积温达到一定数值时，预示着农作物新的生长阶段的开始。长期实践表明，利用积温预测农作物物候期十分准确。表 4.5 显示了长江流域冬油菜主要物候期与积温之间的关系（丛日环 等，2019）。

表 4.5　长江流域冬油菜生育期的有效积温（≥0℃）

生育期	有效积温/（℃）					
	长江流域	长江上游低海拔区	长江上游高海拔区	长江中游二熟区	长江中游三熟区	长江下游
全生育期	3 738	3 621	3 609	3 831	3 351	3 612
生育前期	1 579	1 538	1 613	1 670	1 614	1 587
生育中期	643	559	445	578	364	522
生育后期	1 582	1 478	1 501	1 549	1 376	1 498

除了积温，太阳辐射能量为农作物的光合作用提供了基本能源，常用日太阳辐射来衡量农作物可利用的光辐射。日太阳辐射可以通过特殊的传感器直接采集，但对于大范围的气象观测来说，常通过日照时数计算得到，计算方法依据 Ångström-Prescott 公式（Wang et al.，2015）：

$$R_S = \left(a + b\frac{n}{N}\right)R_a \tag{4.9}$$

其中：R_S 为每日全球太阳辐射，MJ/（m²·d）；n 为实际日照持续时间，h，即直接光强度在 120 W/m² 以上的那一天的时间；N 为最大可能的日照时间，h；R_a 为天文辐射，MJ/（m²·d）；a 和 b 为回归系数，常设 $a = 0.161$，$b = 0.614$（王晨亮 等，2014）。R_a 可以通过以下方式用太阳常数、太阳赤纬和一年中的时间进行估算：

$$R_a = \frac{24 \times 60}{\pi} G_{SC} d_r (\omega_s \sin\varphi + \cos\varphi\cos\delta\sin\omega_s) \tag{4.10}$$

其中：G_{SC} 为太阳常数，取 0.082 MJ/（m²·min）；d_r 为反向日地距离；ω_s 为日落角度；φ 为纬度；δ 为太阳磁偏角。d_r 由下式给出：

$$d_r = 1 + 0.033\cos\frac{2\pi J}{365} \tag{4.11}$$

其中：J 为一年内日序。δ 由下面公式计算得到：

$$\delta = 0.409\sin\left(\frac{2\pi}{365}J - 1.39\right) \tag{4.12}$$

ω_s 由下面公式计算得到：

$$\omega_s = \arccos(-\tan\varphi\tan\delta) \tag{4.13}$$

N 由下面公式计算得到：

$$N = \frac{24}{\pi}\omega_s \tag{4.14}$$

农作物对水分的需求同样也有上下限，渍水和干旱都是农作物生长的主要限制性因子。累计降雨量（L）可以反映一段时间内的田间水分供给情况，只需统计每日降雨量之和即可，其计算公式如下：

$$L = \sum_{i=1}^{n} l_i \tag{4.15}$$

其中：l_i 为第 i 日降雨量。

4.4.2　土壤环境数据

农田土壤环境数据为农作物遥感提供重要的土壤养分供给、污染等重要信息，根据具体的监测目的和要求，需要收集的信息以土壤基础信息和土壤肥力为主。土壤基础信息主要包括土壤类型、土壤分布、土地利用类型和状况等，数据来源主要有全国和各省市区土系志、中小比例尺土壤数据库等。土壤肥力信息可为判断农作物长势提供土壤中能被植物吸收利用的养分元素及土壤持续供肥能力相关的指标，包括土壤环境条件（地形、坡度、覆被度、侵蚀度）、土壤物理性状（土层厚度、耕层厚度、质地、障碍层位）、土壤养分（有机质、全氮、全磷、全钾，有效磷、有效钾）等。国家和省级等大范围的农作物监测往往基于大中比例尺的土壤图和土系志等资料；对于中小尺度范围的研究，则需要设计合理的土壤采样方案，采用科学的理化分析手段和过程获得准确的土壤环境数据；对于农田级的研究，需要在农作物关键生育期了解土壤状况。除了定时采样，还可以在田间安装土壤温湿度和养分传感器等，以实时获得土壤的肥力指标数据，这对准确分析土壤与农作物长势的定量关系十分有利。

4.4.3　病虫害数据

农作物在整个生长期或多或少会受到病原感染、害虫侵袭和营养元素缺乏引起的损害，轻者导致植株局部损伤，产量减少；重者导致农作物大面积死亡，颗粒无收。因此，利用遥感手段进行病虫害的预警预报监测也十分重要。同其他监测目标相同，准确地进行病虫害监测也需要掌握大量的地面调查数据和信息，而且在监测过程中，也要重点关注引发病虫害的气象条件、土壤环境、田间管理措施等。除了病虫害会损伤农作物，营养元素（包括微量元素）的缺乏也会引起植株对病虫害的抵抗力下降，而且缺素和受病虫害损伤往往会出现相同的症状，极大增加了诊断难度。因此，遥感监测往往要结合大量的辅助信息才能更有效地分析植株病症，给出准确的诊断结果。

冬油菜易遭受的主要病害包括菌核病、霜霉病、根腐病和根肿病等，每种病害导致不同的危害症状。如果病菌直接危害叶片，能观察到十分明显的症状。例如，菌核病患病初期，下层叶片上会出现不规则的水浸状病斑和轮纹，病斑中央呈现黄褐色，边缘是暗青色，周围还可能呈现浅黄色（刘忠松，2013）。但是大多数病菌从根茎开始感染并使之腐坏，最终使得营养传输不畅和中断而导致整株器官受损。例如，植株患根肿病后主根显著膨大，吸水、吸肥能力降低，导致地上部生长停滞，出现植株矮小、叶片下垂萎蔫、叶色变黄等症状，严重时全株枯死（袁永凯，1995）。

蚜虫和菜青虫是危害冬油菜的主要害虫。危害冬油菜的蚜虫主要是桃蚜和萝卜蚜。蚜虫群集在叶背吸食汁液，使叶片变黄卷曲、植株变矮小，影响开花、结荚和种子成熟，还会引起病毒病的发生（李容宇，1975）。菜青虫是危害冬油菜的菜粉碟幼虫，其初龄幼虫在叶背取食，大龄幼虫在叶面取食，叶面受损后留下孔洞、缺刻，严重时只剩下叶柄和叶脉（郑克明 等，1998）。

各种养分元素和微量元素是冬油菜健康生长的保证。营养元素缺乏会造成冬油菜生长缓慢和减产，严重时会导致凋亡；微量元素缺乏会导致植株部分器官发育畸形，籽粒品质下降等问题。以缺素引起的植株叶片症状来看（鲁剑巍 等，2010），缺氮症状主要体现在叶片少，叶色淡，下部叶片先从叶缘开始黄化逐渐扩展至叶脉；黄叶多，部分叶片叶色逐渐褪绿呈现紫色，茎下叶片变红，严重时呈现焦枯状，出现淡红色叶脉。冬油菜缺磷时，叶片小且不能自然伸展，叶色灰绿、暗绿到淡紫；上部叶片深绿、无光泽，中下部叶片呈紫红色；叶肉厚，严重时叶片边缘坏死，老叶提前凋萎。冬油菜缺钾时，幼苗叶片呈暗绿色，下部叶片边缘退绿，叶肉部分出现烫伤状，严重时边缘和叶尖出现焦边和淡褐色至暗褐色枯斑，叶面凹凸不平；抽薹后叶缘及叶脉间失绿发黄扩展迅速，并有褐色斑块或白色干枯组织；严重时叶缘枯焦，有时叶卷曲，似烧灼状，凋萎，植株瘦小易折断倒伏。冬油菜缺钙时，植株矮小，幼叶失绿、变形，叶缘下卷出现弯钩状，下部叶片边缘焦枯。冬油菜缺硼时，苗期叶暗绿、皱缩，呈现紫红色斑块或叶片紫红色；蕾薹期中部叶片由叶缘向内出现玫瑰红色。

冬油菜病虫害和缺素的发生主要呈现为一个时间过程，一种病虫害的侵染有时会导致其他病虫害或缺素情况的发生，比如：发生根腐病会引起养分元素供给不足；营养元素之间存在竞争吸收；蚜虫能传播软腐病等。当植株遭受一种病虫害或缺素时，植株抵抗力的下降会导致更多危害，进而出现多重症状交错复杂的情况。因此，遥感监测病虫害需要厘清多尺度下病虫害的光谱响应机理，这项工作十分复杂，充满挑战。在实施过程中，需要收集和整理相关资料，掌握田间病虫害发生的情况，包括冬油菜主要的病虫害发生的时间、积温、降雨量、排灌条件、施肥情况、品种、播种或移栽时间等，还要详细记录叶片变化（叶色，形状）、植株形态变化（如矮小，倒伏等）等，为遥感分析提供气象资料和田间观测数据，建立病虫害发生发展与遥感光谱信息、气象因子、田间管理因子、作物因子的定量关系（刘忠松，2013；鲁剑巍 等，2010）。

传统的病虫害调查费时费工费力，往往无法掌握大范围的发生信息，而且孤立的调查需要长时间的数据收集和加工才能掌握整体的发展趋势，无法满足大范围精准、高效、绿色的科学防控需求（黄文江 等，2018）。现在借助传感器网络，通过在各监测点安装专门的病虫害监测装置或影像视频采集设备，经物联网自动收集并传输到诊断中心，然后运行特定的分析算法进行病虫害诊断，就能实现田间病虫害实时快速的自动远程诊断，将遥感数据与这些自动采集的信息和数据高效整合，进而建立农作物病虫害监测预测系统（史东旭 等，2019）。

4.4.4 栽培管理数据

农作物栽培管理措施包括品种选择、轮作、播种、草害防控、养分供应、灌溉等。科学优化的栽培管理能显著促进农作物生长、提高产量，因此在农作物遥感监测中，有必要考虑此类因素的影响。农作物的生长特点决定了实施和改善栽培管理措施的方向。冬油菜在我国的种植历史悠久，首先在北方旱作区开始种植，之后逐步扩展到南方地区。为了适应南北气候差异，栽培方式也从春播直播栽培，发展出秋播移栽或秋播直播方式，进而出现北方地区的春油菜和南方地区的冬油菜两类品种。施肥管理对冬油菜的产量和品质有着至关重要的作用。我国冬油菜主产区（长江流域）以基肥和追肥（冬至前后）为主要施肥方式，且以氮肥为主，磷钾肥为辅。其他微量元素（如硫肥和硼肥），也对冬油菜的生长起着至关重要的影响。

冬油菜的栽培管理数据主要包括品种、播种量、种植密度、施肥时间、肥料类型、施肥量等。直播冬油菜的播种量一般为 200～400 g/亩，早期幼苗密度较高；由于养分竞争关系，随着植株生长，部分幼苗死亡，田间密度逐渐降低并稳定至 2～4 万株/亩。移栽油菜的行间距决定了种植密度，通常为 6 000～8 000 株/亩。播种量信息可通过农户抽样问卷调查获得，种植密度可通过田间取样测量得到。受冬油菜品种、气候、土壤条件等影响，各地区会有不同的推荐施肥方案，可以通过文献查阅获得。但在小范围地区实施遥感监测时，栽培管理调查应尽量获得田块级信息，这有利于准确分析遥感信息与冬油菜生长的定量关系。

4.4.5 社会经济统计数据

在进行大范围遥感监测时，有时需要了解监测区域内与农业相关的社会和经济活动信息，通过这些信息分析与农作物种植有关的人口、成本投入、产出、市场等因素的影响。农业统计年鉴包括行政单元的统计信息，反映了在统计年份间该行政单元发生的与农业相关的社会和经济活动。通过此类数据能获得农作物播种的面积、类型变化及农作物产量等信息，可以覆盖几十年或百年，是农作物遥感面积估测和估产的主要佐证。农业统计年鉴中最小统计行政区域为乡镇，可参照国家统计局农村社会经济调查司每年出版的《中国县域统计年鉴（乡镇卷）》。

年鉴的社会经济数据是按照行政区作为统计单元，本质上是属性数据，与地学研究中使用的空间数据存在数据结构不同、空间位置不匹配和统计单元内同质化等问题，因此需要对社会经济数据进行空间化使其满足空间分析的需求。社会经济数据空间化以指示要素和社会经济要素间的相关关系为基础，并且指示要素必须是具有明显空间特征的量，可以用来提取指示要素的数据源有行政区、土地利用、植被覆盖、交通路网、夜光遥感等。显然，建立指示要素与社会经济要素的空间分布和趋势模型是关键。目前，可用于社会经济数据空间化的方法分为空间插值法、土地利用/土地覆被影响模型、多源数据融合法及遥感反演法 4 种（李飞 等，2014）。人口和国民生产总值数据的空间化研究比较成熟，而其他社会经济数据的研究还需深入（吴吉东 等，2018；林丽洁 等，2010）。农作物种植面积是可以空间化的数据，而影响农作物产量的因素数量多且作用机理十分复杂，因此空间化难度较大。夏天等（2016）通过多元 logistic 回归分析了农作物格局与自然地理因素和社会经济因素间的关系，构建了农作物空间适宜性分布概率，在此基础上利用空间迭代分配方法实现了农作物播种面积统计数据的空间化。该工作对我国东北三省 2000～2010 年的农作物播种面积进行了空间化表达，精度达到 0.76，可作为农作物调查和遥感时空格局解译研究的有效补充，为丰富农作物空间数据提供了技术手段。

4.5 数据融合与集成

在数据资源单一量少的时代，简单异构的数据融合与集成难度低，使用者采用简单的统计分析选择数据，或者根据经验来整合数据内容。到了大数据时代，从庞大的数据量和复杂多变的数据项中找出有价值的部分变得更加困难。为此，研究者开始关注数据融合方法及数据集成技术与系统研发。本书第 3 章主要讨论了多源遥感的影像融合技术，而从本章前述部分可以看到，农作物遥感除了遥感数据，还需要大量多源异构的辅助数据。科学合理的融合方法和集成技术，对农业遥感这一数据综合性强的工程来说十分重要。本节所述的数据融合是指从更多来源获得数据，通过抽取、检测、关联、估计和综合等方法围绕某个目标进行集中分析，产生比任何单独数据源更一致、更准确、更有用的信息，为建立复杂问题模型而服务。数据集成则是指为异构数据设计合理的组织结构和存储形式，实现不同数据类型（如影像、文本和表格）的整合，形成有意义、有价值的信息实体或数据库的过程。数据集成包含一系列的技术和业务流程。本节从数据融合策略着手，解析实施农业遥感过程中面对多源异构数据的一般思路和方法，并探讨相关数据存储和管理的集成技术与平台。

4.5.1 数据融合策略

无论面对何种复杂的多源异构的情况，数据融合有共同可遵守的准则和策略。数据融合可视为一项系统工程，需要完善的融合模型、流程架构和数据标准。除了提供不同性质和内容的信息，各种数据源在输出的速度、规模、稳定性、质量等方面也存在明显的差异。根据数据融合的抽象和输出目标，人们先后提出了多种数据融合的功能模型。第 3 章中，针对多源遥感影像融合的三级模型，将数据融合划分为像素级、特征级和决策级三个级别。但是，对更广泛的数据源来说，其融合过程和目标需要进一步细化。为此，美国的实验室理事联合会下设的数据融合专家组（joint directors of laboratories/data fusion subpanel，JDL/DFS）提出了四级模型（Waltz et al.，1990），该模型根据输出结果将数据融合分为目标识别、态势评估、威胁估计和精细处理4个级别，简单明了，被广泛采纳。但是，有些输出结果不能抽象为目标识别或其他级别，在此基础上我国学者何友等（2008）综合了对融合的抽象化认识和输出目标，提出了由检测、位置估计、目标识别、态势评估、威胁估计和精细处理级别组成的六级模型。综合四级模型和六级模型，结合农作物遥感监测任务，本小节提出针对性的五级功能模型（图4.8），帮助读者理解数据融合的任务所需。

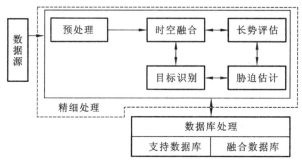

图4.8　农作物遥感监测的多源数据融合五级功能模型

1. 数据源

从本章前述部分可知，农作物遥感的数据源主要有多光谱相机、高光谱相机、微波雷达、激光扫描仪、地物光谱仪、叶绿素仪、土壤传感器、各种田间测量工具等，还包括采样分析的实验室分析仪器。此外，还包括走访调查的对象，如农技人员、农户、相关企业销售人员等。提供社会经济数据的统计部门也可以视为数据源之一。

2. 预处理

在数据预处理阶段，根据观测时间、空间范围和位置、数据源的类型、数据的属性和特征，进行时间对齐、数据清洗、消除相关性、数据关联与归并等操作，其输出结果可以是原始数据去粗留精的部分，也可以是经过转换的特征数据。预处理结果能提供最有利用价值的信息，数据维度精简等与问题紧密关联，有利于问题建模的可靠性和鲁棒性。

3. 时空融合

时空融合包括时间上的融合、空间上的融合及时空上的融合，它通过综合来自多个数据源或传感器的位置和时间信息，建立农作物的空间范围、时间排列和数据库，以获得农作物的分布和长势速度，主要包括空间校准、时空互联、长势估计、估计融合等。

4. 目标识别

目标识别的信息融合，也称为农作物属性分类或种类估计。它是指对来自多个数据源或传感器的农作物属性和种类数据进行组合，得到对农作物类型的联合估计。在农作物遥感监测中，主要利用遥感影像识别农作物，不同模态、不同分辨率的遥感数据融合可以在像素级、特征级或决策级任一级上进行。

5. 长势评估

农作物的长势评估是对农作物动态变化的评价过程，是分析影响农作物生长的各种因素和原因的基础。农作物长势评估需要综合利用遥感、气象、土壤、农田管理等信息，推断农作物当下的健康程度和未来的生长趋势，为农田管理提供最优决策，为农作物估产提供准确估计。农作物长势估计包括因素提取、当前长势分析和预测，涵盖以下几个方面。

（1）提取进行长势估计要考虑的各要素，为长势推理和判断做准备。

（2）分析并确定长势优劣发生的深层次原因。

（3）根据以往时刻的长势，预测未来的长势结果。

（4）生成长势分析报告和专题图，为相关人员提供辅助决策信息，主要包括要素影响分析、长势分级与聚类、语义信息融合、多场景长势预测。

农作物长势分析报告具有两个特点。一是具有时间推理能力，能推理关键生育期的农作物长势对后续生长的影响。二是满足客观性、一致性和弱灵敏度等原则。客观性原则是指长势估计的结果必须反映真实情况，并且符合长势的独立性；一致性原则是指所选估计方法必须符合某些直觉判断和专家给出的意见；弱灵敏度原则是指估计结果不随要素的微变发生较大变化。

6. 胁迫估计

胁迫估计是以农作物受胁迫情况下的长势评估为基础，充分利用胁迫因素对农作物产生危害的机理、过程、响应和损伤等先验知识，估计胁迫事件出现的严重性，并对胁迫发生的进展、危害范围和程度等进行定量表达，对重点危害区域或未来的发展进行预警。以胁迫估计为输出目的的信息融合的重点在于由其他级别的数据层次的融合转到知识层次的融合，即对来自不同知识源的知识相互作用和支持，形成知识的过程。它不但能够融合数据、信息，而且还可以对方法、经验，甚至人的思想进行融合。由于包含了更大的不确定性，知识融合也具有更大的难度。

7. 精细处理

精细处理是其他四级融合的整合，通过对它们的评估、规划和控制，实现对农作物更加精准的监测。所谓的精准农业中的相关要求，就是需要从农作物生长、管理、环境等要素构成的系统出发，将大量丰富的各类数据系统性地融合起来，实现农作物生长过程的精准评估和预测，采用精细化管理确保农作物可控高质量地生长。因此，从农业遥感监测信息融合系统出发，精细处理首先以性能评估为出发点，通过对信息融合系统的性能评估，达到实时控制和/或长期改进系统的目的，具体包括系统的工作性能评估、性能质量度量、有效性度量等。精细处理需要满足各类数据融合控制的要求，主要包括：位置/身份要求、态势估计要求、威胁估计要求等；数据源要求，诸如传感器任务、合格数据要求、参考数据要求等；任务管理的要求，诸如任务要求和任务规划等；数据获取手段的要求，诸如合理的数据收集方式，规划观测和最佳资源利用，具体到遥感数据时，体现为合适的卫星数据的选择、分配等。

8. 数据库处理

多源信息融合中的数据库系统主要包括支持数据库和融合数据库两类，是实际多源信息融合系统中必不可少的重要组成部分。其中：支持数据库包括环境数据库、气象数据库、土壤数据库、技术数据库、算法数据库、观测数据库、档案数据库等；融合数据库包括空间数据库、长势估计数据库、胁迫估计数据库等。为了使数据库正常运行，采用高速并行推理机制和不精确推理方式以满足数据的海量性和不确定性的处理需求。

4.5.2 数据集成技术与平台

多源数据的集成是在融合基础上，利用存储和管理技术进行数据物理融合和使用的过程。相关的存储和管理的技术与系统是数据集成的重点，在科学数据的使用和研究实施中发挥着不可替代的重要作用。近年来，数据的爆炸性增长使数据的访问、获取和管理变得更加困难。传统的关系型数据库有一些缺陷，当面对类型繁多、非层次化结构、规模庞大的多源数据时，存储效率低、并发访问性能差、管理难度大、结构难扩展等问题在所难免。因此，研发新型的数据存储系统是非常必要的（Liu，2016）。

农作物遥感监测的数据基本具备大数据的特点。第一，数据量大，遥感数据所需的实际存储量较大，如果对一个地区开展数十年的遥感监测，所需的原始卫星影像数据就能轻易突破 PB（1 PB = 1 000 TB）级。除了遥感数据，长年的气象数据也有较大的规模，田间实验观测数据、年鉴数据等的总体体量也不小。第二，数据维度大，如遥感数据中包含的光谱信息、预处理后的数百种植被指数、年鉴数据等至少数十项与农业相关的条目及其他数据，可用于分析的变量累计有数百条之多。第三，类型繁多。第四，时效性高，如田间实时监测传感器采集数据的频率高，短周期的遥感数据、气象数据可以做到每小时更新等。当然，年鉴数据等数据更新速度较慢。第五，价值密度偏高，相较于商业大数据，农作物监测的目的性非常强，数据采集的手段也十分有针对性，因此数据具有较高的价值密度。但对具体任务而言，比如农作物识别时，只用关键时期的遥感影像和地面调查数据即可实现。总之，可以借鉴目前大数据的技术来实现农作物遥感监测数据的存储和管理。

Hadoop 是非常成熟的大数据平台，基于 Hadoop 和提取-转换-装载（extract，transform，and load，ETL）技术建立的大数据平台能实现交换共享、数据清洗和处理业务。数据清洗和处理业务优先完成海量数据的统一存储、管理、信息共享和服务，提供数据资源，并作为应用系统的支撑，它也可针对不同的业务设置不同的主题。因此，建立完善的数据采集、装载、存储、分析和应用展示架构，通过完整的数据融合系统，能够实现任务全面动态调控（Zhang et al.，2017）。

集群和分布式存储是两种具体的实现模式。基于应用集群和存储集群的数据存储和管理系统旨在提高读写速度、优化数据系统结构。应用集群用于提供数据管理功能，处理来自用户的数据读写操作；存储集群用于提供存储服务。这两个集群都是由一般的服务器组成，通过简单添加服务器到集群中，可以提高读写性能、存储空间和冗余度，使整个数据系统具有高度可扩展性和可用性（Zhang et al.，2016）。分布式存储解决的是大数据过程中数据实际存储位置的地理分散性、数据的异质性及节点操作系统的异构性等问题。云计算和云空间是扩展的分布式存储模式，以相对较低的成本实现各种异构数据的存储和管理，比较适合农业遥感大数据存储的需求（Yao et al.，2021）。

用于数据集成的模型和标准至关重要。农作物遥感监测的数据获取和生产也需要耗费大量的人力、时间和金钱，成本较高。通过元数据和本体之类的技术制订数据标准，形成工作流程的文档、数据说明和对大型结果集进行数据挖掘的能力，可以有效地降低成本（Zhang et al.，2016）。采用统一的数据模型和空间科学数据的索引方案，也是应对大数据挑战的一种方式，其能够在数据种类繁多的情况下实现良好的可扩展性，确保数据的时空对齐。例如，有学者提出的分层三角形网格（hierarchical triangular mesh，HTM）索引统一了网格、条带和点数据模型，减少了对不同数据集进行综合分析的准备时间，并且可以实现更好的品种扩展（Rilee et al.，2016）。

遥感大大受益于不同来源开放数据的融合，包括安装在卫星上的远距离传感器和无人机或物联网设备的短距离传感器。开放数据吸引了越来越多的数据所有者分享。然而，如果数据所有者是未知的，数据也将变得不可信任或不可靠，并可能损害最终的结果和应用（Pincheira et al.，2020）。

公共数据库中存在数量大、异质和复杂的数据集，这种"大数据"与本地数据库的管理和融合是一个重大挑战，因为它是在随后实验中产生和验证的计算推断和模型的基础。因此，外来数据与本地数据整合需要谨慎。为此，Nguyen 等（2014）提出数据集成的要求：①混合的平面文件和关系数据库结构允许快速管理大量的异质数据集；②通用的数据模型允许根据现实世界的要求同时组织和分类本地数据库；③配置规则被用来划分和映射每个数据资源到几个数据模型实体；④简单的声明性查询语言方便从异质数据集中提取信息。在满足这些要求的前提下，可以在数据库中整合不同的数据格式，并根据具体的科学背景提供高级功能。

目前已有成熟的适合多源数据采集和管理的软件包，如 MDSplus 和 HDF5。MDSplus 定义了丰富的数据类型和组件，用于写入和读取数据对象及管理数据库组件属性。MDSplus 采用独立于语言的类组织方式，支持所有面向对象语言使用一致的 API（Manduchi et al.，2010）。HDF5 是一种文件格式和数据访问库，在地球科学、国防和气象等研究领域广泛应用。HDF5 允许管理大型和复杂的数据集，并在异质应用中提供一种通用的数据格式。与 MDSplus 一样，HDF5 也支持丰富的数据类型和分层的数据组织，以及多语言的数据访问库（Manduchi，2010）。

参 考 文 献

丛日环, 张智, 鲁剑巍, 2019. 长江流域不同种植区气候因子对冬油菜产量的影响. 中国油料作物学报, 41(6): 894-903.

何友, 薛培信, 王国宏, 2008. 一种新的信息融合功能模型. 海军航空工程学院学报, 23(3): 241-244, 248.

黄文江, 张竞成, 师越, 等, 2018. 作物病虫害遥感监测与预测研究进展. 南京信息工程大学学报(自然科学版), 10(1): 30-43.

江兴方, 2007. 遥感图像去云方法的研究及其应用. 南京: 南京理工大学.

李昂, 宋晓莹, 2019. 基于生成对抗网络的遥感图像超分辨率重建. 光学与光电技术, 17(6): 39-44.

李德仁, 李明, 2014. 无人机遥感系统的研究进展与应用前景. 武汉大学学报(信息科学版), 39(5): 505-513, 540.

李飞, 张树文, 杨久春, 等, 2014. 社会经济数据空间化研究进展. 地理与地理信息科学, 30(4): 102-107.

李华莹, 林道玉, 张捷, 等, 2019. 基于生成对抗网络的遥感图像去云算法. 计算机与现代化(11): 13-17.

李容宇, 1975. 防治油菜害虫. 新农业(9): 19.

李欣, 韦宏卫, 张洪群, 2018. 结合深度学习的单幅遥感图像超分辨率重建. 中国图象图形学报, 23(2): 209-218.

林丽洁, 林广发, 颜小霞, 等, 2010. 人口统计数据空间化模型综述. 亚热带资源与环境学报, 5(4): 10-16.

刘忠松, 2013. 油菜主要病虫害的发生与防治. 湖南农业(12): 32.

鲁剑巍, 李荣, 王筝, 等, 2010. 油菜常见缺素症状图谱及矫正技术//栗铁申, 鲁剑巍, 李荣, 等. 作物常见缺素症状系列图谱, 北京: 中国农业出版社: 7-49.

裴傲, 陈桂芬, 李昊玥, 等, 2020. 改进CGAN网络的光学遥感图像云去除方法. 农业工程学报, 36(14): 194-202.

秦振涛, 2015. 基于稀疏表示及字典学习遥感图像处理关键技术研究. 成都: 成都理工大学.

任涛, 2013. 油菜施肥调查与推荐施肥技术. 北京: 中国农业出版社: 136-150.

史东旭, 高德民, 薛卫, 等, 2019. 基于物联网和大数据驱动的农业病虫害监测技术. 南京农业大学学报, 42(5): 967-974.

宋晓宇, 刘良云, 李存军, 等, 2006. 基于单景遥感影像的去云处理研究. 光学技术, 32(2): 299-303.

汪瑞清, 杜兴斌, 颜卫卫, 等, 2007. 华杂6号叶面积简易测定方法. 中国油料作物学报, 29(3): 339-341, 346.

汪月云, 黄微, 王睿, 2018. 基于薄云厚度分布评估的遥感影像高保真薄云去除方法. 计算机应用, 38(12): 3596-3600.

王晨亮, 岳天祥, 范泽孟, 2014. 中国太阳总辐射的气候学计算法研究. 资源与生态学报, 5(2): 132-138.

吴汉平, 2003. 无人机系统导论. 2版. 北京: 电子工业出版社.

吴吉东, 王旭, 王菜林, 等, 2018. 社会经济数据空间化现状与发展趋势. 地球信息科学学报, 20(9): 1252-1262.

吴益明, 卢京潮, 魏莉莉, 等, 2006. 无人机地面控制站系统的应用研究. 航空精密制造技术, 42(3): 48-50, 53.

夏天, 吴文斌, 周清波, 等, 2016. 基于地理回归的农作物播种面积统计数据空间化方法. 自然资源学报, 31(10): 1773-1782.

肖宿, 韩国强, 沃焱, 2009. 数字图像超分辨率重建技术综述. 计算机科学, 36(12): 8-13, 54.

许章华, 龚从宏, 刘健, 等, 2013. 基于面向对象与替换法的遥感影像云检测与去除技术. 农业机械学报, 44(6): 210-214.

薛洋, 曾庆科, 夏海英, 等, 2018. 基于卷积神经网络超分辨率重建的遥感图像融合. 广西师范大学学报(自然科学版), 36(2): 33-41.

杨爱玲, 孙汝岳, 徐开明, 2010. 基于固定翼无人机航摄影像获取及应用探讨. 测绘与空间地理信息,

33(5): 160-162.

鱼欢, 邬华松, 王之杰, 2010. 利用 Spad 和 Dualex 快速、无损诊断玉米氮素营养状况. 作物学报, 36(5): 840-847.

袁永凯, 1995. 油菜根肿病发生及防治研究. 植物医生, 8(5): 25-27.

郑克明, 张振祥, 1998. 油菜苗期病虫识别与防治. 中国农技推广(6): 39.

周小军, 郭佳, 周承仙, 等, 2015. 基于改进同态滤波的遥感图像去云算法. 无线电工程, 45(3): 14-18.

ADAM C, EVERETT A, 2012. Unmanned aircraft systems in remote sensing and scientific research: Classification and considerations of use. Remote Sensing, 4(6): 1671-1692.

CARTELAT A, CEROVIC Z G, GOULAS Y, et al., 2005. Optically assessed contents of leaf polyphenolics and chlorophyll as indicators of nitrogen deficiency in wheat (*Triticum aestivum* L.). Field Crops Research, 91(1): 35-49.

DONG C, LOY C C, HE K M, et al., 2016. Image super-resolution using deep convolutional networks. IEEE Transactions on Pattern Analysis and Machine Intelligence, 38(2): 295-307.

GOULAS Y, CEROVIC Z G, CARTELAT A, et al., 2004. Dualex: A new instrument for field measurements of epidermal ultraviolet absorbance by chlorophyll fluorescence. Applied Optics, 43(23): 4488-4496.

HUNT E R, CAVIGELLI M, DAUGHTRY C S T, et al., 2005. Evaluation of digital photography from model aircraft for remote sensing of crop biomass and nitrogen status. Precision Agriculture, 6(4): 359-378.

JEREMIAH G, 2012. U.S. unmanned aerial systems. Congressional Research Service Report.

LI J W, ZHANG F, QIAN X Y, et al., 2015. Quantification of rice canopy nitrogen balance index with digital imagery from unmanned aerial vehicle. Remote Sensing Letters, 6(3): 183-189.

LIU J, 2016. Design and implementation of an intelligent environmental-control system: Perception, network, and application with fused data collected from multiple sensors in a greenhouse at Jiangsu, China. International Journal of Distributed Sensor Networks, 12(7): 1-10.

MANDUCHI G, 2010. Commonalities and differences between MDSplus and HDF5 data systems. Fusion Engineering and Design, 85(3-4): 583-590.

MANDUCHI G, FREDIAN T, STILLERMAN J, 2010. A new object-oriented interface to MDSplus. Fusion Engineering and Design, 85(3-4): 564-567.

NGUYEN H, MICHEL L, THOMPSON J D, et al., 2014. Heterogeneous biological data integration with declarative query language. IBM Journal of Research and Development, 58(2/3):15:1-15:12.

PINCHEIRA M, DONINI E, GIAFFREDA R, et al., 2020. A blockchain-based approach to enable remote sensing trusted data. 2020 IEEE Latin American Grss & Isprs Remote Sensing Conference (Lagirs): 652-657.

RILEE M L, KUO K S, CLUNE T, et al., 2016. Addressing the big-earth-data variety challenge with the hierarchical triangular mesh. 2016 IEEE International Conference on Big Data (Big Data): 1006-1011.

SARA D, MANDAVA A K, KUMAR A, et al., 2021. Hyperspectral and multispectral image fusion techniques for high resolution applications: A review. Earth Science Informatics, 14: 1685-1705.

TREMBLAY N, WANG Z J, BÉLEC C, 2007. Evaluation of the Dualex for the assessment of corn nitrogen status. Journal of Plant Nutrition, 30(9): 1355-1369.

WALTZ E, LLINAS J, 1990. Multisensor data fusion. Boston : Artech House.

WANG J, WANG E L, YIN H, et al., 2015. Differences between observed and calculated solar radiations and their impact on simulated crop yields. Field Crops Research, 176:1-10.

WILHELM W W, RUWE K, SCHLEMMER M R, 2000. Comparison of three leaf area index meters in a corn canopy. Crop Science, 40(4): 1179-1183.

YAO L, GE Z Q, 2021. Industrial big data modeling and monitoring framework for plant-wide processes. IEEE Transactions on Industrial Informatics, 17(9): 6399-6408.

ZHANG L L, WAN Y W, WANG L, et al., 2017. Multiple system fusion research Based on Hadoop and ETL. 3rd International Conference on Intelligent Energy and Power Systems (Ieps 2017): 166-171.

ZHANG M, LIU Q, ZHENG W, et al., 2016. Utilizing cloud storage architecture for long-pulse fusion experiment data storage. Fusion Engineering and Design, 112: 1003-1006.

第5章 农作物参数反演建模

在农业遥感领域，作物参数的定量反演研究和应用一直受到人们的长期关注。作物的个体（室内或小区实验）和群体（大田观测）的形态、生化、生理、结构等特征，都是分析农业生产当下状态和预测未来产出的有利信息。使用遥感仪器不能直接测量任何农作物参数，只能从辐射信息中展开推断和估计，这就需要能准确描述辐射信息和农作物特征之间的关系的模型。针对不同农作物参数的模型具有不同程度的复杂性（Weiss et al.，2020）。例如，利用 LiDAR 测量作物冠层高度只需计算出冠层反射的光子束的路径长度即可，而用光学遥感估计冠层的叶面积指数时，则需要准确地描述冠层的几何形态、结构（叶倾角分布、覆盖和形状）及冠层要素的辐射特性对光在冠层中传输的影响（例如由叶子和茎的生化成分决定的反射率和透射率）。作物产量的遥感估计需要在更大的场景中建模，涉及大气条件（如太阳辐射、空气温度和湿度、风速、降水）、植被功能（如物候阶段和生长、蒸腾和光合作用、植物器官内同化物的再分配）和农作物管理（如营养和水供应、修剪）有关的驱动因素。

基于植被的辐射传输过程理论，Weiss 等（2020）将农作物参数划分为两类：一类是作为自变量参与描述了辐射传输过程，这类参数往往可以直接利用遥感信息反演估计，例如 LAI、叶绿素含量、冠层结构、水分含量、FAPAR、土壤温湿度等；另一类则是辐射传输过程中未涉及的参数，例如氮含量、生物量、作物产量、初级生产量（gross primary productivity，GPP）等，它们既可以用植被指数直接估计，又可以通过将遥感、环境、气象和管理等各种信息代入作物生长过程模型进行估计。农作物参数遥感反演的模型可以分为机理模型、统计模型和混合模型三种。机理模型，又称为理论模型，是基于各种响应机制，用复杂的模型尽可能准确地描述辐射源、植被冠层的几何形态、叶片物质组成、土壤背景等因素特征与反射辐射或发射辐射之间的因果关系。统计模型，又称为经验模型，是采用统计分析的手段，以捕获的冠层反射或发射辐射信息作为自变量，建立农作物参数的判别、回归等统计模型（Baret et al.，2008）。这两种建模方法的主要区别是，机理模型依赖于在理解农作物光谱响应机理的基础上做出的各种理论假设，而统计建模则需要从一定数量的样本中发现可靠的统计规律。虽然机理模型或经验模型都可以用来反演农作物参数，但在实际应用中往往二者选其一。例如，农作物产量既可以用植被指数建立的经验模型来估计，又可以通过植被指数与农作物生长模型同化建立的机理模型来估计。统计模型相对简单易行，但采集样本数据的成本有时比较高，并且其在时间和空间上泛化应用的性能较差。机理模型能从理论上解释农作物生长过程与产量的关系，但如果理论假设存在缺陷，则会大幅增加结果的不确定性。

5.1 机 理 模 型

植被冠层与各波段电磁波的交互作用存在明显区别（相关论述可参看 2.1.1 小节），因此各波段机理模型建立在不同的物理理论和机制上。例如，双向反射率分布函数用于描述植被冠层在可见光近红外波段的非朗伯体特性，利用微波雷达进行干涉测量和偏振测量的基础是电磁理论的麦克斯韦方程组，而理解植被的热红外辐射特性则需要黑体辐射定律及方向性热辐射机制作为基础。因此，可以针对不同波长的电磁辐射特性，分别发展出针对光学、热辐射、主动微波、被动微波、激光等的不同模型。

作为农作物监测应用的主要电磁波，可见光近红外、热辐射和微波均表现出典型的方向辐射特性。影响植被冠层辐射特性的主要因素包括叶、茎等的光学及散射特征、植株的生理组分（叶片含水量、色素含量等）的吸收特性、单个植株及群体冠层的结构特征（叶角度和叶分布）。作为植被冠层最重要的组分，叶片反射和透射是建立正确冠层双向反射率模型的基础。Breece 等（1971）与 Walter-Shea 等（1989）基于玉米、大豆等叶片的非朗伯体特性，分析定义了双向反射率因子（bidirectional reflectance factor，BRF）和双向透射率因子（bidirectional transmittance factor，BTF）。在此基础上，即可以定义双向反射率/透射率分布函数（bidirectional reflectance/transmittance distribution function，BRDF/BTDF），即来自方向地表辐射度的微增量与其所引起的方向上反射/透射辐射亮度增量之间的比值，在理论上很好地表征了地物的非朗伯特征。BRDF 实际上是无法直接测量的瞬时值的导数，近似 BRDF 的实际测量包括定义源和视图的立体角间隔。因此，反射率测量仅产生指定间隔内 BRDF 的平均值（Myneni et al.，1989）。BRDF 是发展各种机理模型的基础，学者们从冠层的组分抽象、尺度、复杂性模拟等方面提出了不同的理论和模拟方法。考虑光与连续植被冠层的相互作用包含吸收与散射两种过程，把连续植被近似为水平均一、垂直分层的模型也是十分合理的。因此，可将研究大气物理与粒子传输问题的辐射传输理论移植到植被连续的 BRDF 研究中。同样，鉴于植被冠层的构成与混浊介质有本质区别，对辐射在植被冠层中的传输过程的研究有其特有的理论方法和参数，冠层构成及其基本光学特性的描述，如冠层厚度、冠层密度、叶面倾角/叶面方向及其分布、叶面积指数和冠层中各组成的基本散射特征等，均为模型所采用的参量。最终，对某一特定时间的植被冠层而言，一般的辐射传输模型可定义为

$$S = F(\lambda, \theta_s, \varPsi_s, \theta_v, \psi_v, C) \tag{5.1}$$

其中：S 为冠层的反射率或透射率；λ 为波长；θ_s 和 $\varPsi_s$ 分别为太阳天顶角和方位角；θ_v 和 ψ_v 分别为观测天顶角和方位角；C 为一组描述植被冠层的物理特征性参数，如植被 LAI，叶倾角分布、植被生长姿态和叶枝花的比例与总量等。

现有机理模型类型的划分：按照尺度可分为叶片级模型、冠层级模型或像素级模型；按照抽象方式可分为一维均质模型和三维非均质模型；按照模型的理论和假设可以分为混浊介质模型、几何光学模型、混合模型和计算机模拟模型。其中植被层的抽象十分重要，一般分为两种类型。第一种抽象是以个体随机集合为主要特征的离散型植被，以森林为典型代表。离散型植被的特点是：植被冠层与大气的交界面是参差不齐的；植株个体特性明显，阴影显著。对于这类离散型植被，人们发展了几何光学模型。第二种抽象

是由均匀散射层构成的薄层连续型植被，其典型代表为农田，大多数封垄后的农作物田块都符合此类特征。连续型植被的特点是：从整体上看植被冠层与大气有一个与地面平行的交界面；个体特征不明显，植被冠层与光辐射的相互作用过程常采用均质散射层模型（即辐射传输模型）模拟（徐希孺，2005）。然而，实际植被冠层远比以上两种模型描述的情况复杂。例如因播种方式和生育期的不同，农作物会呈现出不同的冠层特性。以冬油菜为例，移栽冬油菜在封垄前是不连续的规则点状非均质冠层，在封垄后叶片完全覆盖，无间隙，形成连续的均质冠层；直播冬油菜密度较高时，短期内会形成连续的均质冠层。对于非均质植被冠层来说，几何光学模型和辐射传输模型均存在不足，混合模型、三维真实模拟或者蒙特卡罗模拟方法能更全面描述此类冠层与光辐射的交互作用过程。

关于机理模型存在大量的文献和资料，本书重点对比分析它们在农作物参数反演中的适用性和应用过程。由于机理模型具有各自不同的理论、适用条件和实现方法，应用不同模型对同一场景下的辐射结果计算不一致的情况经常发生。为此，欧盟1999年发起辐射传递模型比较（radiation transfer model intercomparison，RAMI）项目（Widlowski et al.，2015；Pinty et al.，2001），在全球范围内开展针对森林和农田场景的植被冠层机理模型的基准测试，在各国科学家的协同努力下，获得了以下成果（Widlowski et al.，2015）。通过大量的地面实测数据及模拟场景分析，RAMI项目开发了各种测试标准组件，帮助改进模型中存在的问题。RAMI重点评估了三维复杂场景下异构冠层的机理模型。从对各种模型的基准测试和比较结果中发现，当农作物冠层被视为同构浑浊介质的薄层连续植被时，可采用一维同构场景的PROSAIL、ProKuusk、半离散等模型。如果考虑农作物行播或高大植株个体（玉米、高粱等）特征比较明显时，FLIGHT、DART、RGM等三维异构模型能提供更精确的描述。因此，农作物种植方式和物候期对模型的选择有着深刻的影响。

5.1.1 PROSAIL 模型

PROSAIL模型是PROSPECT模型和SAIL模型的耦合。PROSPECT模型模拟叶片400～2 500 nm的光学特性，SAIL模型模拟冠层双向反射特性，将前者模拟计算得到的叶片光谱信息作为后者的输入参数实现耦合。从出现以来，PROSPECT模型和SAIL模型也在不断改进，各自产生了多个后续版本，因此PROSAIL模型也出现了多种版本的耦合。

PROSPECT叶片光学特性模型（Jacquemoud et al.，1990）的基础是Allen平板模型（Allen，1968），其将叶片看作多个具有各向同性光散射性能的薄片叠合而成的平板，假设入射光线为各向同性平行光，考虑叶片结构 N_1、总叶绿素含量 C_{ab}、含水量 C_w 作为主要参数，采用总叶绿素含量和含水量计算吸收系数 k，能模拟400～2 500 nm的单子叶、双子叶植物及它们的老龄化叶片的半球反射率和透射率。PROSPECT模型先后发展了多个版本，目前应用较多的是PROSPECT-4模型、PROSPECT-5模型和PROSPECT-D模型。与早期版本相比，PROSPECT-4模型将叶片表面单位入射辐射立体角的入射角取值范围订正到0°～40°，并调整了叶片体内折射率和比吸收率。在PROSEPCT-4模型的基础上，PROSPECT-5 模型将光合色素分为总叶绿素和类胡萝卜素，使吸收系数的计算更符合实际情况（Feret et al.，2008）。在 PROSPECT-D 模型中，根据花青素（非光合色素）的光谱特性增加了其吸收系数的计算，能更准确地反演各种色素的含量，尤其显著提高了类胡萝卜素含量的反演精度（Féret et al.，2017）。但是，PROSPECT 模型的假设条件制约了模拟结果的精度。首先，并非所有叶片都具备朗伯体特性，大多有明显的双向反射特点；其次，叶片分层不完全满足同性均质的假设，层内物质（尤其是色素）的非均匀分布导致各层的光学特性差异较大；第三，现有 PROSPECT 模型仅考虑了总叶绿素，叶绿素 a 和叶绿素 b 的吸收特性略有不同，且它们的生理作用存在差异，为此，能否在模型中引入太阳光诱导叶绿素 a 荧光光谱特性，对评估叶片生长状态具有潜在的重要作用。针对上述问题，学者们也提出了针对荧光光谱的 PROSPECT 模型，例如 FluorMODleaf 和 Fluspect（van der Tol et al.，2019；Vilfan et al.，2016；Pedrós et al.，2010）。在实际应用中，将叶片生化和结构特性参数输入 PROSPECT 模型，可以计算得到叶片的半球面方向反射率和透射率，也能通过叶片的反射率和透射率测量结果估计部分或全部的生化参数和结构特性参数。

SAIL 模型是对一维模型 Suits 的扩展，其将植被冠层当作混浊介质，并假设冠层内叶倾角服从 β 分布、多项式分布、椭球分布或椭圆分布。SAIL 模型采用 4 个偏微分方程定量地描述植被冠层的吸收和散射辐射通量，实现对植被冠层双向反射率因子的模拟（Verhoef，1985，1984）。为了解释各种情况下植被冠层内的不同异质性，SAIL 模型相继发展出了多个版本，比如：SAILH 模型改进了对热点现象的模拟（Verhoef，1998）；GeoSAIL 模型将冠层划分为由绿色叶和棕色叶组成的顶层和底层，并考虑了表层土壤湿度对冠层光谱的影响（Verhoef et al.，2003）；2M-SAIL 模型从作物冠层特点出发，考虑更多层次划分及各种元素（绿叶、黄叶、茎、穗及衰老器官等）对冠层热点的影响（Le Maire et al.，2008；Weiss et al.，2000）；4SAIL 和 4SAIL2 加入了非朗伯体的土壤 BRDF 及冠层丛生效应（Verhoef et al.，2007；Verhoef，2005）。

SAIL 模型一般需要输入 8 个参数，分别是叶面积指数（LAI）、叶倾角分布函数（leaf inclination distribution function，LIDF）、热点（hot spot，用 hspot 表示）参数、土壤亮度参数（parameter of soil lightness，用 psoil 表示）、天空漫散射比例（sky diffuse scattering，用 skyl 表示）、太阳天顶角（sun's zenith angel，用 tts 表示）、观测天顶角（viewer's zenith angle，用 tto 表示）及观测相对方位角（viewer's azimuth angle，用 psi 表示）。由于叶片反射率、叶片透射率和土壤反射率是 SAIL 的三个与波长相关的输入变量，在一个确定的相对方位平面上，从给定太阳入射角和观测角的冠层反射光谱中检索生物物理变量的模型的实现，需要至少三倍于波长的变量。除非在每个波长都有多个可用视角，才能单独使用 SAIL 模型对多光谱或高光谱数据进行反演，同时还要克服波段数量的增加导致结果不确定性增加的问题。因此，为了降低反演维数，有效估计冠层生物化学属性，Baret 等（1992）最先提出将 PROSPECT 模型与 SAILH 模型进行耦合，之后两种模型各种版本的耦合在不同场景中得到应用和验证。以 PROSPECT-D 与 4SAIL 耦合模拟正向和反向的冠层光谱和定向反射为例，表 5.1 列举了它们的参数，图 5.1 说明了二者的耦合方式。

表 5.1　PROSPECT-D 与 4SAIL 的主要参数

模型	参数	描述
PROSPECT-D	N_1	叶结构参数
	C_{ab}	叶绿素 a 和叶绿素 b 含量，单位为 $\mu g/cm^2$
	C_m	叶干物质重量，单位为 g/cm^2
	C_w	等效水厚度，单位为 cm
	C_{car}	类胡萝卜素含量，单位为 $\mu g/cm^2$
	C_{ant}	花青素含量，单位为 $\mu g/cm^2$
	C_b	与叶片衰老有关的色素含量，单位为 $\mu g/cm^2$
4SAIL	LAI	叶面积指数
	$LIDF_a$	计算叶倾角分布函数的参数 a
	$LIDF_b$	计算叶倾角分布函数的参数 b
	tts	太阳天顶角，单位为 °
	tto	观测天顶角，单位为 °
	psi	观测相对方位角，单位为 °
	alpha	计算表面散射中使用的 α 角，单位为 °
	rsoil0	土壤反射光谱，也可由 rsoil 和 psoil 估算
	rsoil	土壤湿度因子
	psoil	土壤亮度因子
	soil_spectrum1	土壤光谱的第一分量
	soil_spectrum2	土壤光谱的第二分量

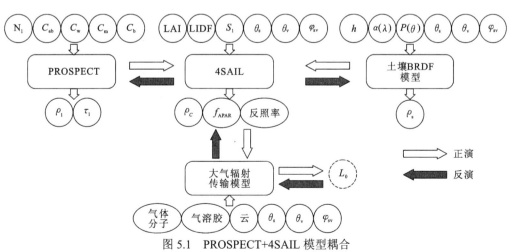

图 5.1　PROSPECT+4SAIL 模型耦合

5.1.2 DART 模型

离散各向异性辐射传输（discrete anisotropic radiative transfer，DART）模型是用于模拟陆地表面可见光、近红外和热红外的辐射收支及卫星观测结果的三维模型。它最初的开发是为了模拟三维植被冠层的可见光/近红外光谱的遥感影像，之后被扩展应用于热红外领域，并用来模拟兼顾大气和地形影响的城市或自然景观。目前的 DART 模型可以准确地模拟任何实验条件（太阳方向、冠层异质性、地形、大气等）和仪器设置（观测方向、空间分辨率等）下植被和城市冠层的辐射收支和遥感影像。

为了模拟异质三维景观中的辐射传输，DART 模型使用精确和离散坐标方法划分景观空间，并使用迭代方法模拟多次散射过程。首先，任意景观空间被划分成相互叠置、大小不等的立方体体元（cell）组成的三维矩阵，如图 5.2（Gastellu-Etchegorry et al., 2012）所示。体元既可以只包含纯净的介质（比如大气），也可以包含多种元素类型（树叶、草、土壤、水、树干、建筑物）的混浊介质。为了精确刻画三维场景，DART 模型需要详细的景观要素描述，例如地形地貌、林分、农田条件等。

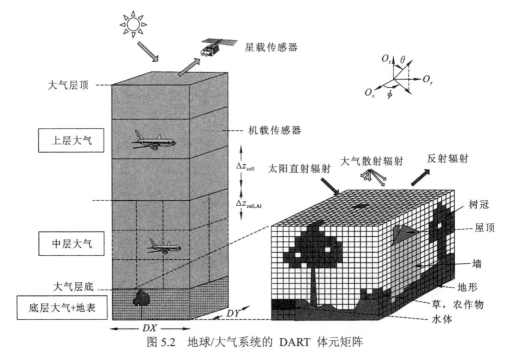

图 5.2 地球/大气系统的 DART 体元矩阵

DART 模型以通量跟踪模式、蒙特卡罗模式和激光雷达模式三种模式工作：通量跟踪模式跟踪角锥体内的发射和散射的辐射通量；蒙特卡罗模式正向跟踪太阳或逆向跟踪传感器发射的单个光子；激光雷达模式使用蒙特卡罗模式并跟踪单个光子的路径长度（即时间）。蒙特卡罗模式常用作通量跟踪模式精度的参考。通量跟踪模式将大气视为传播介质或界面，通过两种互补的方法模拟景观。一是将包含一种或多种混浊介质的体元并列放置，这种方法能模拟由叶子组成的体元，例如草和树的冠层。混浊介质的主要特征包括体积密度、体元角度分布和光学特性（例如远轴反射率、近轴反射率和透射率）。

二是将半透明三角形的体元并列放置，这对模拟地面、树枝、城市表面（如墙壁和屋顶）及树叶元素非常有用。单个体元可以包含多个混浊介质、多个三角形或其中一部分（Gastellu-Etchegorry et al.，2012）。

DART 模型将农作物模拟为混浊介质体元，光线进入体元后的一阶散射分为向上散射和向下散射，并采用"谐波展开"法计算模拟发生的多次散射；同时，PROSPECT 模型被用来模拟叶面光谱。DART 模型能精确模拟从大气层顶到大气层底的太阳辐射传输过程，然后模拟下垫面各种体元的反射辐射，因此能够生成模拟的农田遥感影像。DART 模型的输入参数主要分为：几何参数和光照参数，包括传感器观测天顶角、太阳天顶角、太阳直接辐射和总辐射之比等；光学参数，包括叶面蜡状物折射指数、植被反射率、植被透射率和背景（土壤）反射率等；冠层结构参数，包括 LAD、LAI 及其他结构参数、生化参数、光学参数、场景内几何和光照参数等。DART 模型的输入参数如表 5.2 所示。

表 5.2　DART 模型的输入参数

参数	描述
A_{sun}	太阳方位角，单位为°
Z_{sun}	太阳天顶角，单位为°
λ_c	模拟波段中心波长（近红外/红光），单位为 nm
ρ_{leaf}	叶片反射率
τ_{leaf}	叶片透射率
ρ_{soil}	土壤反射率
N	植株数量
LAI	叶面积指数
LAD	叶倾角分布，其类型有均匀型分布、球型分布、喜直型分布、喜平型分布和水平分布等
H_p	植株高，单位为 m
H_c	冠层高度，单位为 m
R_c	冠层半径，单位为 m
S_s	场景大小，单位为 m^2

5.1.3　计算机模拟模型

电磁波辐射与冠层的相互作用可以分为单叶和叶簇的吸收、透射和反射，由于各种行为特征（波长的依赖性、反射辐射的分布等）非常复杂，光学模型和辐射传输模型往往基于各种假设的简化模型。基于统计性质和光学-物理理论是两种常见的简化方式，但简化模型与实际情况必然会存在出入。例如，如果将电磁波辐射在冠层中的部分简单分为向上和向下的通量，而不考虑叶片的散射特性，这对光合作用的计算就过于粗糙。植物为了能获得最大的光合效益而形成了冠层结构，因此需要引入叶倾角分布和冠层形状的统计模型来描述。考虑多次散射作用，辐射传输模型需要对三维空间的微分方程进行求解，但过程复杂只能求得数值解，很难得到解析解。从微观角度分析，可以采用光线的形式来描述辐射传输和散射过程，光线的传输路径受某些确定因素的影响，但更多受随机因素的影响，即光线在植被冠层中与叶片碰撞的随机性大于确定性。由于蒙特卡罗方法能在模拟光线传输时充分考虑多重散射，被用来模拟植被冠层双向反射率分布函数。

蒙特卡罗方法利用随机数进行数值模拟，又称为随机模拟法或统计模拟法，其实质是按一定的概率分布产生随机数对模型的参数进行抽样，然后利用计算机进行大规模仿真计算得到模拟的实验输出，最后在结果上分析得到实际问题中可能出现的规律或求解方法。光线的跟踪从入射开始，首先根据冠层中叶片的分布和倾角等参数，计算出高度角一定的入射光线与冠层的所有初始接触点。理论上，这样的点是无限的，因此应用蒙特卡罗方法对入射光线进行随机抽样，在得到有限初始入射点后，逐条跟踪光线。光线进入冠层到达某片叶子后，还需要继续跟踪叶片半球面上的反射光线和透射光线，同样也采用蒙特卡罗方法对反射和透射光线进行随机采样，直到被跟踪光线能量衰弱或离开冠层为止。

利用蒙特卡罗方法模拟冠层中光线的传输过程主要有正向追踪和逆向追踪两种方式。正向追踪从光源出发跟踪光线，典型模型有 DART（蒙特卡罗模式）、Raytran、FLIGHT、Rayspread 和 FluorWPS 等（Zhao et al.，2016；Gastellu-Etchegorry et al.，2012；Widlowski et al.，2006；Govaerts et al.，1998；North，1996）。逆向追踪则从传感器出发向光源回溯光线的传播路径，并计算该光线传输到传感器的辐亮度值。典型模型有数字成像与遥感影像生成（digital imaging and remote sensing image generation，DIRSIG）模型（Goodenough et al.，2017）。逆向追踪方法依据传感器接收到的能量进行计算，非常适合生成模拟影像，但是在计算过程中无法实现能量平衡，所以该方法只能用于辅助传感器设计。与逆向追踪方法相比，正向追踪方法具有较高的精度，但计算效率较低。基于"光线扩散"概念（Thompson et al.，1998）能将正向追踪和逆向追踪结合起来，设定光线从光源出发，在每个相互作用点直接跟踪散射光线是否能被传感器"看"到。此种处理方式能明显提高对传感器有能量贡献的光线的采样效率，大大减少达到预期精度所需的光线数量，同时保证较高的计算效率和精度。

光线的碰撞概率是描述光线和冠层元素作用行为的关键。当光线在冠层中被追踪时，可定义 $p(i)$ 为该光线第 i 次被散射后再次散射出去的概率。由此，冠层中光子的碰撞概率 p 定义为

$$p = \sum_{i}^{n} \omega_i p(i) \tag{5.2}$$

其中：ω_i 是第 i 次散射对 P 的贡献度，反映整个冠层中发生多次散射的可能性。目前部分研究认为，P 只与 LAI、叶倾角、叶形状等冠层结构参数有关，是与波长无关的光谱不变量。也有学者持反对意见，认为波长不同的光线具有不同的辐射性质，计算 p 仍应该考虑波长的影响。无论哪一种假设，蒙特卡罗方法都将重点从复杂方程的求解转移到对场景详细、准确和全面的描述，其目的是减少场景结构复杂度对计算效率的影响，因

此合理的结构简化十分关键。采用实地测量或通过实验室分析获取场景各种元素理论或统计上的特征，然后借助计算机图形学技术生成虚拟现实场景，为蒙特卡罗方法提供了可靠的随机抽样场。目前，生成虚拟植物和场景的方法有 L 系统、迭代函数系统（iterated function system，IFS）、扩散限制凝聚（diffusion-limited aggregation，DLA）模型和粒子系统等。

5.1.4 机理模型的应用

机理模型是在参数全部确定的情况下模拟植被反射辐射的正演模型。用机理模型直接反演光谱测量结果或遥感影像参数存在较大难度，原因包括三个方面。①复杂机理模型不能进行逆变换，即使部分机理模型可以逆变换，但由于不适定问题，无解或解不唯一。②除反演变量外，往往需要根据实际地表情况确定模型中其他参数，比如土壤类型、植被类型等，而获取每个像素的准确地表信息难度不小，略有偏差都会造成较大的反演误差，反演前对遥感影像进行作物类型识别的准确性对反演结果影响也较大。③电磁波在植被冠层及土壤背景之间的传播和交互作用需要用积分、三角函数等进行数学模拟计算，时间和存储成本大。因此，在植被遥感领域，机理模型常用于研究冠层双向反射特性、植被指数的设计及为训练和验证反演模型生产模拟数据等。虽然如此，由于机理模型的确定性和普遍适用性等优点，学者们仍然希望利用机理模型反演植被冠层参数。如果将这些参数看作反演的目标变量，首先需要在其取值范围内寻找能使机理模型的模拟结果与实测结果相同的最优组合。根据最大似然理论，兼顾模型和测量的不确定性，对反演参数（目标变量）进行优化，使机理模型的模拟结果和实测结果偏差最小（Baret et al.，2008）。

代价函数以目标变量作为待优化参数，采用梯度最速下降算法进行迭代优化。但是，如果参数初始值设置不当，会导致代价函数迅速收敛到局部极小值，无法得到最优结果（Baret et al.，，2008）。为了避免这类问题，可用马尔可夫链-蒙特卡罗方法估计参数的先验概率分布（Zhang et al.，2005），或者应用遗传算法对参数的取值概率进行系统性分析（Lopez-Sanchez et al.，2007；Fang et al.，2003），引导迭代过程向全局最小值方向优化。这种利用代价函数进行直接优化实现反演的方式需要大量的计算资源和时间，因此实用性较差。与之相比，基于查找表（lookup table，LUT）的辐射传输模型反演方法具有较强的实用性。该方法首先在所有模型参数的空间中进行采样得到参数组合，然后逐一输入机理模型，在此基础上建立每个参数组合与对应模拟光谱的检索表。反演应用时，只需寻找与实测光谱最匹配的模拟光谱，从与之对应的参数组合中即可得到反演结果。基于 LUT 的模型反演已在可见光/近红外、微波和激光等遥感领域得到应用，具有良好的实用性（Wang et al.，2018）。影响 LUT 反演精度的因素包括 LUT 的大小、比较测量光谱和模拟光谱的方法、能够产生唯一最佳拟合的不同解决方案及光谱范围。Combal 等（2002）发现如果能够在参数空间中充分采样，则该方法对局部极小值不敏感。所以，为了取得良好的反演精度，LUT 一般不能太小；但是，过大的 LUT 又需要较长时间进行构建和检索，而且容易出现多个检索结果，反而影响精度。Weiss 等（2000）建议 LUT

为 100 000 时，其性能比较适中。但是，当出现新的参数组合情况或改变光谱范围时，需要重新构建 LUT，其适应性和稳定性受应用区域和时间的影响（Schiefer et al.，2021）。图 5.3 是利用机理模型结合 LUT 反演农作物参数的一种典型应用。

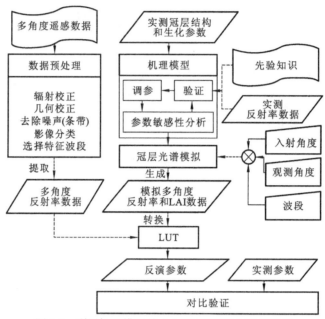

图 5.3　利用机理模型结合 LUT 反演农作物示意图

近年来，利用机器学习方法提升机理模型反演性能受到关注。使用模拟数据集而非实测数据集，可以确保在传感器可观察到的条件范围内采样更全面，覆盖植被类型及其各种状态（例如物候、应力）、背景类型（例如土壤、林下）及其各种状态（例如湿度、粗糙度），以及各种观测几何情况，这为机器学习提供了大量的有用数据。当面对各种农作物类型时，使用超参优化、支持向量机、人工神经网络等方法在目标参数空间中进行采样训练，这能显著提高机理模型反演的速度和准确性（Weiss et al.，2020；Wang et al.，2018）。

5.2　经验统计模型

5.2.1　经验统计建模的过程和步骤

依据学科理论知识确定模型使用的函数是成功建模的关键。由于复杂的场景和环境的变化，以及对植被光谱响应机理的有限理解和认识，通常需要众多的数据和较长的验证时间才能获得可用的机理模型，这不能满足快速应用的需求。此时，利用统计经验建模将更符合实际需求。一般光谱波段反射率与农作物参数之间的相关性比较复杂，通常采用三种方式建模：以对目标变量（作物参数）敏感的波段作为解释变量建模，比如多元逐步回归；特征变换后以提取的特征作为解释变量建模，可采用的方法包括主成分分析和偏最小二乘回归等；以具有一定物理意义的光谱指数作为解释变量建模，目前已有上百种植被指数可用（典型常用的植被指数参见第 2 章）。

统计建模是在对目标变量 Y 和 m 个潜在解释变量 $X \equiv \{x_i\}_{i=1,2,\cdots,m}$ 的 n 次采样后，经过统计分析确定某个能用全部或部分解释量描述 Y 的模型的过程。统计模型由一个包含解释量的数学函数给出的确定性部分和一个服从特定概率分布的随机成分 ε 组成。随机成分即是函数部分计算值与实测值之间存在的随机误差，表明了观测目标变量 Y 和预测目标变量 $\hat{Y}$ 之间的统计关系。统计模型的一般定义如下：

$$Y = f(X, \beta) + \varepsilon \tag{5.3}$$

其中：$\beta \equiv \{\beta_1, \beta_2, \cdots, \beta_m\}$，是解释变量的系数或参数。$X$ 和 β 以不同的形式组合在一起，得到用于描述 Y 的确定性变化的函数 f。一般假定 ε 服从平均值为 0、标准差为 σ 的正态分布，这样就需要足够数量的观测样本，求解指定函数 f 的使 ε 最小的 β 和 σ 的最优解。从狭义的数学模型来看，f 被认为是一个数学函数或多个数学函数的组合。但从更广泛的定义来说，模型并不局限于数学函数的形式，处理流程、框架、决策过程等也可以被称为模型，其中包含了不能用简单数学函数定义的判断和分支。

统计建模主要是为了估计、预测、校准和优化。估计是在确定回归模型 f 后，期望得到任意给定 $X \in U$ 时的 $\hat{Y}$，U 定义了 X 的取值空间。如果 X 是 U 中没有被观测但已然存在的情况，则 $\hat{Y}$ 为估计结果；如果 X 是 U 中没有被观测、现实不会发生或未来可能发生的情况时，则 $\hat{Y}$ 为预测结果。作物参数的光谱反演模型是典型的估计建模，而与时序数据分析相关的建模多以预测为目的。校准通常是以一个测量系统为参照，用另一个测量系统的测量结果与参照系统的结果建立模型，对之进行校正，得到单位统一的测量结果，或将相对测量方法的结果与绝对单位联系起来。遥感影像的辐射校正是为了将大气层顶的辐射转换为地面辐射值，消除大气干扰；几何校正是修正成像系统、地形等因素导致的形变，然后校正到合适的空间参考坐标系中。优化是根据 Y 对 X 的响应关系，确定能对 Y 进行最精确估计时的最小 X 集和最优参数 β，并通过实验验证的过程。例如，在制订农作物推荐施肥量方案时，将植被指数作为农作物营养状况的诊断指标，结合农作物各阶段的养分需求和产量之间的相关信息，建立能描述农作物生物量或产量与施肥量的植被指数响应模型，针对各种场景估算获得预期最高产量的施肥量。

利用遥感光谱信息定量估计农作物和预测关键要素的含量，除需要光谱信息外，还需要考虑影响辐射传输过程的外界因素，以及叶片和冠层的物理形状和化学组分。部分要素（如氮、叶绿素、水分等）显著影响农作物光谱响应行为，其含量与一个或多个特征波段存在显著的相关性。通常，以特征波段或包含特征波段的植被指数作为解释变量建立的回归模型具有较高精度。当不存在与待估计要素显著相关的特征波段时，从所有波段及各种植被指数中筛选可能的解释变量，然后尝试从不同的函数中找出精度最高的作为最优估计模型。上述建模过程具有一定的盲目性，但可以遵循图 5.4 所示的建模过程，减少盲目性。首先，从问题目的和背景分析着手，确定问题域边界、所需建模数据和先验知识；然后，设计并实施实验，采集所需的一定数量的样本；最后，通过建模和检验确定最优的估计模型，并采用一致性检验和敏感性分析确定模型的可用性。

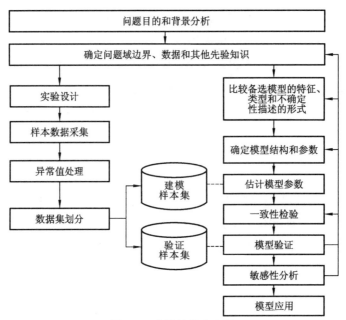

图 5.4　建模的基本步骤

5.2.2　经验统计反演模型的形式

利用多光谱反演农作物参数时，回归分析建模是主要的统计建模方法，常使用线性回归、非线性回归、多元回归等方法来建立预测模型。在建立的模型中，通常以特征波段、植被指数作为自变量（x），反演的 LAI、氮含量、生物量、光合有效辐射、产量等作为因变量（y），在形式上有以下几种形式。

一元一次函数：

$$y = ax + b \qquad (5.4)$$

多元一次函数：

$$y = a_1x_1 + a_2x_2 + \cdots + a_nx_n + b \qquad (5.5)$$

二次多项式函数：

$$y = ax^2 + bx + c \qquad (5.6)$$

指数函数：

$$y = ae^{bx} + c \qquad (5.7)$$

对数函数：

$$y = a\ln x + b \qquad (5.8)$$

幂函数：

$$y = ax^b + c \qquad (5.9)$$

其中：a、b 和 c 为待解系数。

高光谱数据的波段数量大，波段间普遍存在共线性，产生大量的波段冗余信息。建立统计反演模型时，可以通过筛选特征波段、降维处理或提取高光谱植被指数等方式达到使用最有利信息、减少自变量数量、简化模型的目的，然后再采用回归分析进行建模。

偏最小二乘回归（partial least squares regression，PLSR）是对高光谱数据反演建模的最常用方法，作为一种多元统计回归分析方法，该方法汲取主成分思想，将多个自变量减少为少数几个不相关的潜在变量，避免自变量之间的共线性问题，筛选出能够最大程度揭示因变量的主控因子，从而建立线性模型。具体过程模型为

$$X = TP + E = \sum t_\alpha p_\alpha \tag{5.10}$$

$$Y = UQ + F = \sum u_\alpha q_\alpha \tag{5.11}$$

其中：X、Y 的得分矩阵分别为 T、U，载荷矩阵分别为 P、Q；p_α 和 q_α 分别为载荷向量；E、F 为残差矩阵，分别为 X、Y 无法用 α 个潜在变量 t 和 u 反映的部分。PLSR 采用不断迭代的方式提取主成分，直到满足建模精度要求。在每一次迭代计算时，交换 X 的得分矩阵 T 和 Y 的得分矩阵 U，从而建立 X 与 Y 的线性关系。

高斯过程回归（Gaussian process regression，GPR）是另一种针对高光谱数据降维常用的回归建模方法。GPR 是一种数据驱动的方法，适用于非线性和多维回归问题，并能显示预测结果的置信区间。高斯过程定义为（Rasmussen et al.，2006）

$$f(x) \sim \mathcal{GP}(m(x), k(x, x')) \tag{5.12}$$

其中：$m(x)$ 为平均函数；$k(x, x')$ 为描述不同样本之间相似性或相关性程度的协方差函数，$\mathcal{GP}$ 为高斯过程，指的是一组随机变量的集合，这个集合里的任意有限个随机变量都服从联合正态分布。协方差函数是影响高斯过程回归预测性能的关键因素。假设有噪声的回归模型如下：

$$Y = f(x) + \xi \tag{5.13}$$

其中：Y 是观测值；$f(x)$ 是基础函数。假设噪声 ξ 服从均值为 0、方差为 σ_n^2 的高斯分布，即 $\xi \sim N(0, \sigma_n^2)$。由于在高斯过程建模中，数据可以表示为多元高斯分布的样本，可以获得观测值 Y 的先验分布及观测值 Y 和预测值 y 的联合先验分布

$$Y \sim N(0, K(X, X) + \sigma_n^2 I_n) \tag{5.14}$$

$$\begin{bmatrix} Y \\ y \end{bmatrix} \sim N\left(0, \begin{bmatrix} K(X, X) + \sigma_n^2 I_n & K(X, X_*) \\ K(X_*, X) & K(X_*, X_*) \end{bmatrix}\right) = N\left(0, \begin{bmatrix} K & K_*^{\mathrm{T}} \\ K_* & K_{**} \end{bmatrix}\right) \tag{5.15}$$

其中：$K(X, X)$ 为对称正定协方差矩阵；$K(X_*, X)$ 和 $K(X, X_*)$ 为测试集 X 和训练集 X_* 之间的协方差矩阵；$K(X_*, X_*)$ 为测试集本身的协方差矩阵；I_n 为一个 n 维单位矩阵。对称正定协方差矩阵 $K(X, X)$ 定义为

$$K(X, X) = \begin{bmatrix} k(x_1, x_1) & k(x_1, x_2) & \dots & k(x_1, x_n) \\ k(x_2, x_1) & k(x_2, x_2) & \dots & k(x_2, x_n) \\ \vdots & \vdots & & \vdots \\ k(x_n, x_1) & k(x_n, x_2) & \dots & k(x_n, x_n) \end{bmatrix} \tag{5.16}$$

平方指数协方差函数表示为

$$k(x, x') = p_1 \cdot \exp\left[-\frac{(x - x')^2}{2p_2}\right] \tag{5.17}$$

其中：p_1 和 p_2 称为超参数，p_1 为指定最大允许协方差的振幅，p_2 为长度标度参数，用于定义彼此较远点的相关衰减率。预测值 y 的后验分布为

$$y|Y \sim N(\bar{y}, \sigma_y^2) \tag{5.18}$$

该高斯分布的均值和方差表示为

$$\bar{y} = \boldsymbol{K}_* \boldsymbol{K}^{-1} Y \tag{5.19}$$

$$\sigma_y^2 = \boldsymbol{K}_{**} - \boldsymbol{K}_* \boldsymbol{K}^{-1} \boldsymbol{K}_*^{\mathrm{T}} \tag{5.20}$$

因此，可以使用预测分布的平均值作为点预测，使用预测平均值和方差计算区间预测。根据高斯分布的特性，对应于 95% 置信水平的区间预测结果为 $[\bar{y} - 1.96\sigma_y, \bar{y} + 1.96\sigma_y]$，第 t 个预测值的概率密度函数如下：

$$p(y_t) = \frac{1}{\sqrt{2\pi}\sigma_{yt}} \exp\left(-\frac{(y_t - \bar{y}_t)^2}{2\sigma_{yt}^2} \right) \tag{5.21}$$

5.2.3 经验统计模型的优缺点

与机理模型相比，经验模型通常基于统计分析，从光谱信息中选择与反演目标变量有关的特征波段或植被指数作为解释变量，采用相对简单的数学式作为模型（多为一元线性或非线性方程），因此计算简单，综合性能强。由于经验模型主要传达解释变量和目标变量之间的相关关系，所以很难分析和揭示作物光谱响应行为的复杂机理。从模型灵活性来看，当应用场景与试验场景接近时，经验模型一般可提供合理准确的预测结果。当地理位置、农作物生育期、品种、田间管理情况等发生变化时，必须补充采集样本对模型进行修正和检验，一旦修正模型无法满足精度要求，就需要重建模型。所以，经验模型的灵活性不如机理模型。

经验模型完全依靠样本数据的统计特征，不必考虑农作物冠层结构、生理生化过程、水肥气条件等诸多因素复杂作用的影响。但是，随着操作条件偏离经验模型基于的试验条件，经验模型的预测性能往往不太准确。例如，利用植被指数建立农作物冠层氮含量的反演模型时，通常需要在地面开展多个不同氮肥施用的小区试验。如果试验农作物品种 A 与监测品种 B 有较大差异，那么针对品种 A 建立的反演模型就很难推广应用到品种 B。基于大量样本的经验统计模型可以提供较高的预测精度，但是在试验田/实验室进行大规模采样或在较大地理范围开展同步观测的成本高昂，且实际操作难度较大。

5.3 机器学习方法

分类问题可定义为 m 维欧氏空间上的数据点的差异最大化划分，二维空间上是寻找最优的划分线，高维空间上则是最优的超平面。为此，需要从原始数据中寻找对分类最有帮助的特征，并通过线性变换使分类界限直线化或平面化。无监督学习和有监督学习都遵循相同的思路。有监督学习通过已知类别样本建立分类器，目的性更加明确。定义如下训练集：

$$D = \{(x_1, y_1), (x_2, y_2), \cdots, (x_l, y_l)\} \in (\mathbf{R}^m \times Y)^l \tag{5.22}$$

其中：$x_i = (x_i^1, x_i^2, \cdots, x_i^m) \in \mathbf{R}^m$，代表随机变量 X 的一个输入样本，其分量称为输入指标，又称为特征（或属性）；y_i 是对应的输出值；$i = 1, 2, \cdots, l$。根据训练集，在 $\mathbf{R}^m$ 上寻找一

个能表示最优分类平面的函数 $f(x)$，并应用该函数对任意的新输入推断输出结果。对于线性可分的两类分类问题，假定 D 含有两种类别的样本集，$f(x)$ 将 D 划分为两个不相交的部分 $\{D_1, D_2\}$，而 $y_i = f(x_i) \in \{1, 2\}$ 表示样本 x_i 的类别归属或类标。

在机器学习领域，上述问题就是典型的分类问题，而解决分类问题的方法称为分类机。多年来，研究者提出了如随机森林、神经网络、支持向量机等多种分类机。在分类的基础上，回归可以看作通过足够细致的分类来逼近数值预测函数的过程，因此，可以利用上述机器学方法实现对农作物参数的定量估计和预测。

5.3.1 随机森林

随机森林（random forest，RF）算法是一种有监督的集成学习算法，是由许多决策树组成的非参数回归模型（Breiman，2001）。使用 Bootstrap 抽样方法从原始训练集中随机生成不同的训练子集，然后在这些子集上分别构造决策树（decision tree，DT）（Hefner et al.，2014），并允许树在不修剪的情况下完全生长，所有（决策）树构成一片（随机）森林。单个 DT 本身产生的错误预测概率较高，但通过投票或平均各个 DT 的结果作为最终结果，将获得更高的正确预测概率和更低的错误率。

决策树有二叉树和多叉树等形式，RF 算法常使用分类与回归树（classification and regression tree，CART）（Breiman et al.，1984）。CART 算法采用监督学习获得输入随机变量 X 条件下的输出连续随机变量 Y 的条件概率分布，既可对离散变量进行分类，又可实现连续数值变量的回归。假设给定训练集 D，CART 的构建过程就从根节点开始，以最小误差平方和（residual rum，RSS）作为最小化准则选择划分特征，递归地进行二分划分过程。如果是进行回归，则在每个结点划分时，首先遍历所有特征变量，选择最优划分特征 x_j ($j = 1, 2, \cdots, m$) 和分裂值 s，即求解式（5.23）。

$$\min_{j,s}\left[\min_{c_1}\sum_{x_i \in R_1(j,s)}(y_i - c_1)^2 + \min_{c_2}\sum_{x_i \in R_2(j,s)}(y_i - c_2)^2\right] \tag{5.23}$$

其中：j 和 s 分别为第 j 个特征及该特征的分裂值 s；R_1 和 R_2 分别是该特征按 s 划分后得到的两个区域，$R_1(j,s) = \{x \mid x_j \leqslant s\}$ 和 $R_2(j,s) = \{x \mid x_j > s\}$；$c_1$ 和 c_2 分别对应 R_1 和 R_2 的输出值，即为 R_k 区域上所包含的训练样本 y_i 的均值，其中 $k = 1$ 表示结点分裂后的左孩子，$k = 2$ 表示结点分裂后的右孩子。如果，特征 x_j 的最优分裂值为 s，用 $\hat{c}_k$ 表示 R_k 区域的最优输出值，则 $\hat{c}_k = \text{ave}(y_i \mid x_i \in R_k(j,s))$。根据 RSS 最小准则，遍历特征 j 及 x_j 上的所有分裂值 s，求解每个区域上的最优输出值，得到使式（5.23）最小的 (j, s)。递归调用以上步骤对 X 的特征空间进行二分，直至满足停止条件，最终特征空间被划分为 K 个区域 $R_1, R_2, \cdots, R_K$，即得到一棵回归树模型，如式（5.24）所示。

$$f(x) = \sum_{k=1}^{K} c_k \boldsymbol{I}(x \in R_k) \tag{5.24}$$

其中：$\boldsymbol{I}(x \in R_k)$ 为 $x \in R_k$ 的熵矩阵。

对回归任务来说，只要输入特征空间划分足够小，就能逼近闭区间上任意函数到任意指定精度。理论上，当决策树足够深时，就能拟合复杂的高维数据。虽然构建 CART 的过程简单，但模型性能高度依赖训练集。当测试集和训练集差异较大时，易出现对训练数据的过拟合，这也是大多数决策树的通病。为此，Breiman（1996）在 Bootstrap 采样的基础上提出了 Bagging（bootstrap aggregating）算法，该算法首先对训练集进行 T 次 Bootstrap 采样，得到 T 个独立的新训练集，再分别用每一个训练集训练得到 T 个独立的决策树。在每棵树的训练过程中，随机森林引入了随机特征选择，即分裂节点，在特征集合中随机选择部分特征后，再采用基尼指数（Gini index，GI）或 RSS 确定一个最优特征来划分训练集。这样在递归二分中能明显提高节点中样本的纯度，最终减小叶子节点中的样本方差，而使每个 DT 具有较大差异，并提高 RF 整体的泛化性。

由 T 棵 CART 构成的回归森林，其预测值可通过式（5.25）计算。

$$p_i = \frac{1}{T}\sum_{t=1}^{T} y_t \tag{5.25}$$

其中：p_i 为样本 x_i 的预测值；y_t 为第 t 棵回归树的预测值。

由于随机森林算法产生的袋外（out of bag，OOB）误差是对泛化误差的无偏估计，模型不需要进行交叉验证。RF 对 X 多重共线性不敏感，同时具备处理离群值和干扰噪声的能力，而且面对高维特征数据集时仍能保持较高效的运行。上述优点使得 RF 在农作物遥感分类、叶绿素含量、叶面积和地上生物量等的定量回归分析中得到应用（Han et al., 2019; Chemura et al., 2017; Wei et al., 2017; Diaz et al., 2016; Liang et al., 2015; Long et al., 2013）。与决策树或 CART 算法相比，RF 算法能产生更好的结果，但其性能取决于训练数据集中使用的标记数据量，通常需要大量的标记数据才能产生准确的结果。

5.3.2　支持向量机

支持向量机（support vector machine，SVM）是建立在统计学习理论基础之上的机器学习方法（Vapnik，1995），它通过自动寻找对分类有较好区分能力的支持向量，构造出可以最大化类间距离的分类器。对于两类划分问题，SVM 在 $\mathbf{R}^m$ 空间中构造一个使得两类样本具有最大的类间距离的超平面

$$\boldsymbol{w}^{\mathrm{T}}\boldsymbol{x} + b = 0\ (\boldsymbol{w}\in\mathbf{R}^m, b\in\mathbf{R}) \tag{5.26}$$

其中：$\boldsymbol{x}$ 为解释变量的矢量形式；$\boldsymbol{w}^{\mathrm{T}}$ 为权系数矢量，b 为超平面的截距。为此，SVM 定义了如下的优化问题：

$$\max_{\boldsymbol{w},b} \rho$$
$$\text{s.t.} \frac{y_i(\boldsymbol{w}^{\mathrm{T}}x_i + b)}{\sqrt{\boldsymbol{w}^{\mathrm{T}}\boldsymbol{w}}} \geqslant \rho, \quad i = 1,2,\cdots,n \tag{5.27}$$

其中：y_i 为 x_i 的已知类别；$\dfrac{y_i(\boldsymbol{w}^{\mathrm{T}}x_i + b)}{\sqrt{\boldsymbol{w}^{\mathrm{T}}\boldsymbol{w}}}$ 为 x_i 到超平面的距离；优化目标是使所有样本点到超平面的距离的最小值最大化。由于样本点到超平面的距离采用了欧氏距离，经过简单的变换，优化问题式（5.27）可以转化为

$$\min_{\boldsymbol{w},b} \frac{1}{2}\boldsymbol{w}^{\mathrm{T}}\boldsymbol{w}$$
$$\text{s.t.}\ y_i(\boldsymbol{w}^{\mathrm{T}}x_i + b) \geqslant 1, \quad i = 1,2,\cdots,n \tag{5.28}$$

利用这个优化问题的最优解，就可以构造出划分样本的超平面。在实际应用中，SVM 算法还需要根据 Wolfe 对偶理论，通过拉格朗日法转化为对偶优化问题

$$\max_a \left(-\frac{1}{2} \boldsymbol{a}^{\mathrm{T}} \boldsymbol{K} \boldsymbol{a} + \boldsymbol{e}^{\mathrm{T}} \boldsymbol{a} \right)$$

$$\text{s.t.} \sum_{i=1}^{n} \alpha_i y_i = 0, \qquad 0 \leqslant \alpha_i \leqslant C \ (i = 1, 2, \cdots, n) \tag{5.29}$$

其中：$\boldsymbol{\alpha} = \{\alpha_i\}_{i=1,2,\cdots,n}$ 为惩罚系数矩阵；$\boldsymbol{K} = y_i y_j \boldsymbol{x}_i^{\mathrm{T}} \boldsymbol{x}_j$ 为核矩阵；C 大于 0，为惩罚参数。在求解过程中，首先求解式（5.29），然后利用最优化理论中凸二次规划的 KKT 条件（Fletcher，2000）得到式（5.28）的最优解。定义 $\boldsymbol{\alpha}$ 的最优解为 $\boldsymbol{a}^* = (\alpha_1^*, \alpha_2^*, \cdots, \alpha_n^*)$，$\boldsymbol{w}$ 的最优解为 $\boldsymbol{w}^* = \sum_{i=1}^{l} \alpha_i^n c_i x_i$。不难发现，$\boldsymbol{w}$ 和 b 的最优解只与 $\boldsymbol{a}^*$ 中大于 0 的 α_i^* 对应的训练样本有关，这些样本因此被称为支持向量（support vector）。进一步，只需对支持向量的相关项计算即可得到 $f(\boldsymbol{x})$。

对于非线性情况，SVM 采用核技术把样本映射到高维的特征空间，然后在这个特征空间中建立最大类间距离的超平面。SVM 具有良好的泛化能力和较高的分类准确率，能处理线性和非线性情况，且能通过其对偶形式转化为一个较为容易求解的优化问题，所以在众多的研究和应用中都引起了广泛的关注，并取得良好的结果。

为了将支持向量机用于回归，采用经验风险最小化（empirical risk minimization，EMR）原则（Zhang，2010）构建 $f(\boldsymbol{x})$，使其期望风险最小，定义如下：

$$R[f] = \int c[\boldsymbol{x}, y, f(\boldsymbol{x})] \mathrm{d} P(\boldsymbol{x}, y) \tag{5.30}$$

其中：$c[\boldsymbol{x}, y, f(\boldsymbol{x})]$ 为一个用于惩罚估计错误的损失函数；概率分布函数 $P(\boldsymbol{x}, y)$ 未知，因此只能通过训练集来估计使得 $R[f]$ 最小的函数 f。常通过经验估计来代替式（5.30）中的积分，得到如下的经验风险函数：

$$R_{\mathrm{emp}}[f] = \frac{1}{N} \sum_{i=1}^{N} c[x_i, y, f(x_i)] \tag{5.31}$$

支持向量回归（support vector regression，SVR）的最优回归函数是能满足如下目标函数极小化的 f：

$$\min \frac{1}{2} \boldsymbol{w}^{\mathrm{T}} \boldsymbol{w} + C \cdot R_{\mathrm{emp}}[f] \tag{5.32}$$

其中：C 为正则系数；$R_{\mathrm{emp}}[f]$ 表示经验风险，可以采用不同的代价函数来描述，如二次函数、Huber 函数等。常采用 Vapnik 提出的 ε 不敏感代价函数，定义如下：

$$|\xi|_\varepsilon = \begin{cases} 0, & \varepsilon \geqslant |\xi| \\ |\xi| - \varepsilon, & \text{其他} \end{cases} \tag{5.33}$$

其中：ξ 为实际分类误差；ε 为目标误差。此时，优化问题进一步转化为

$$\min_{w,b} \frac{1}{2} \boldsymbol{w}^{\mathrm{T}} \boldsymbol{w}$$

$$\text{s.t.} \begin{cases} y_i - (\boldsymbol{w}^{\mathrm{T}} x_i + b) \leqslant \varepsilon, & i = 1, 2, \cdots, n \\ (\boldsymbol{w}^{\mathrm{T}} x_i + b) - y_i \leqslant \varepsilon, & i = 1, 2, \cdots, n \end{cases} \tag{5.34}$$

之后采用类似于 SVM 的原始优化问题的求解方式，得到最优解 $\{\boldsymbol{w}^*, b^*\}$ 分别为

$$w^* = \sum_{i=1}^{N} (\hat{\alpha}_i^* - \alpha_i^*) x_i$$

$$\max\{-\varepsilon + y_i - \langle w^*, x_i \rangle \mid \hat{\alpha}_i^* < C \text{ 或 } \alpha_i^* > 0\} \leqslant b^* \leqslant \min\{-\varepsilon + y_i - \langle w^*, x_i \rangle \mid \hat{\alpha}_i^* > 0 \text{ 或 } \alpha_i^* < C\}$$

（5.35）

其中：$\langle \cdot, \cdot \rangle$ 表示内积。最终得到 SVR 算法的回归估计函数为

$$f(x) = w^{*\mathrm{T}} x + b^*$$

（5.36）

5.3.3 误差反向传播神经网络

Rumelhart 等（1986）提出了误差反向传播（back propagation）学习算法，继而发展了误差反向传播神经网络（back propagation neural network，BPNN），这是一种由输入层、隐含层和输出层组成的前馈型神经网络，其学习过程由信号的正向传播与误差的反向传播两个过程组成。正向传播时，输入样本以 sigmoid 函数从输入层经各神经元逐层处理，通过隐含层传向输出层。如果输出层的实际输出与期望输出不符，则转入误差反向传播过程，即将输出误差以某种形式通过隐含层反向传回输入层，并将误差分摊给各层所有神经元进行权值修正，使误差信号趋于最小，最终满足预先设定的限差要求。

设输入层、隐含层和输出层神经元的数量分别为 N、M 和 K，输入样本为 X，样本数为 Q，第 q 个样本 $x_q = (x_{q1}, x_{q2}, \cdots, x_{qn})$。从输入层神经元到隐含层神经元的连接权值为 v_{nm}，隐含层神经元阈值为 b_m；从隐含层神经元到输出层神经元的连接权值为 w_{mk}，输出层神经元阈值为 b_k；隐含层神经元 m 的输出为 y_{qm}，输出层神经元 k 的输出为 O_{qk}；隐含层神经元传递函数为 f，输出层神经元传递函数为 g，计算时需要加上偏置参数 b。则隐含层第 m 个神经元的输出为

$$y_{qm} = f(\mathrm{net}_{qm}) = f\left(\sum_{n=1}^{N} v_{nm} x_{qm} + b_m\right)$$

（5.37）

输出层第 k 个神经元的输出为

$$O_{qk} = g(\mathrm{net}_{qk}) = g\left[\sum_{m=1}^{M} w_{mk} f\left(\sum_{n=1}^{N} v_{nm} x_{qn} + b_m\right) + b_k\right]$$

（5.38）

设期望输出为 d_{qk}，则 Q 个样本期望输出与网络实际输出的总误差函数为

$$E = \frac{1}{2} \sum_{q=1}^{Q} \sum_{k=1}^{K} (d_{qk} - O_{qk})^2$$

（5.39）

为了使总误差达到最小，需要对权值和阈值进行修正。其中，输入层与隐含层之间的权值修正量和阈值修正量分别为

$$\Delta v_{nm} = -\eta \frac{\partial E}{\partial v_{nm}} = \eta \sum_{q=1}^{Q} \delta_{qm} x_{qn}$$

（5.40）

$$\Delta b_m = \eta \sum_{q=1}^{Q} \delta_{qm}$$

（5.41）

隐含层与输出层之间的权值修正量和阈值修正量分别为

$$\Delta w_{mk} = -\eta \frac{\partial E}{\partial w_{mk}} = \eta \sum_{q=1}^{Q} \delta_{qk} y_{qm} \tag{5.42}$$

$$\Delta b_k = \eta \sum_{q=1}^{Q} \delta_{qk} \tag{5.43}$$

其中：η 为学习速率的正常数，通常取值为 0.01 到 1 之间；δ_{qm} 和 δ_{qk} 分别为隐含层和输出层神经元的训练误差，分别为

$$\delta_{qm} = f'(\mathrm{net}_{qm}) \sum_{k=1}^{K} w_{mk} \delta_{qk} \tag{5.44}$$

$$\delta_{qk} = g'(\mathrm{net}_{qk})(d_{qk} - O_{qk}) \tag{5.45}$$

由式（5.40）～式（5.45）可以看到，各层权值修正量和阈值修正量由学习速率 η、本层的训练误差和本层的输入所决定，输出层训练误差 δ_{qk} 将对隐含层训练误差 δ_{qm} 产生影响，从而使输入层到隐含层之间的权值和阈值发生改变，实现"误差反向传播"。

当输入变量 X 的维度 m 比较高时，会显著增加 BPNN 训练的时间和模型的复杂程度，而且会增加 BPNN 陷入局部极值的可能性。如果预先利用主成分分析、偏最小二乘回归等得到 X 降维后的主成分或隐含变量，或者采用多元回归方法、Lasso 回归、因子分析等方法筛选出 X 中与 Y 关联性较大的特征作为新的输入（喻泞舸 等，2020；齐海军 等，2018），会极大提高 BPNN 学习速度和成功的概率。另外，利用粒子群优化（particle swarm optimization，PSO）、遗传算法（genetic algorithm，GA）等改进 BPNN 的权重和阈值的优化策略，也能使模型在处理高维数据时获得较高的精度和优良的性能（陈啸 等，2016；徐大明 等，2016；梁栋 等，2015；张静，2006）。

5.4　模型评价

5.4.1　模型验证

模型评估是指在方差、偏差和计算时间之间进行权衡，相关统计变量和度量方式起着关键作用。但是，选择合适的模型在很大程度上也取决于问题和观测样本。利用部分观测样本评判模型精度是模型评价的重要手段。训练测试分割验证和交叉验证是两种最常见的模型验证方法。

训练测试分割验证方法将全部样本划分为两部分：一部分用于模型校正和训练，称为训练集；另一部分用于模型验证，称为测试集。通常大部分样本被用作训练集，两者最常见的比例为 70：30 或 80：20，但确切的比例应取决于所有样本的总数。因为采用一次性随机分割，此方法会将全部样本划分为两个非常不平衡的部分，容易产生有偏差的泛化误差估计。在样本数量有限的情况下，这一问题会更加突出，因为某些特性或模式可能只会出现在测试集中，这时会产生较大的验证误差。

交叉验证（cross-validation，CV）法将全部样本分割成若干大小基本相同的子集，一部分子集用于构建模型，剩下的子集用于检验模型。交叉验证法在分类器、人工智能、

模式识别等方面都得到充分的应用，具有广泛的验证意义。尤其在样本数据量不足时，此方法在数据的重复利用方面表现出强大的优势。交叉验证法包括保留交叉验证（hold-out method）和 k-fold 交叉验证（k-fold cross validation，k-fold CV），其中 k-fold CV 具有更广泛的代表性和应用性。

使用 k-fold CV 时，全部样本被重新排序，然后随机分成 k 个大小相同的子集。不同于训练测试分割方法，交叉验证迭代式地每次使用 k 个子集中的一个作为测试集，其余的 $k-1$ 个子集在该次迭代中用作训练集。这个过程重复进行 k 次，所有的观察样本都有可能用作模型的训练和测试。然后简单地计算所有 k 次分割的误差度量的平均值作为整个交叉验证的误差度量。本质上该方法仍然是训练测试分割验证方法的延伸，即重复 k 次训练-测试的过程。但是，即使原始样本被划分为两个子集（$k = 2$），交叉验证时也要轮流使用训练集和测试集进行迭代，模型有机会拟合和学习所有样本，而不仅是其中的一个随机子集。所以，k-fold 交叉验证方法通常会产生更稳健的性能估计。

k-fold 交叉验证有多种实现形式。重复交叉验证（repeated cross-validation，RCV）是其中一种，其基本思想是一旦样本被划分为 k 个子集，建模过程就固定不变。在 RCV 中，需要多次将全部样本随机划分为 k 个子集，然后检查每次运行的交叉验证的误差以获得全局性能估计。k-fold 交叉验证的另一个特殊形式是留一交叉验证（leave-one-out cross validation，LOOCV），设置 $k = n$（n 为样本总数），在每次迭代中保留一个样本作为验证，使用剩余的 $n-1$ 个样本作为训练集。虽然这像是交叉验证的超稳健版本，但在实际应用中较少使用。首先，LOOCV 的计算量比较大，尤其机器学习建模时需要使用大样本集，对模型进行 $n-1$ 次训练将十分耗时。其次，即使有足够的计算能力和时间进行训练，从统计学角度来看，由于使用单个样本进行验证，如果存在异常样本，交叉验证误差可能会出现很大的方差。LOOCV 一般应用于小样本建模，但也要慎重使用。此外，选择合适的 k 值划分样本十分重要。根据经验，k 值越高，总体验证的偏差越小，方差越大。按照惯例，$k = 5$ 或 $k = 10$ 被认为能很好地平衡偏差和方差，因此作为既定标准应用于大多数的机器学习中。

5.4.2 敏感性分析

敏感性分析主要是分析和确定模型对解释变量值和模型结构发生变化的敏感程度，其中，解释变量的敏感性分析是模型评价的主要内容。解释变量敏感性常通过一系列测试来实现，建模时在这些测试中给解释变量设置不同的值，分析其变化导致目标变量变化的动态规律，来说明模型响应解释变量值变化的行为。敏感性分析在模型构建和模型评估中十分有用，研究与模型解释变量相关的不确定性，有助于建立模型的可信度。复杂模型中的许多解释变量是很难甚至是不可能精确测量的，即使可测量但也会随着应用条件不同发生变化。考虑测量的不确定性，在建模时使用的其实是解释变量的观测估计值。如果敏感性测试显示模型不敏感，则可以使用观测估计值，而不必追求使用更精确的观测数据。敏感性分析还可以指出模型中各个解释变量的合理取值范围。如果模型的行为符合实际观测预期，则基本表明这些解释变量的使用反映（至少部分反映）了"真实情况"。

解释变量的参数化分析是最常用的敏感性分析方法。当模型中使用多个解释变量时，为了解模型对各个解释变量的敏感性，首先考虑采用局部敏感性分析方法，只改变一个解释变量来评估模型输出的变化，即一次一个（one at a time，OAT）技术。局部敏感性分析时可使用均方误差（mean square error，MSE）度量解释变量的敏感性。在这种方法中，每个目标变量按不同的顺序赋予固定的值，而其余的解释变量都允许"浮动"以获得最佳拟合。该方法可通过简单直观的影像表达 MSE 与解释变量取值变化的关系，但筛选变量时基本靠视觉的主观判断，因此不能解释模型的行为机制。此外，解释变量之间可能存在的相关性会导致产生大量可接受的局部 MSE 最小值，这增加了变量筛选的难度。另一种常用的局部敏感性分析方法是基于目标变量 Y 相对于第 i 个解释变量 $x_i(i=1, 2, \cdots, k)$ 的一阶偏导评估其局部敏感度 s_i，定义如下：

$$s_i(Y; x_i) = \frac{\partial Y(x_i)}{\partial x_i} = \lim_{\Delta x_i \to \infty} \frac{Y(x_1, \cdots, x_{i-1}, x_i + \Delta x_i, x_{i+1}, \cdots, x_k) - Y(x_1, \cdots, x_k)}{\Delta x_i} \quad (5.46)$$

在实际使用时，指定 Δx_i 后在线性项后使用泰勒级数展开式的有限差分法进行数值近似，Δx_i 大小通常为 x_i 取值范围的 1%～5%。局部敏感性分析的优点是易于执行和解释，计算成本较低。但其缺点也比较明显，在某些基线（参考）周围解释变量的变化非常有限，忽略了解释变量之间可能的相互作用，因此分析结果是有偏差的估计。因此，局部敏感性的结论很难外推到变量的整个取值空间。模型响应中的显著非线性将导致 Δx_i 的大小对敏感性估计产生不可控的影响，因此只有当模型被证明是线性时，局部敏感性分析的结果才是合理的。

与局部敏感性分析不同，全局敏感性分析考虑解释变量在整个取值空间上的变化，并且模型输出的变化是通过同时改变多个甚至所有解释变量来估计的。全局敏感性分析允许基于 OAT 技术评估每个解释变量的敏感度，也可分析变量组合的敏感度，即一次全部（all at a time，AAT）技术（Saltelli，2004）。大多数全局敏感性分析技术是基于蒙特卡罗模拟实现的，需要较多的模型运行次数，因此它们通常比局部敏感性分析的计算成本高出许多倍。同时运用 OAT 和 AAT 技术的分析是比较有效的做法，其代表性方法是由 Saltelli 等（2007）提出的基本效应法（elementary effects method，EEM）。该方法有效地将解释变量分为不同的组，如影响可忽略的变量、具有较强线性效应且无相互作用的变量及具有较强非线性和相互作用效应的变量等。EE 定义为 $Y(x_i)$ 对参数 x_i 的导数的近似值，对于变量组合而言，在 r 种不同的取值轨迹上随机采样并计算 EE 值。x_i 的基本效应定义为

$$EE_i = \frac{Y(x_1, \cdots, x_i + \Delta, \cdots, x_k) - Y(X)}{\Delta} \quad (5.47)$$

其中：$Y = Y(x_1, \cdots, x_i + \Delta, \cdots, x_k)$，$Y \in \mathbf{R}$ 是模型的输出变量；Δ 在 $\{1/(q-1), 2/(q-1), \cdots, 1-1/(q-1)\}$ 中取值，q 为路径 r 的步长设置。所有解释变量的 EE 的平均值 μ 和标准偏差 σ 分别度量变量的敏感性和组合变量间相互作用的相对重要性，它们的定义如下：

$$\mu_i = \frac{1}{r} \sum_{j=1}^{r} EE_{i,j} \quad (5.48)$$

$$\mu_i^* = \frac{1}{r} \sum_{j=1}^{r} \left| EE_{i,j} \right| \tag{5.49}$$

$$\sigma_i = \sqrt{\frac{1}{r-1} \sum_{j=1}^{r} (EE_{i,j} - \mu_i)^2} \tag{5.50}$$

在 k 维参数空间中考察不同取值组合，计算 EE 的平均值 μ_i 和绝对平均值 μ_i^*，μ_i 和 μ_i^* 的值越大，表明 x_i 对 Y 的影响越显著，而且在所有轨迹上 x_i 的影响都是相同的，非正即负。相反，如果 μ_i 和 μ_i^* 的值越小，x_i 对 Y 的影响则可忽略不计。尽管基本效应法是基于 OAT 发展起来的，但该方法实现简单，计算复杂度低，而且其度量与基于全局方差的总敏感性度量具有相似性，因此常被用作一种简化的全局敏感性分析方法（Likhachev，2019）。

无论是局部敏感性分析方法还是全局敏感性分析方法，都需要合理假设解释变量的取值范围，但这是很难确定的，往往需要根据样本数据具体分析模型的敏感性。在使用植被指数进行反演建模时，大多数研究者认为敏感的目标变量是影响信号的最相关变量。但是，从经验证明和理论分析来看，植被指数对问题域以外的因素也十分敏感，比如分析植被覆盖度或叶绿素含量对 NDVI 的影响时，土壤背景的亮度变化和大气影响似乎更容易引起 NDVI 的变化。迄今植被指数的数量和多样性也反映了人们一直在试图减少这些扰动因素的影响。另外，植被指数只携带了原始通道反射率中的部分信息（Nguy-Robertson et al.，2012），因此假定感兴趣的信息被完全包含在观察到的光谱变化中，就会忽略测量时光照条件、植被冠层特殊几何形状等引起表面反射各向异性的影响。所以，没有只对所需变量敏感而对所有其他因素完全不敏感的植被指数。为了挑选出对目标变量最敏感的植被指数，Govaerts 等（1999）提出基于噪声等效（noise equivalent，NE）的敏感性分析方法。当候选光学植被指数 VI 和目标变量 Y 之间已经建立了线性或非线性模型，在此基础上定义

$$NE = \frac{RMSE\{VI \ vs. Y\}}{d(VI) / d(Y)} \tag{5.51}$$

其中：RMSE$\{VI \ vs. Y\}$ 为 VI 关于 Y 的最佳拟合模型的均方根误差；$d(VI)/d(Y)$ 为 VI 和 Y 关系的最佳拟合模型的一阶导数。NE 越低，表明 VI 对 Y 的变化响应越敏感。

5.4.3 模型比较和选择

在一次反演建模中可采用多种模型，为了选择最合适的模型，最直接的方式是比较各种模型的准确性和精度。评价模型精度的基本统计量有决定系数（coefficient of determination，R^2）和均方根误差（root mean square error，RMSE）。R^2 反映模型建立和验证的稳定性，其取值范围为[0, 1]，R^2 越接近 1，说明模型的稳定性越好，拟合或预测精度越高。较小的 RMSE 表示拟合或者预测结果具有较小的离散分布，模型精度越高。

决定系数 R^2 的计算公式为

$$R^2 = 1 - \frac{\sum_{i=1}^{n}(y_i - \hat{y}_i)^2}{\sum_{i=1}^{n}(y_i - \overline{y})^2} \qquad (5.52)$$

均方根误差 RMSE 的计算公式为

$$\text{RMSE} = \sqrt{\frac{\sum_{i=1}^{n}(y_i - \hat{y}_i)^2}{n}} \qquad (5.53)$$

建模过程一般分为校正和验证两个阶段。校正模型阶段采用拟合决定系数 R^2_{cal} 和拟合均方根误差（root mean square error of calibration，RMSEC）评价模型的建模精度；而在验证阶段则使用估计决定系数 R^2_{val} 和估计均方根误差（root mean square error of prediction，RMSEP）。

当用于反演建模的解释变量和备选模型较多时，为了避免模型使用过多参数导致过拟合问题，可采用基于信息论的两个常用标准，即赤池信息量准则（Akaike information criterion，AIC）和贝叶斯信息准则（Bayesian information criterions，BIC）来比较模型。

AIC 是建立在熵的概念基础上衡量统计模型拟合优良性的一种标准，是由日本统计学家赤池弘次创立和发展的。AIC 的定义如下：

$$\text{AIC} = 2k - 2\ln L \qquad (5.54)$$

其中：k 为模型中解释变量的个数；L 为似然函数，表示模型预测结果与观测结果的相似程度。一般而言，当模型使用的解释变量越多，似然函数 L 越大，AIC 就越小；但当 k 过大时，似然函数增速放缓，导致 AIC 增大，此时说明模型已然过于复杂，造成了过拟合现象。似然函数 L 通常采用下式计算：

$$L = -\frac{n}{2}\left[\ln(2\pi) + \ln\frac{\text{SSE}}{n} + 1\right] \qquad (5.55)$$

其中：n 为样本数；SSE 为残差平方和。

BIC 是另一个基于信息论的模型选择标准。与 AIC 相比，BIC 对 k 的惩罚大于后者。AIC 常被用来比较模型预测准确性，而 BIC 则被用来比较模型的拟合优度（Sober et al.，2002）。BIC 的定义如下：

$$\text{BIC} = k\ln n - 2\ln L \qquad (5.56)$$

使用 PLSR 建立高光谱反演模型时，在模型验证阶段也常采用预测偏差比率（relative percent deviation，RPD）来比较模型的可用性（马骅 等，2017；郑雯 等，2017），计算公式如下：

$$\text{RPD} = \frac{\sqrt{\sum_{i=1}^{n}(y_i - \overline{y})^2}}{\sqrt{\sum_{i=1}^{n}(y_i - \hat{y}_i)^2}} \qquad (5.57)$$

其中：y_i 为实测值；$\hat{y}_i$ 为预测值；$\overline{y}$ 为实测值的均值；n 为样本数。当 RPD 值为 1.4～2.0 时，说明模型可用；当 RPD 值大于 2.0 时，说明模型表现较好（表5.3）。

表 5.3　模型评价标准

统计量	模型性能		
	不可用	可用	较好
决定系数 R^2	<0.50	0.50～0.75	>0.75
预测偏差比率 RPD	<1.4	1.4～2.0	>2.0

参 考 文 献

陈啸, 王红英, 孔丹丹, 等, 2016. 基于粒子群参数优化和 BP 神经网络的颗粒饲料质量预测模型. 农业工程学报, 32(14): 306-314.

梁栋, 张凤琴, 陈大武, 等, 2015. 一种基于决策树和遗传算法-BP 神经网络的组合预测模型. 中国科技论文, 10(2): 169-174.

马驿, 汪善勤, 李岚涛, 等, 2017. 基于高光谱的油菜叶面积指数估计. 华中农业大学学报, 36(2): 69-77.

齐海军, 李绍稳, ARNON K, 等, 2018. 基于 PLS-BPNN 算法的土壤速效磷高光谱回归预测方法. 农业机械学报, 49(2): 166-172.

徐大明, 周超, 孙传恒, 等, 2016. 基于粒子群优化 BP 神经网络的水产养殖水温及 pH 预测模型. 渔业现代化, 43(1): 24-29.

徐希孺, 2005. 遥感物理, 北京: 北京大学出版社.

喻沩舸, 吴华瑞, 彭程, 2020. 基于 Lasso 回归和 BP 神经网络的蔬菜短期价格预测组合模型研究. 智慧农业(中英文), 2(3): 108-117.

张静, 2006. 基于相空间重构技术和 GA-BPNN 算法的小麦条锈病受灾率预报模型. 西北农林科技大学学报(自然科学版), 34(1): 63-66.

郑雯, 明金, 杨孟克, 等, 2017. 基于波段深度分析和 BP 神经网络的水稻色素含量高光谱估算. 中国生态农业学报, 25(8): 1224-1235.

ALLEN W A, RICHARDSON A J, 1968. Interaction of light with a plant canopy. Journal of the Optical Society of America, 58(8): 1023-1028.

BARET F, BUIS S, 2008. Estimating canopy characteristics from remote sensing observations: Review of methods and associated problems//LIANG S, eds. Advances in land remote sensing: System, modeling, inversion and application. Dordrecht: Springer: 173-201.

BARET F, JACQUEMOUD S, GUYOT G, et al., 1992. Modeled analysis of the biophysical nature of spectral shifts and comparison with information content of broad bands. Remote Sensing of Environment, 41(2): 133-142.

BREECE H T, HOLMES R A, 1971. Bidirectional scattering characteristics of healthy green soybean and corn leaves in vivo. Applied Optics, 10(1): 119-127.

BREIMAN L, 1996. Bagging predictors. Machine Learning, 24(2): 123-140.

BREIMAN L, 2001.Random forests. Machine Learning, 45(1): 5-32.

BREIMAN L, FRIEDMAN J H, OLSHEN R A, et al., 1984. Classification and regression trees. New York:

Routledge.

CHEMURA A, MUTANGA O, ODINDI J, 2017. Empirical modeling of leaf chlorophyll content in coffee (coffea arabica) plantations with sentinel-2 MSI data: Effects of spectral settings, spatial resolution, and crop canopy cover. IEEE Journal of Selected Topics in Applied Earth Observations and Remote Sensing, 10(12): 5541-5550.

COMBAL B, FREDERIC B, WEISS M, 2002. Improving canopy variables estimation from remote sensing data by exploiting ancillary information: Case study on sugar beet canopies. Agronomie, 22(2): 205-215.

DIAZ P M A, FEITOSA R Q, SANCHES I D, et al., 2016. A method to estimate temporal interaction in a conditional random field based approach for crop recognition. The International Archives of the Photogrammetry, Remote Sensing and Spatial Information Sciences, XLI-B7: 205-211.

FANG H, LIANG S, KUUSK A, 2003. Retrieving leaf area index using a genetic algorithm with a canopy radiative transfer model. Remote Sensing of Environment, 85(3): 257-270.

FÉRET J B, FRANçOIS C, ASNER G P, et al., 2008. PROSPECT-4 and 5: Advances in the leaf optical properties model separating photosynthetic pigments. Remote Sensing of Environment, 112(6): 3030-3043.

FÉRET J B, GITELSON A A, NOBLE S D, et al., 2017. PROSPECT-D: Towards modeling leaf optical properties through a complete lifecycle. Remote Sensing of Environment, 193(15): 204-215.

FLETCHER R, 2000. Practical methods of optimization, New York: John Wiley & Sons.

GASTELLU-ETCHEGORRY J P, GRAU E, LAURET N, 2012. Dart: A 3D model for remote sensing images and radiative budget of earth surfaces// ALEXANDRU C, eds. Modeling and simulation in engineering. London: IntechOpen.

GOODENOUGH A A, BROWN S D, 2017. DIRSIG5: Next-generation remote sensing data and image simulation framework. IEEE Journal of Selected Topics in Applied Earth Observations and Remote Sensing, 10(11): 4818-4833.

GOVAERTS Y M, VERSTRAETE M M, 1998. Raytran: A Monte Carlo ray-tracing model to compute light scattering in three-dimensional heterogeneous media. IEEE Transactions on Geoscience and Remote Sensing, 36(2): 493-505.

GOVAERTS Y M, VERSTRAETE M M, PINTY B, et al., 1999. Designing optimal spectral indices: A feasibility and proof of concept study. International Journal of Remote Sensing, 20(9): 1853-1873.

HAN L, YANG G J, DAI H Y, et al., 2019. Modeling maize above-ground biomass based on machine learning approaches using UAV remote-sensing data. Plant Methods, 15: 10.

HEFNER J T, SPRADLEY M K, ANDERSON B, 2014. Ancestry assessment using random forest modeling. Journal of Forensic Sciences, 59(3): 583-589.

JACQUEMOUD S, BARET F, 1990. PROSPECT: A model of leaf optical properties spectra. Remote Sensing and Environment, 34(2): 75-91.

LE MAIRE G, FRANÇOIS C, SOUDANI K, et al., 2008. Calibration and validation of hyperspectral indices for the estimation of broadleaved forest leaf chlorophyll content, leaf mass per area, leaf area index and leaf canopy biomass. Remote Sensing of Environment, 112(10): 3846-3864.

LIANG L, DI L P, ZHANG L P, et al., 2015. Estimation of crop LAI using hyperspectral vegetation indices and a hybrid inversion method. Remote Sensing of Environment, 165: 123-134.

LIKHACHEV D V, 2019. Parametric sensitivity analysis as an essential ingredient of spectroscopic ellipsometry data modeling: An application of the Morris screening method. Journal of Applied Physics, 126(18): 184901.

LONG J A, LAWRENCE R L, GREENWOOD M C, et al., 2013. Object-oriented crop classification using multitemporal ETM plus SLC-off imagery and random forest. Giscience & Remote Sensing, 50(4): 418-436.

LOPEZ-SANCHEZ J M, BALLESTER-BERMAN J D, MARQUEZ-MORENO Y, 2007. Model limitations and parameter-estimation methods for agricultural applications of polarimetric SAR interferometry. IEEE Transactions on Geoscience and Remote Sensing, 45(11): 3481-3493. ·

MYNENI R B, ROSS J, ASRAR G, 1989. A review on the theory of photon transport in leaf canopies. Agricultural and Forest Meteorology, 45(1-2): 1-153.

NGUY-ROBERTSON A, GITELSON A, PENG Y, et al., 2012. Green leaf area index estimation in maize and soybean: Combining vegetation indices to achieve maximal sensitivity. Agronomy Journal, 104(5): 1336-1347.

NICODEMUS F E, 1965. Directional reflectance and emissivity of an opaque Surface. Applied Optics, 4(7): 767-775.

NORTH P R J, 1996. Three-dimensional forest light interaction model using a Monte Carlo method. IEEE Transactions on Geoscience and Remote Sensing, 34(4): 946-956.

PEDRÓS R, GOULAS Y, JACQUEMOUD S, et al., 2010. FluorMODleaf: A new leaf fluorescence emission model based on the PROSPECT model. Remote Sensing of Environment, 114(1): 155-167.

PINTY B, GOBRON N, WIDLOWSKI J-L, et al., 2001. Radiation transfer model intercomparison (RAMI) exercise. Journal of Geophysical Research: Atmospheres, 106(D11): 11937-11956.

RASMUSSEN C E, WILLIAMS C K I, 2006. Gaussian processes for machine learning. Cambridge: MIT Press.

RUMELHART D E, HINTON G E, WILLIAMS R J, 1986. Learning representations by back-propagating errors. Nature, 323(6088): 533-536.

SALTELLI A, 2004. Global sensitivity analysis: An introduction. Proceedings of The 4th International Conference on Sensitivity Analysis of Model Output (SAMO 2004).

SALTELLIA, RATTO M, ANDRES T, et al., 2007. Global sensitivity analysis. Chichester: Wiley: 109-154.

SCHIEFER F, SCHMIDTLEIN S, KATTENBORN T, 2021. The retrieval of plant functional traits from canopy spectra through RTM-inversions and statistical models are both critically affected by plant phenology. Ecological Indicators, 121: 107062.

SOBER E, SWINBURNE R, 2002. Bayesianism-its scope and limits, Bayes's Theorem. Oxford: Oxford University Press.

THOMPSON R L, GOEL N S, 1998. Two models for rapidly calculating bidirectional reflectance of complex vegetation scenes: Photon spread (PS) model and statistical photon spread (SPS) model. Remote Sensing Reviews, 16(3): 157-207.

VAN DER TOL C, VILFAN N, DAUWE D, et al., 2019. The scattering and re-absorption of red and near-infrared chlorophyll fluorescence in the models Fluspect and SCOPE. Remote Sensing of Environment, 232: 111292.

VAPNIK V N, 1995. The nature of statistical learning theory. New York: Springer.

VERHOEF W, 1984. Light scattering by leaf layers with application to canopy reflectance modeling: The SAIL model. Remote Sensing of Environment, 16(2): 125-141.

VERHOEF W, 1985. Earth observation modeling based on layer scattering matrices. Remote Sensing of Environment, 17(2): 165-178.

VERHOEF W, 1998. Theory of radiative transfer models applied in optical remote sensing of vegetation canopies. Wageningen: Wagening en Agricultural University.

VERHOEF W, 2005. Earth observation model sensitivity analysis to assess mission performances in terms of geo-biophysical variable retrieval accuracies// The 9th International Symposium on Physical Measurements & Signatures in Remote Sensing, Beijing,China: 324-327.

VERHOEF W, BACH H, 2003. Simulation of hyperspectral and directional radiance images using coupled biophysical and atmospheric radiative transfer models. Remote Sensing of Environment, 87(1): 23-41.

VERHOEF W, BACH H, 2007. Coupled soil-leaf-canopy and atmosphere radiative transfer modeling to simulate hyperspectral multi-angular surface reflectance and TOA radiance data. Remote Sensing of Environment, 109(2): 166-182.

VILFAN N, VAN DER TOL C, MULLER O, et al., 2016. Fluspect-B: A model for leaf fluorescence, reflectance and transmittance spectra. Remote Sensing of Environment, 186: 596-615.

WALTER-SHEA E A, NORMAN J M, 1991. Photon-vegetation interactions// MYNENI R B, ROSS J, eds. Leaf optical properties. Berlin: Springer: 229-251.

WALTER-SHEA E A, NORMAN J M, BLAD B L, 1989. Leaf bidirectional reflectance and transmittance in corn and soybean. Remote Sensing of Environment, 29(2): 161-174.

WANG S, GAO W, MING J, et al., 2018. A TPE based inversion of PROSAIL for estimating canopy biophysical and biochemical variables of oilseed rape. Computers and Electronics in Agriculture, 152: 350-362.

WEI C W, HUANG J F, MANSARAY L R, et al., 2017. Estimation and mapping of winter oilseed rape LAI from high spatial resolution satellite data based on a Hybrid method. Remote Sensing, 9: 488.

WEISS M, BARET F, MYNENI R B, et al., 2000. Investigation of a model inversion technique to estimate canopy biophysical variables from spectral and directional reflectance data. Agronomie, 20(1): 3-22.

WEISS M, JACOB F, DUVEILLER G, 2020. Remote sensing for agricultural applications: A meta-review. Remote Sensing of Environment, 236: 111402.

WIDLOWSKI J L, LAVERGNE T, PINTY B., et al., 2006. Rayspread: A virtual laboratory for rapid BRF simulations over 3-D plant canopies// GRAZIANI F, eds. Computational methods in transport. Lecture notes in computational science and engineering. Berlin: Springer.

WIDLOWSKI J L, MIO C, DISNEY M, et al., 2015. The fourth phase of the radiative transfer model intercomparison (RAMI) exercise: Actual canopy scenarios and conformity testing. Remote Sensing of Environment, 169: 418-437.

ZHANG Q, XIAO X, BRASWELL B, et al., 2005. Estimating light absorption by chlorophyll, leaf and canopy in a deciduous broadleaf forest using MODIS data and a radiative transfer model. Remote Sensing of Environment, 99(3): 357-371.

ZHANG X, 2010. Empirical Risk Minimization//SAMMUT C, WEBB G I, eds. Encyclopedia of machine learning. Boston: Springer: 312-312.

ZHAO F, DAI X, VERHOEF W, et al., 2016. FluorWPS: A Monte Carlo ray-tracing model to compute sun-induced chlorophyll fluorescence of three-dimensional canopy. Remote Sensing of Environment, 187: 385-399.

第 6 章　冬油菜冠层参数的光谱估计

冬油菜是十字花科、芸薹属植物，是我国重要的油料作物之一。油菜籽经加工可得到食用油、油脂、饼粕，是食用植物油、植物蛋白和饲用蛋白的重要来源，在工业、制造业、医药行业等领域也有重要的经济价值。油菜在我国种植历史悠久，早在半坡文化遗址中就发现了炭化的油菜籽，油菜分布区域也十分广泛，于中国的西北、华北、内蒙古及长江流域各省都有种植，其中长江流域为主要产区，全国最大的油菜籽产区位于湖北省（李功爱 等，2009）。近年来，油菜种植面积占全国油料作物总面积的 50%，产量占全国油料作物总产量的 40% 以上（邓帆 等，2018）。据国家统计局年度统计数据，2005～2016 年中国油菜籽年产量在 1 000～1 500 万 t，单产在 1 800～2 000 kg/hm^2，种植面积在 550～750 万 hm^2，且整体呈上升趋势。对油菜生长状况进行及时、精准的监测，对维持粮油市场价格稳定、支持国家宏观决策具有重要意义。

油菜的生育期可划分为 5 个阶段，分别是苗期、蕾薹期、花期、角果期和收获期，其中苗期又可细分为六叶期、八叶期、十叶期和越冬期，是油菜营养生长的关键阶段。通过遥感监测手段获得油菜关键生育期的重要长势参数，上为国家宏观决策、下为农户田间管理提供科学可靠的信息。这些重要的长势参数主要包括叶面积指数、叶绿素含量、生物量和产量等。叶面积指数是指单位土地面积上植物叶片总面积占土地面积的倍数，是反映植物群体生长状况的一个重要指标，其大小与最终产量高低密切相关（王希群 等，2005）。叶绿素是高等植物进行光合作用的重要物质，同时也是绿色植物的主要色素，叶绿素含量会直接影响植物的光合作用过程（关锦毅 等，2009）。生物量对光能利用、干物质生产及产量具有重要作用，是表征作物长势状况的重要参数（王备战 等，2012）。

传统的冬油菜长势参数获取以田间调查和实验室分析为主，虽然精度较高，但存在耗时耗力、成本昂贵、时效性差等问题，且不能及时监控作物的生长状况。近年来，随着我国经济的迅速发展，各种遥感技术手段在农业中的应用越来越普遍，尤其是卫星遥感、无人机遥感、地面光谱仪等设备的普及和应用，为农作物监测提供了丰富的多源遥感数据。本章主要介绍作者及课题组成员 2014～2019 年综合运用多源遥感数据开展的冬油菜重要参数定量反演的基础性工作。

6.1　冬油菜冠层光谱及预处理

采用 4.3.1 小节中小区试验条件及 4.3.2 小节中描述的冠层光谱测量方法，在冬油菜的六叶期、八叶期、十叶期、盛花期和角果期等关键生育期，测量 8 种氮肥施用水平下的冠层光谱数据，同步测量 LAI、叶绿素、生物量等生理生化参数，在收获期进行测产，之后利用这些数据建立冬油菜冠层参数的高光谱反演模型。

6.1.1 冬油菜冠层的反射光谱特点

冬油菜冠层漫反射光谱受冠层结构、理化组分、光合作用等诸多因素的综合影响，而氮肥供给是否充足对冬油菜生长影响最显著。因此，在小区试验设计中以不同氮肥施用量为主要控制条件，人为造成不同生育期冬油菜生长的差异，并通过叶面积、叶绿素含量、生物量等参数的时序变化具体呈现这种差异，冠层光谱的响应也表现出相应的特点。

1. 不同生育期的反射光谱差异

不同生育期的冬油菜冠层反射率光谱（图 6.1）呈现出明显差异：冬油菜八叶期和十叶期时叶片叶绿素含量较高，冠层光谱可见光部分因叶绿素强的吸收而反射率较低，尤其在绿波段 550 nm 处反射率降低明显；盛花期时，冠层被黄色花瓣覆被，叶片绿光和红光波段的吸收作用减弱，600~700 nm 处的反射率比苗期显著增加；角果期时，叶片基本脱落，绿色角果进行较少的光合作用以维持植株生命，此时红光波段吸收作用明显，但受角果表面角质影响，绿光反射较强。十叶期、盛花期和角果期时近红外波段范围的反射率明显低于六叶期和八叶期。受植株含水率影响，930~970 nm 和 1 150~1 180 nm 处的冠层光谱反射呈现明显的"吸收谷"。

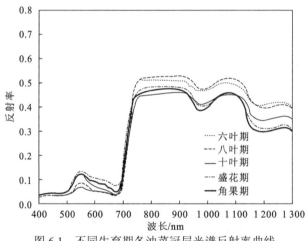

图 6.1 不同生育期冬油菜冠层光谱反射率曲线

扫封底二维码见彩图

2. 氮营养状况的光谱响应特点

将不同苗期、不同氮水平小区测得的冬油菜冠层光谱进行平均，删除噪声较明显的波段，从图 6.2 可以看到不同生育期、不同氮水平下冠层光谱有较明显的差异。冠层光谱在 350~750 nm 可见光波段的反射率主要与冬油菜叶绿素含量相关，红光区域和蓝光区域叶绿素强吸收形成红谷、蓝谷，绿光区域反射形成绿峰。750~1 300 nm 近红外波段的反射率主要与冬油菜叶细胞结构有关，当冠层叶片呈现多层分布时，透射光线经多次反射，其反射率也会比单层更高。随着施氮量的增加，叶绿素含量、LAI 均呈不同程度增加，对应的绿峰位置的反射率先升高后降低，红谷位置的反射率则先降低后升高。

近红外波段的反射率随叶面积的变化先升高后略微降低，且在低氮条件下变化明显，高氮条件下变化幅度较小；同一施氮水平下，近红外波段的差异更明显，八叶期近红外波段反射率最高，这与叶面积指数的变化规律相似。

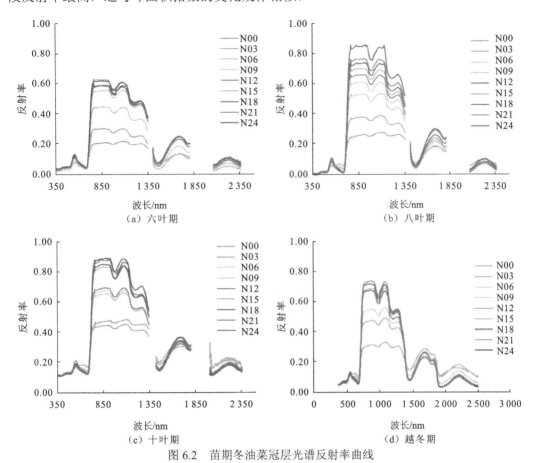

图 6.2　苗期冬油菜冠层光谱反射率曲线

N00、N03、N06、N09、N12、N15、N18 和 N24 分别表示 0 kg/hm²、45 kg/hm²、90 kg/hm²、135 kg/hm²、180 kg/hm²、225 kg/hm²、270 kg/hm² 和 360 kg/hm² 8 个施氮水平，下同

扫封底二维码见彩图

6.1.2　光谱去噪

地物光谱仪测量冠层光谱的信噪比受太阳高度角、大气条件及仪器本身灵敏度的影响。我国冬油菜种植区地处北半球，其生育期从 9 月至次年 5 月，正午时分太阳天顶角为 20°～30°，光线入射高度角变小，导致冠层在垂直视场中的阴影面积（包括叶面阴影和地面阴影）增加。视场中存在较大的阴影比例，一方面使测量结果产生较大的偏差，另一方面，由于反射辐射能量变弱，测量结果中噪声也会增加。冠层光谱测量要求晴朗无风的天气条件，一般秋冬季节大气水分含量较低，悬浮颗粒少，测量结果稳定且噪声小；而在次年春季，大气水分含量随着温度回升逐步升高，太阳光中受水分吸收影响较大的波段的辐射能量在到达地面时被削弱，受仪器敏感度的影响，其对应的反射光谱区间就出现较高的噪声。地物光谱仪常使用 2～3 个阵列检测器分别对可见光和近红外光区

进行采样，而检测器各自的光谱区边缘的敏感度较低。以上因素综合导致测量的光谱在 1 355～1 380 nm、1 770～1 980 nm 和 2 455～2 500 nm 等处噪声较高［图 6.3（a）］，通常直接剔除这三段光谱而保留剩余的低噪声部分［图 6.3（b）］。

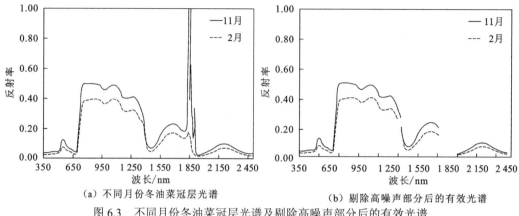

（a）不同月份冬油菜冠层光谱　　　　　（b）剔除高噪声部分后的有效光谱

图 6.3　不同月份冬油菜冠层光谱及剔除高噪声部分后的有效光谱

降低光谱噪声能提高反演模型的精度，因此去噪是光谱数据预处理的必要步骤。光谱去噪通常采用 Savitzky-Golay（SG）平滑、傅里叶变换、奇异值分解、小波去噪等方法。相关方法在诸多文献中均有介绍，此处不再赘述。

6.1.3　光谱变换

光谱变换是采用特定变换函数对原始光谱曲线进行处理，得到吸收或反射特征更加明显的谱线。常用的光谱变换方法包括一阶导数变换、去包络线、基线调整、连续统去除变换等。作物叶片的色素含量主要与可见光波段紧密相关，因此需要深度分析 400～750 nm 的光谱数据，此波段包含了色素强吸收的蓝光区、红光区及"红边"波段范围。首先，对光谱数据进行连续统去除变换，校正由波段依赖引起的波段反射率极值点的偏移，有效增强吸收特征，增大各光谱曲线之间的差异。连续统线定义为连接局部原始光谱反射率峰值点的线段（图 6.4）。将反射率曲线上每个波长的光谱反射率（R）除以相应波长处连续统线上的值（R_c）就可以得到连续统去除光谱（R'）。

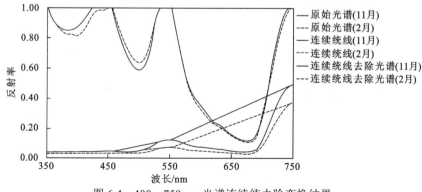

图 6.4　400～750 nm 光谱连续统去除变换结果

6.1.4　光谱特征提取

植被的光谱特征对目标变量的变化应有较强的敏感性和解释能力，一般在考察可用的光谱特征时，首先根据已知理论选择敏感波段，例如红边幅值、色素/水分吸收谷的最小反射率等。表 6.1 中列举了在 400～1 300 nm 波段冬油菜冠层光谱曲线中提取的与位置和面积有关的敏感波段（红边幅值、绿边幅值、蓝边幅值，绿峰反射率和红谷反射率等）。其次，从原始光谱或变换光谱曲线上提取特征波段区间的深度、面积等具有一定物理意义的量，例如水分吸收谷的深度和面积等。

表 6.1　敏感波段及光谱特征参数

名称	计算公式或定义	文献
D_b	波长 490～530 nm 内（蓝边）一阶导数光谱最大值	程迪等（2015）
D_y	波长 560～640 nm 内（黄边）一阶导数光谱最大值	程迪等（2015）
D_r	波长 680～760 nm 内（红边）一阶导数光谱最大值	黄敬峰等（2006）
ρ_g	波长 510～560 nm 内最大的波段反射率	胡珍珠等（2015）
ρ_r	波长 650～690 nm 内最小的波段反射率	胡珍珠等（2015）
SD_b	波长 490～530 nm 内（蓝边）一阶导数光谱的积分	鞠昌华等（2008）
SD_y	波长 560～640 nm 内（黄边）一阶导数光谱的积分	鞠昌华等（2008）
SD_r	波长 680～760 nm 内（红边）一阶导数光谱的积分	黄敬峰等（2006）
SD_g	波长 510～560 nm 内原始光谱曲线所包围的面积	鞠昌华等（2008）
NGR	$NGR = (\rho_g - \rho_r) / (\rho_g + \rho_r)$	张晓艳等（2010）
NBR	$NBR = (SD_r - SD_b) / (SD_r + SD_b)$	程迪等（2015）
NYR	$NYR = (SD_r - SD_y) / (SD_r + SD_y)$	张晓艳等（2010）

注：蓝边幅值（blue edge amplitude，D_b）；黄边幅值（yellow edge amplitude，D_y）；红边幅值（red edge amplitude，D_r）；绿峰反射率（reflectance of green peak，ρ_g）；红谷反射率（reflectance of red valley，ρ_r）；蓝边面积（blue edge area，SD_b）；黄边面积（yellow edge area，SD_y）；红边面积（red edge area，SD_r）；绿峰面积（green peak area，SD_g）；绿峰红谷比值归一化（normalized ratio of green peak to red valley，NGR）；红蓝边面积比归一化（normalized ratio of red edge area to blue edge area，NBR）；红黄边面积比归一化（normalized ration of red edge area to yellow edge area，NYR）

为了得到能充分反映色素吸收特征的特征参数，可在连续统去除变换的光谱上按照表 6.2 中的公式计算得到波段深度（band depth，BD）、波段深度比（band depth ratio，BDR）、归一化波段深度指数（normalized band depth index，NBDI）和归一化面积波段深度（band depth normalized to band area，BNA）。

表 6.2 基于连续统去除变换光谱的特征

特征指数	公式
波段深度	$BD = 1 - R'$
波段深度比	$BDR = \dfrac{BD}{BD_{max}}$
归一化波段深度指数	$NBDI = \dfrac{BD_{max} - BD}{BD_{max} + BD}$
归一化面积波段深度	$BNA = \dfrac{BD}{BD_{area}}$

6.1.5 高光谱植被指数

高光谱植被指数是由多个窄波段经线性和非线性组合而成的，与宽波段植被指数相比，它能够更准确地反映植被生长状况、覆盖情况和植被生理生化特征的有效度量指标，对植被具有更明确的指示意义。表 2.2 中列举了农作物监测中常用的高光谱植被指数，从计算方式和功能性质比较，这些指数可以分为 4 种类型。第一类为简单比值和差值指数。比值植被指数（RVI）与叶面积指数（LAI）具有很好的相关性，能够及时反映农作物 LAI 的变化；差值植被指数（DVI）对土壤变化较 RVI 敏感，在植被覆盖度高时，对植被的敏感度变低；归一化植被指数（NDVI）是最常用的植被指数。第二类为控制土壤背景影响的植被指数，如土壤调节植被指数（SAVI）降低了土壤背景的影响，减弱了由于土壤类型的不同对光谱反射率的影响。第三类为增加大气修正因子的植被指数，考虑了大气影响作用。第四类为修改型植被指数，能够提高植被高覆盖度时的敏感性和削弱环境因素的干扰。

6.2 冬油菜 LAI 的光谱估计

6.2.1 不同施氮水平下 LAI 的变化

不同施氮水平下 LAI 的变化如图 6.5（a）所示。相同氮素水平下，实测冬油菜 LAI 从六叶期到角果期先增加后降低，呈现抛物线趋势，在越冬前的八叶期，LAI 达到最大值；盛花期和角果期植株由营养生长转入生殖生长，叶片衰老，直至所有叶片脱落，LAI 逐渐降低。同一生育时期不同氮素水平下 LAI 差异明显：N00、N03、N06 和 N09 冬油菜各生育期的 LAI 随施氮量增加明显递增；N12、N15、N18 和 N24 冬油菜六叶期和八叶期时 LAI 随施氮量增加反而降低，而十叶期时 LAI 差异不明显。盛花期时，下层老叶片基本死亡脱落，剩余叶片面积小；角果期时，大部分叶片均已凋亡，实际测得叶面积指数为角果的"叶"面积指数，受形状、数量和伸展方向的影响，角果面积指数一般较小。

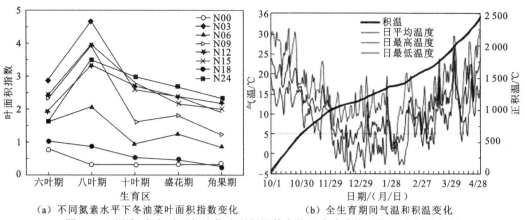

（a）不同氮素水平下冬油菜叶面积指数变化　　　（b）全生育期间气温和积温变化

图 6.5　不同氮素水平下冬油菜叶面积指数变化及全生育期间气温和积温变化

扫封底二维码见彩图

图 6.5（b）表明冬油菜生长明显受积温影响。试验区 10 月 1 日至次年 5 月 1 日气温先降低后升高，呈抛物线变化趋势。在越冬前的八叶期（12 月 1 日左右）气温相对较高，有助于幼苗生长，LAI 达到最大值；越冬期（12 月 1 日至 2 月 10 日）降温快、昼夜温差大，最低气温基本小于 5℃，积温累计相对缓慢，冬油菜生长迟缓，生长点低，部分叶片甚至卷曲，株型呈半匍匐型，直接导致十叶期（1 月 15 日左右）的 LAI 显著下降。当积温达到约 2 500℃时（5 月 1 日左右），冬油菜生育期基本结束。

6.2.2　冠层光谱反射率与 LAI 的相关性

在冬油菜苗期（六叶期、八叶期、十叶期）时，冠层光谱各波段反射率与 LAI 的相关系数的变化趋势基本相同（图 6.6），在 420 nm、550 nm 左右出现波峰，在 500 nm 左右出现波谷，在 650 nm 处红谷位置负相关达到最大，在 720～1 300 nm 相关系数稳定，呈现较强的正相关关系。与苗期相比，花期、角果期冠层反射率与 LAI 相关系数的趋势差异明显，这可能是由于在可见光波段受到花、角果的干扰，相关系数波动较大。

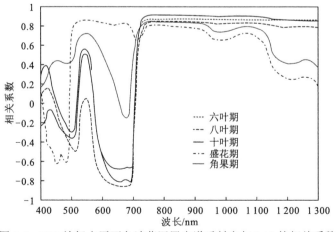

图 6.6　N12 施氮水平下冬油菜冠层光谱反射率与 LAI 的相关系数

根据相关分析，筛选出各生育期与 LAI 相关性较强的红光（630～690 nm）和近红外（770～900 nm）敏感波段，如表 6.3 所示。

表 6.3　各生育期与 LAI 相关性较强的敏感波段

生育期	红光		近红外	
	波段/nm	相关系数	波段/nm	相关系数
六叶期	653	-0.67**	890	0.86**
八叶期	659	-0.85**	780	0.84**
十叶期	658	-0.81**	780	0.91**
盛花期	674	0.79**	780	0.80**
角果期	—	—	780	0.84**

注：**表示在 0.01 显著性水平下相关；*表示在 0.05 显著性水平下相关

6.2.3　各生育期冬油菜 LAI 的估计模型

从表 2.1 和表 2.2 中选取了 11 个常用植被指数（DVI、RVI、NDVI、PVI、TVI、GNDVI、SAVI、MSAVI、RDVI、NLI 和 MSR）构建 LAI 的高光谱遥感模型，另外，还选取了表 6.1 所列的 12 个敏感光谱特征参数。

六叶期时冬油菜的叶面积指数的估计模型和检验结果如表 6.4 所示。二次多项式模型优于其他模型；其中红边参数（D_r、SD_r）建模和预测精度相对较高，R_{cal}^2 和 R_{val}^2 分别达到 0.84、0.80 以上，RMSEC 和 RMSEP 均不超过 0.45 m^2/m^2，RPD 值表明所建模型可用于预测冬油菜六叶期的 LAI。DVI、SAVI 等的建模和预测精度次之，而绿波段、蓝波段的相关参数（SD_b、ρ_g 等）建模和预测精度较差，R_{cal}^2 和 R_{val}^2 相对较小，RPD 值都小于 1.4，表明所建模型难以用于估算冬油菜六叶期的 LAI。六叶期时，冬油菜叶片数量少、尺寸小，冠层光谱受土壤背景影响较大，而红边参数受土壤影响相对较小，因此建模和预测精度相对较高。

表 6.4　六叶期冬油菜叶面积指数估计模型及检验

序号	变量	模型	建模集（$n=16$）		预测集（$n=8$）		
			R_{cal}^2	RMSEC /(m^2/m^2)	R_{val}^2	RMSEP /(m^2/m^2)	RPD
1	D_r	$y=10\ 457.55x^2-2.99x+0.69$	0.87	0.21	0.81	0.39	1.62
2	SD_r	$y=6.42x^2+0.099x+0.68$	0.84	0.23	0.80	0.45	1.40
3	DVI	$y=6.13x^2+0.42x+0.64$	0.84	0.24	0.80	0.43	1.47
4	SAVI	$y=19.32x^2-2.66x+0.85$	0.84	0.24	0.79	0.42	1.50
5	OSAVI	$y=5.93x^2-1.86x+0.93$	0.84	0.24	0.78	0.42	1.50
6	RDVI	$y=8.53x^2-3.7x+1.18$	0.83	0.24	0.78	0.42	1.50
7	NLI	$y=1.59x^2+0.80x+0.84$	0.78	0.28	0.67	0.41	1.54

序号	变量	模型	建模集（n=16）		预测集（n=8）		
			R_{cal}^2	RMSEC /(m²/m²)	R_{val}^2	RMSEP /(m²/m²)	RPD
8	D_y	$y=48\,240\,148.19x^2-10\,267.78x+1.41$	0.74	0.30	0.70	0.42	1.50
9	SD_y	$y=0.51e^{23.25x}$	0.74	0.30	0.54	0.49	1.29
10	PVI	$y=-4.59x^2+6.49x+0.4$	0.74	0.31	0.52	0.46	1.37
11	NBR	$y=19.08x^2-19.49x+5.74$	0.71	0.32	0.80	0.33	1.91
12	GNDVI	$y=-0.04x^2+0.77x+0.03$	0.70	0.32	0.73	0.35	1.70
13	TVI	$y=32.7x^2-46.38x+17.17$	0.70	0.33	0.61	0.42	1.50
14	MSR	$y=0.046x^2+0.64x+0.41$	0.69	0.33	0.65	0.40	1.58
15	RVI	$y=-0.006\,3x^2+0.25x+0.2$	0.69	0.33	0.62	0.41	1.54
16	NDVI	$y=3.02x^{1.96}$	0.66	0.35	0.54	0.44	1.44
17	D_b	$y=404\,960.77x^2-796.43x+1.15$	0.65	0.35	0.47	0.49	1.29
18	NGR	$y=6.009x^2-0.209x+0.71$	0.58	0.38	0.40	0.51	1.24
19	ρ_r	$y=-1\,157.73x^2+93.09x+0.17$	0.57	0.39	0.39	0.50	1.26
20	SD_b	$y=861.83x^2-37.77x+1.19$	0.49	0.42	0.28	0.53	1.19
21	ρ_g	$y=108.24x^2-1.79x+0.48$	0.24	0.52	0.45	0.47	1.34
22	NYR	$y=-122.59x^2+195.02x-75.56$	0.23	0.52	0.54	0.51	1.24
23	SD_g	$y=2.2\ln x-1.75$	0.16	0.54	0.45	0.49	1.29

　　八叶期时冬油菜叶面积指数的估计模型和检验结果如表 6.5 所示。二次多项式模型优于其他模型；其中植被指数相对于光谱特征参数具有更高的模型拟合度和预测精度，尤其是非线性植被指数（NLI），R_{cal}^2 和 R_{val}^2 分别达到 0.90、0.79，RMSEC 和 RMSEP 分别为 0.43 m²/m² 和 0.61 m²/m²，且 RPD 为 2.26，大于 2，这表明采用 NLI 所建模型可准确预测八叶期冬油菜 LAI。其余的植被指数如 NDVI、TPVI、RVI、MSR、RDVI 等的建模和预测精度也能达到较高的精度，反映了随着冬油菜生长发育进程的推进，叶片数量和尺寸增加，土壤背景的干扰减弱，合适的植被指数可以有效地估计 LAI、监测冬油菜长势。而绿波段、蓝波段的相关参数（SD_g、ρ_g 等）所建模型的 R_{cal}^2、R_{val}^2、RPD 值均较小，建模和预测精度较差，所建模型难以用于估算八叶期冬油菜 LAI。

表 6.5　八叶期冬油菜叶面积指数估计模型及检验

序号	变量	模型	建模集（n=16）		预测集（n=8）		
			R_{cal}^2	RMSEC /(m²/m²)	R_{val}^2	RMSEP /(m²/m²)	RPD
1	NLI	$y=0.37e^{2.99x}$	0.90	0.43	0.79	0.61	2.26
2	NBR	$y=76.33x^2-95.22x+31.13$	0.89	0.45	0.79	0.60	2.30
3	NDVI	$y=0.007e^{7.15x}$	0.88	0.47	0.87	0.49	2.82

序号	变量	模型	建模集（$n=16$）		预测集（$n=8$）		
			R_{cal}^2	RMSEC /(m²/m²)	R_{val}^2	RMSEP /(m²/m²)	RPD
4	TPVI	$y=8.33x^{12.74}$	0.88	0.47	0.86	0.50	2.76
5	RVI	$y=-0.009\,4x^2+0.46x-1.18$	0.88	0.47	0.85	0.52	2.65
6	MSR	$y=0.05x^2+1.46x-0.98$	0.87	0.47	0.85	0.51	2.70
7	RDVI	$y=17.42x^2-7x+0.9$	0.87	0.48	0.64	0.82	1.68
8	MSAVI	$y=10.2x^2-1.59x+0.11$	0.87	0.48	0.61	0.85	1.62
9	PVI	$y=-17.95x^2+19.26x-1.1$	0.87	0.47	0.34	1.10	1.25
10	D_r	$y=4\,538.37x^2+360.06x-1.17$	0.86	0.49	0.61	0.88	1.57
11	SAVI	$y=27.95x^2+1.46x-0.32$	0.85	0.51	0.59	0.88	1.57
12	GNDVI	$y=0.98x-1.37$	0.85	0.51	0.80	0.58	2.39
13	NGR	$y=24.33x^2-4.04x+0.3$	0.84	0.52	0.80	0.62	2.22
14	DVI	$y=4.36x^2+7.29x-0.9$	0.84	0.53	0.57	0.90	1.53
15	SD_r	$y=4.11x^2+7.44x-0.96$	0.83	0.54	0.56	0.91	1.52
16	SD_y	$y=-1\,195.67x^2+175.59x-1.47$	0.82	0.56	0.57	0.87	1.59
17	D_y	$y=45\,304\,233.54x^2-18\,997.91x+2.9$	0.71	0.71	0.83	0.60	2.30
18	ρ_r	$y=-1\,073.25x^2-18.98x+5.05$	0.71	0.71	0.77	0.77	1.79
19	NYR	$y=-1\,357.07x^2+2\,249.13x-928.23$	0.67	0.76	0.42	2.21	0.62
20	D_b	$y=-65\,441\,118.80x^2+22\,401.09x-15.95$	0.52	0.92	0.36	1.19	1.16
21	SD_b	$y=-18\,040.02x^2+1\,295.96x-20.17$	0.24	1.15	0.28	1.10	1.25
22	SD_g	$y=-1.07x^2+7.42x-10.04$	0.03	1.31	0.02	1.31	1.05
23	ρ_g	$y=-1\,329.7x^2+230.62x-7.23$	0.02	1.31	0.03	1.32	1.04

十叶期时冬油菜的叶面积指数的估计模型和检验结果如表 6.6 所示。所筛选的模型均为非线性模型，以二次多项式和幂函数模型为主；其中植被指数（NLI、MSAVI、RDVI、NDVI 等）相对于光谱特征（面积、位置）参数建模和预测精度相对较高，尤其是非线性植被指数 NLI、MSAVI、RDVI、NDVI 等，所建模型的 R_{cal}^2 和 R_{val}^2 均达到 0.90 以上，RMSEC 小于 0.30 m²/m²，RMSEP 小于 0.50 m²/m²，且 RPD 大于 2，十叶期时土壤背景等因素对冠层干扰基本可以忽略，采用 NLI 等植被指数能够准确预测十叶期冬油菜 LAI，可以有效监测冬油菜长势。除了绿峰面积、绿峰反射率、红谷反射率，基于光谱位置、面积的特征参数如红、蓝、黄边面积及红边参数建模和预测精度也比较高。

表 6.6　十叶期冬油菜叶面积指数估计模型及检验

序号	变量	模型	建模集（$n=16$）		预测集（$n=8$）		
			R_{cal}^2	RMSEC /(m²/m²)	R_{val}^2	RMSEP /(m²/m²)	RPD
1	NLI	$y=3.59x^2+0.42x+0.19$	0.93	0.23	0.94	0.44	2.52
2	D_b	$y=-1\,905\,188.01x^2+7\,323.36x-4.33$	0.92	0.25	0.91	0.39	2.84
3	MSAVI	$y=8.29x^2-2.7x+0.46$	0.91	0.27	0.92	0.47	2.36
4	RDVI	$y=12.86x^2-6.15x+1$	0.91	0.26	0.92	0.47	2.36
5	NGR	$y=-6.63x^2+9.88x-0.2$	0.90	0.28	0.97	0.34	3.26
6	NDVI	$y=0.004\,6e^{7.4x}$	0.90	0.27	0.97	0.42	2.64
7	TPVI	$y=0.000\,002\,8e^{14.8x}$	0.90	0.27	0.97	0.42	2.64
8	RVI	$y=0.000\,9x^2+0.23x-0.44$	0.90	0.28	0.96	0.42	2.64
9	MSR	$y=0.48x^{1.79}$	0.90	0.28	0.96	0.43	2.57
10	SAVI	$y=25.94x^2-3.4x+0.31$	0.90	0.28	0.91	0.49	2.26
11	SD_y	$y=-1\,671.82x^2+130.11x+0.08$	0.90	0.27	0.88	0.47	2.36
12	D_r	$y=6\,230.91x^2+165.76x-0.45$	0.89	0.29	0.92	0.47	2.36
13	SD_r	$y=8.25x^{1.79}$	0.88	0.30	0.90	0.50	2.21
14	DVI	$y=8.18x^{1.77}$	0.88	0.30	0.90	0.50	2.21
15	SD_b	$y=-9\,250.73x^2+676.11x-9.78$	0.88	0.31	0.89	0.45	2.46
16	PVI	$y=-1.22x^2+6.39x-0.1$	0.86	0.33	0.89	0.58	1.91
17	GNDVI	$y=0.22x^2-1.11x+1.58$	0.78	0.41	0.84	0.77	1.44
18	NYR	$y=146.5x^2-295.18x+149.11$	0.76	0.43	0.51	0.74	1.50
19	NBR	$y=112.38x^{30.16}$	0.69	0.50	0.87	0.87	1.27
20	D_y	$y=19\,453\,411.41x^2-15\,380.52x+3.72$	0.68	0.50	0.64	0.69	1.60
21	ρ_r	$y=744.17x^2-135.7x+6.37$	0.57	0.58	0.85	0.62	1.79
22	ρ_g	$y=555.03x^2-36.2x+1.1$	0.25	0.76	0.10	1.00	1.11
23	SD_g	$y=-0.01x^2+0.95x-1.46$	0.14	0.81	0.03	1.05	1.05

　　盛花期时冬油菜的叶面积指数的估计模型和检验结果如表 6.7 所示。冠层光谱和 LAI 受冬油菜花干扰较大，所筛选的模型均为非线性模型，以二次多项式模型为主，建模和预测总体精度相对十叶期显著降低；但是基于光谱位置、面积的特征参数如蓝、黄、红、绿峰面积及红边参数等所建模型比基于植被指数所建模型的建模和预测精度明显提高，所建模型 R_{cal}^2 和 R_{val}^2 均可达到 0.75 以上，RMSEC 和 RMSEP 均小于 0.50 m²/m²，部分 RPD 大于 2。上述分析表明基于光谱位置、面积的部分特征参数可以减弱冬油菜花的干扰，能够准确估计冬油菜花期 LAI，而植被指数等对冬油菜花比较敏感，受花的干扰较大，难以准确估计冬油菜花期 LAI、监测冬油菜花期长势。

表 6.7　盛花期冬油菜叶面积指数估计模型及检验

序号	变量	模型	建模集（n=16）		预测集（n=8）		
			R^2_{cal}	RMSEC /(m²/m²)	R^2_{val}	RMSEP /(m²/m²)	RPD
1	SD_b	$y=1.94\ln x+6.73$	0.80	0.37	0.87	0.34	2.57
2	SD_y	$y=2\,630.08x^2-33.46x+0.28$	0.80	0.38	0.79	0.67	1.30
3	D_b	$y=-238\,260.96x^2+2\,293.39x-2.48$	0.79	0.39	0.84	0.39	2.24
4	ρ_g	$y=-96.86x^2+48.78x-3.01$	0.76	0.41	0.85	0.39	2.24
5	SD_g	$y=2.88\ln x-3.31$	0.75	0.42	0.85	0.40	2.18
6	NYR	$y=253.84x^2-471.05x+218.85$	0.74	0.43	0.79	0.49	1.78
7	NBR	$y=-16.82x^2+14.19x-0.22$	0.70	0.46	0.89	0.29	3.01
8	ρ_r	$y=2.25\ln x+7.39$	0.66	0.49	0.80	0.42	2.08
9	DVI	$y=-134.93x^2+121.33x-24.83$	0.65	0.49	0.25	1.29	0.68
10	SD_r	$y=134.34x^2+120.38x-24.53$	0.64	0.50	0.24	1.29	0.68
11	D_y	$y=-35\,113\,484.42x^2-543.5x+2.09$	0.63	0.51	0.79	0.41	2.13
12	PVI	$y=-18.11x^2+20.45x-2.90$	0.63	0.51	0.15	0.85	1.03
13	D_r	$y=-203\,477.25x^2+4\,073.59x-18.14$	0.61	0.52	0.24	1.07	0.82
14	GNDVI	$y=-0.2x^2-0.04x+3.18$	0.60	0.53	0.73	0.46	1.90
15	RVI	$y=-0.04x^2+0.04x+2.9$	0.47	0.61	0.47	0.61	1.43
16	MSR	$y=-0.96x^2+0.57x+2.86$	0.46	0.61	0.48	0.61	1.43
17	NDVI	$y=-23.38x^2+22.22x-2.33$	0.44	0.62	0.50	0.60	1.46
18	TPVI	$y=-93.5x^2+137.94x-47.93$	0.44	0.62	0.50	0.60	1.46
19	SAVI	$y=-477.25x^2+294.69x-43.28$	0.39	0.65	0.17	1.41	0.62
20	RDVI	$y=401.38x^2-409.8x+105.9$	0.19	0.75	0.23	1.33	0.66
21	MSAVI	$y=141.83x^2-138.85x+35.33$	0.15	0.77	0.61	1.04	0.84
22	NLI	$y=49.87x^2-47.53x+12.7$	0.15	0.77	0.02	1.08	0.81
23	NGR	$y=142.05x^2-80.49x+12.8$	0.07	0.81	0.01	1.02	0.86

角果期时冬油菜叶面积指数的估计模型和检验结果如表 6.8 所示。此时期，叶片基本脱落，植被覆盖度明显降低，冠层光谱主要成分为角果光谱，且受土壤背景干扰较大，所测 LAI 受角果数量、大小影响较大，筛选的模型均为二次多项式模型。以植被指数为主所建模型的 R^2_{cal} 可达 0.85 以上，RMSEC 在 0.25 m²/m² 左右，但是模型预测精度较低，R^2_{val} 在 0.75 以下，RMSEP 大于 0.5 m²/m²，大部分 RPD 小于 1.4，表明所建模型不够稳定，难以准确预测角果期冬油菜 LAI。而基于光谱位置、面积的特征参数所建模型不仅建模精度较低，而且预测效果也不够理想，大部分 R^2_{cal} 和 R^2_{val} 小于 0.75，RMSEP 大于 0.7 m²/m²，RPD 均小于 1.4，这表明角果期时，冠层光谱和 LAI 受角果、土壤、叶片脱落枯黄等影响，不论是基于光谱位置、面积的特征参数还是基于植被指数所建的模型都不够稳定，难以准确估计角果期冬油菜 LAI。

表 6.8　角果期冬油菜叶面积指数估计模型及检验

序号	变量	模型	建模集（n=16）		预测集（n=8）		
			R^2_{cal}	RMSEC /(m²/m²)	R^2_{val}	RMSEP /(m²/m²)	RPD
1	RDVI	$y=42.28x^2-28.69x+5.09$	0.88	0.24	0.74	0.57	1.36
2	MSAVI	$y=31.36x^2-19.85x+3.38$	0.88	0.24	0.73	0.57	1.36
3	NLI	$y=10.68x^2-1.84x+0.31$	0.88	0.24	0.70	0.53	1.46
4	SAVI	$y=91.76x^2-29.62x+2.61$	0.87	0.25	0.72	0.63	1.23
5	DVI	$y=28.16x^2-9.21x+0.88$	0.86	0.26	0.71	0.72	1.08
6	D_y	$y=22\,423\,199.31x^2-15\,201.27x+2.65$	0.86	0.26	0.55	0.56	1.38
7	SD_r	$y=28.68x^2-11.08x+1.26$	0.85	0.27	0.68	0.77	1.01
8	SD_y	$y=917.13x^2-3.22x+0.19$	0.82	0.30	0.70	0.53	1.46
9	PVI	$y=-6.71x^2+10.48x-1.14$	0.80	0.31	0.65	0.55	1.41
10	NDVI	$y=54.53x^2-57.43x+15.25$	0.78	0.32	0.84	0.56	1.38
11	TPVI	$y=218.1x^2-332.97x+127.21$	0.78	0.32	0.84	0.56	1.38
12	MSR	$y=2.6x^2-2.82x+0.7$	0.78	0.33	0.83	0.57	1.36
13	RVI	$y=0.09x^2-0.15x-0.42$	0.77	0.33	0.82	0.57	1.36
14	D_r	$y=121\,469.21x^2-1\,424.18x+4.45$	0.75	0.35	0.56	1.05	0.74
15	D_b	$y=728\,795.4x^2-1\,418.21x+0.84$	0.69	0.39	0.64	0.76	1.02
16	SD_b	$y=1\,215.11x^2-58.68x+0.83$	0.68	0.40	0.63	0.79	0.98
17	NYR	$y=147.6x^2-269.78x+123.57$	0.68	0.39	0.47	0.57	1.36
18	NGR	$y=20.98x^2-6.1x+0.85$	0.66	0.40	0.67	0.58	1.33
19	GNDVI	$y=0.27x^2+0.39x-1.81$	0.56	0.46	0.95	0.63	1.23
20	ρ_g	$y=385.85x^2-53.66x+2.15$	0.47	0.51	0.58	0.87	0.89
21	NBR	$y=-150.74x^2+254.39x-104.56$	0.40	0.54	0.90	0.60	1.29
22	SD_g	$y=0.18x^2-1.07x+1.84$	0.40	0.54	0.59	0.78	0.99
22	ρ_r	$y=-1\,005.06x^2+92.71x-0.63$	0.28	0.59	0.20	0.95	0.81

6.2.4　全生育期冬油菜 LAI 的估计模型

对 12 个光谱特征参数和 11 个植被指数汇总，建立六叶期至角果期冬油菜 LAI 的统一预测模型（表 6.9），其中 9 个模型的建模和预测精度过低未列举，其余的 14 个模型 R^2_{cal} 为 0.42～0.65，RMSEC 为 0.62～0.79 m²/m²，建模精度较低，R^2_{val} 为 0.11～0.50，RMSEP 为 0.65～0.87 m²/m²，RPD 值均小于 1.4，预测精度也较低，因此，难以采用统一的光谱参数和植被指数建立稳定的模型估计冬油菜全生育期 LAI。

表 6.9　全生育期冬油菜叶面积指数估计模型及检验

序号	变量	模型	建模集（$n=80$）		预测集（$n=40$）		
			R_{cal}^2	RMSEC /(m²/m²)	R_{val}^2	RMSEP /(m²/m²)	RPD
1	NLI	$y=6.86x^2-0.69x+0.18$	0.65	0.62	0.44	0.67	1.36
2	MSAVI	$y=6.07x^{1.95}$	0.63	0.63	0.39	0.70	1.30
3	RDVI	$y=7.64x^{2.31}$	0.62	0.64	0.39	0.70	1.30
4	SAVI	$y=19.8x^{1.9}$	0.62	0.64	0.37	0.71	1.28
5	DVI	$y=8.23x^{1.57}$	0.60	0.66	0.34	0.73	1.25
6	MSR	$y=0.53e^{0.65x}$	0.58	0.68	0.50	0.65	1.38
7	RVI	$y=0.003\,6x^2+0.15x+0.35$	0.58	0.68	0.48	0.66	1.37
8	SD$_r$	$y=7.71x^{1.53}$	0.57	0.68	0.31	0.74	1.22
9	D$_r$	$y=1\,171.48x^{1.38}$	0.57	0.68	0.32	0.74	1.23
10	IPVI	$y=0.000\,8e^{8.74x}$	0.55	0.70	0.38	0.72	1.26
11	NDVI	$y=0.065e^{4.37x}$	0.55	0.70	0.38	0.72	1.26
12	PVI	$y=-5.77x^2+9.47x-0.36$	0.52	0.72	0.21	0.82	1.11
13	NGR	$y=4.91x^{0.9}$	0.43	0.78	0.15	0.86	1.06
14	SD$_y$	$y=0.84\ln x+4.85$	0.42	0.79	0.11	0.87	1.05

6.2.5　模型精度分析与建议

1. 冬油菜 LAI 对氮肥和温度的响应

施氮水平、温度是影响冬油菜生长不可忽视的因素，其 LAI 也相应发生变化。相同氮素水平下，从六叶期到角果期冬油菜的 LAI 先增加后降低，呈现抛物线趋势；在越冬前气温相对较高的八叶期，LAI 达到最大值；盛花期和角果期植株由营养生长转入生殖生长，叶片衰老，LAI 逐渐降低，直至所有叶片脱落。十叶期时温度过低，有关研究表明，温度是影响冬油菜叶片细胞分裂和扩大的主要因素（汤亮 等，2007），苗期温度越高，出叶速度越快，当气温长时间在-5~-3℃时，冬油菜叶片会出现受冻症状，甚至出现较严重的冻害（曹金华 等，2014），部分冬油菜叶片基本停止生长、叶片萎缩，LAI 也相应减少。同一生育时期不同氮素水平下，冬油菜的 LAI 差异明显，N00、N03、N06、N09 低氮水平下，各个时期 LAI 随施氮量增加明显递增；而 N12、N15、N18、N24 高氮水平下，六叶期和八叶期时 LAI 随施氮量增加而降低，而十叶期、盛花期及角果期时，4种施氮水平下的冬油菜 LAI 差异不明显。这说明施氮量达到一定的程度（如 N12）时，LAI 并不会随着施氮量的增加显著增加，甚至还会出现过氮致死，导致 LAI 降低；随着施氮量的增加，LAI 也呈现抛物线的趋势；合理施氮可以有效地促进冬油菜生长发育，施氮量过低或过高都会对植株生长发育产生不利影响（朱珊 等，2013）。

在冬油菜六叶期至角果期时，同一生育时期不同氮素水平下冬油菜 LAI 差异明显，LAI 随施氮增加先增加后降低，呈现抛物线变化趋势，其中 N12 水平下叶面积指数相对较大，低氮（N00、N03）或过氮（N18、N24）都会对植株生长发育产生不利影响，只有氮营养水平适中时，冬油菜才能健康生长。气温也是影响冬油菜生长的主要因素之一，越冬期（12 月 1 日至 2 月 10 日）前的苗期气温相对较高，LAI 随着生育进程的推进而逐渐变大，十叶期时（12 月 1 日之后），降温快、昼夜温差大，最低气温基本小于 5 ℃，叶片出现卷曲和萎缩，LAI 并没有增加反而减少。总的来说，冬油菜在 LAI 苗期时先增加后降低，在越冬前达到最大值，气温降低到 5 ℃后逐渐较小。

2. 影响冠层光谱估计模型精度的因素

冬油菜六叶期至角果期所筛选的最优模型主要是二次多项式模型，且相对于盛花期和角果期，苗期（六叶期、八叶期、十叶期）所建模型总体精度较高。在苗期时，随着生育进程推进，植被覆盖度逐渐增加，冠层光谱受土壤背景干扰减弱。六叶期时，以红边幅值为代表的红边参数多项式模型可以取得较好的建模精度和预测效果；八叶期、十叶期的叶片相对较多，以 NLI 为代表的植被指数不仅建模效果更好，而且检验精度更高。盛花期时，冠层光谱受冬油菜花干扰较大，所提取的植被指数建模和预测精度都较低，而以蓝边面积为代表的光谱位置、面积部分特征参数依然可以达到一定的建模和预测精度，模型的 R^2_{cal} 和 R^2_{val} 分别为 0.80 和 0.87，RMSEC 和 RMSEP 分别为 0.37 m²/m² 和 0.34 m²/m²，RPD 可达 2.57；角果期时，叶片基本脱落，植被覆盖度明显降低，冠层光谱和 LAI 受土壤背景、角果数量和尺寸影响较大，部分改进型非线性植被指数虽然建模精度较高，但预测精度较低，模型 R^2_{cal} 和 R^2_{val} 分别为 0.88 和 0.74，RMSEC 和 RMSEP 分别为 0.24 m²/m² 和 0.57 m²/m²，RPD 小于 1.4；而基于光谱位置、面积所提取的特征参数不仅建模精度普遍较低，预测效果也不够理想。

随着生长发育进程的推进，冬油菜叶形不断地发生变化，苗期叶形较单一，以长柄叶为主，越冬期后叶形最复杂，包含三组叶片。各个时期，土壤背景、花、角果等对冠层光谱和 LAI 的影响不尽相同：六叶期时土壤背景对光谱和 LAI 影响较大，花期时冬油菜花对冠层可见光影响较大，对近红外影响相对较小，角果期时冠层光谱受到角果和土壤背景干扰较大。由此综合导致全生育冬油菜叶面积指数模型的 R^2_{cal} 小于 0.75，RMSEC 大于 0.60 m²/m²，预测 R^2_{val} 远小于 0.75，RMSEP 大于 0.65 m²/m²，RPD 值均小于 1.4，建模和预测精度都较低，难以采用统一的光谱参数和植被指数建立稳定估计冬油菜全生育期 LAI 的模型，因此，最好选择合适的光谱参数和植被指数对不同生育期分段建模预测 LAI。

3. 冬油菜 LAI 光谱估计建模的建议

冬油菜苗期（六叶期、八叶期、十叶期）冠层光谱与 LAI 所选红光波段均在 655 nm 附近，盛花期和角果期所选的波段为 674 nm、630 nm，与苗期所选波段差异较大，这可能是因为盛花期时的冬油菜花、角果期的角果和土壤背景对冠层光谱红光干扰较大。除六叶期外，其余时期所选的近红外敏感波段均为 780 nm，这表明近 780 nm 红外波段受到外界干扰较小，可以作为反演冬油菜 LAI 较为固定的敏感波段。所建反演 LAI 模型以多项式为主，但不同时期最优模型差异较大，在苗期时以红边参数为主的建模精度和预测效果较好，该结果与早前报道（黄敬峰 等，2006）相似；而冬油菜生长后期（花期、角果期），以 NLI 为代表的非线性指数建模精度和预测效果相对较好；全生育所建模型精度较低，难以采用相对固定的光谱参数和植被指数来预测冬油菜整个生育期的 LAI，不同时期所受的外界干扰不尽相同，最好选用不同的合适光谱参数和植被指数反演各个时期冬油菜的 LAI。

6.3 冬油菜冠层叶绿素含量的光谱估计

6.3.1 氮肥施用量与叶绿素含量的关系

叶绿素含量越高，植株光合作用越强，生长越旺盛，而氮素是构成光合色素分子的主要组成元素之一。从图 6.7 中不难发现，对同生育期进行比较，氮肥施用量较高的小区（N15～N24）的冬油菜的叶绿素含量高于其他小区（N00～N12），而且这种趋势随着冬油菜生长越来越明显。从八叶期开始，氮肥施用量对叶绿素含量的影响逐渐显现，且叶绿素含量差异越来越明显。十叶期时，N18、N21 和 N24 冬油菜的叶绿素含量高出 N09 冬油菜的叶绿素含量约 1 倍；越冬期，N21 冬油菜的叶绿素含量约是 N12 冬油菜叶绿素含量的 2 倍。从最高含量来看，六叶期时 N18 冬油菜、十叶期时 N18 冬油菜和越冬期时 N21 冬油菜的叶绿素含量最高，因此并非施肥量越高就越能促使叶绿素含量增加。不施用氮肥（N00）的冬油菜生长受到严重抑制，而过低的施肥量（N03～N09）会导致叶绿素合成能力下降，叶绿素含量减少使植株光合作用变弱。

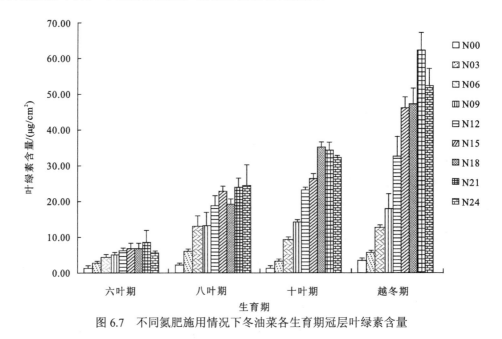

图 6.7 不同氮肥施用情况下冬油菜各生育期冠层叶绿素含量

6.3.2 叶绿素含量预测模型建立与评价结果

宽波段植被指数对叶绿素含量的最优拟合模型都为非线性的（表 6.10），其中 NDVI、

ARVI、MSR 预测模型都是二次多项式模型，RVI、EVI、OSAVI、GRVI、NLI、RDVI、DVI、GNDVI 预测模型都是指数函数模型，PSRI 预测模型是幂函数模型。对叶绿素含量预测效果较好的植被指数有 RVI、EVI、GRVI、RDVI、MSR、DVI、GNDVI，建模集 R_{cal}^2 都大于 0.50，但是从模型检验结果来看，只有 RVI 和 GRVI 模型验证结果是可用的（RPD≥1.4）。RVI 与 GRVI 预测模型建模集 R_{cal}^2 分别为 0.61 和 0.65，RMSEC 分别为 14.27 μg/cm² 和 12.99 μg/cm²，验证集 R_{val}^2 分别为 0.53 和 0.64，RMSEV 分别为 13.14 μg/cm² 和 10.58 μg/cm²，RPD 值分别为 1.45 和 1.55，根据评价指标综合来看，GRVI 模型是叶绿素含量的最优预测模型。从图 6.8 可以看出，GRVI 模型建模集与预测集的回归线斜率都低于 1∶1 线，这表明模型预测值要低于实测值。

表 6.10　基于宽波段植被指数的叶绿素含量预测模型

植被指数	建模集（n=146）			验证集（n=73）		
	回归模型	R_{cal}^2	RMSEC /（μg/cm²）	R_{val}^2	RMSEV /（μg/cm²）	RPD
NDVI	$y=814.5x^2-996.39x+301.06$	0.42	15.28	0.30	14.30	1.15
RVI	$y=0.7862e^{0.3248x}$	0.61	14.27	0.53	13.14	1.45
EVI	$y=0.3406e^{4.6723x}$	0.50	16.58	0.32	15.12	1.08
ARVI	$y=463.65x^2-467.05x+114.41$	0.45	15.40	0.38	14.45	1.13
OSAVI	$y=0.07e^{7.176x}$	0.47	17.25	0.33	14.59	1.12
GRVI	$y=0.4411e^{0.6246x}$	0.65	12.99	0.64	10.58	1.55
NLI	$y=1.5787e^{3.2449x}$	0.44	17.93	0.33	14.89	1.10
RDVI	$y=0.1883e^{6.692x}$	0.51	16.74	0.31	15.17	1.08
MSR	$y=24.616x^2-77.898x+62.332$	0.56	13.33	0.38	13.41	1.22
DVI	$y=0.6271e^{5.841x}$	0.51	16.89	0.30	16.70	0.98
GNDVI	$y=0.0026e^{11.75x}$	0.57	16.05	0.61	12.53	1.31
PSRI	$y=0.2587x^{-1.136}$	0.43	18.22	0.31	15.41	1.06

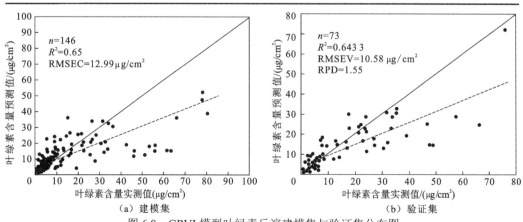

（a）建模集　　　　　　　　　　　（b）验证集

图 6.8　GRVI 模型叶绿素反演建模集与验证集分布图

6.4 冬油菜生物量的光谱估计

6.4.1 氮肥施用量对冬油菜生物量积累的影响

根据第 4 章小区试验设计，取冬油菜地上部分的干物质重量作为生物量。从图 6.9 可以看出，在各生育期，冬油菜生物量随氮肥用量增加而增加；在十叶期和越冬期，这种递增趋势近似直线，而且变化梯度明显。对不同生育期进行比较，N00 和 N03 冬油菜的 4 个时期生物量递增缓慢，反映了氮肥施用量严重不足；N06、N09、N12、N15 和 N18 冬油菜在前两个时期生物量明显增长，但到了十叶期和越冬期增长缓慢，反映了后期氮肥供给不足；N21 和 N24 冬油菜生物量一直保持明显的增长趋势，反映了氮肥充足。结合 6.3.1 小节，从八叶期到越冬期，冬油菜叶绿素的增长速率逐渐增快，而生物量的增长速率略微减缓，可见在寒冷天气下冬油菜生长减缓，需要更强的光合作用来适应低温环境，所以越冬前期是冬油菜需肥的重要时期（杨天建，2006）。

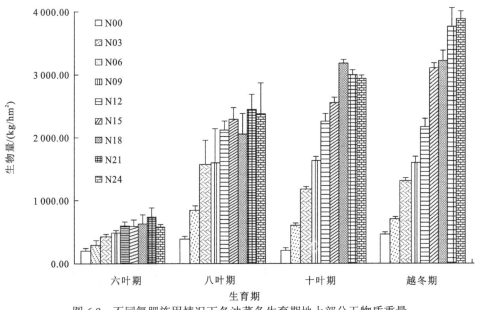

图 6.9 不同氮肥施用情况下冬油菜各生育期地上部分干物质重量

6.4.2 生物量预测模型建立与评价结果

宽波段植被指数对生物量的最优拟合模型均为非线性模型（表 6.11），其中 NDVI、RVI、EVI、ARVI、OSAVI、NLI、MSR、GNDVI 的是二次多项式模型，GRVI、RDVI、DVI 的是指数函数模型，PSRI 是幂函数模型。PSRI 对生物量预测建模的 R^2_{cal} 极低，其他植被指数建模精度较好，其中 GRVI 和 GNDVI 的 R^2_{cal} 高于或等于 0.70，RMSEC 小于 740 kg/hm²，RPD≥1.7，这两个植被指数模型可以用来预测生物量值。

表 6.11　基于宽波段植被指数的生物量预测模型

植被指数	建模集（n=146）			验证集（n=73）		
	回归模型	R^2_{cal}	RMSEC / （kg/hm^2）	R^2_{val}	RMSEV / （kg/hm^2）	RPD
NDVI	$y=46\,934x^2-55\,897x+16\,780$	0.48	891.68	0.42	858.45	1.28
RVI	$y=47.516x^2-346.04x+1\,158.1$	0.58	801.50	0.46	819.49	1.34
EVI	$y=10\,761x^2-9\,165.9x+2\,349.7$	0.54	838.52	0.35	934.51	1.18
ARVI	$y=25\,436x^2-24\,400x+6\,058.9$	0.45	922.46	0.38	883.26	1.24
OSAVI	$y=33\,718x^2-34\,380x+8\,963.1$	0.56	826.04	0.43	854.37	1.29
GRVI	$y=80.527e^{0.5325x}$	0.73	739.31	0.70	627.96	1.75
NLI	$y=7\,447.1x^2-2\,375.5x+265.17$	0.52	855.65	0.43	848.58	1.30
RDVI	$y=41.574e^{5.5929x}$	0.55	892.54	0.35	916.14	1.20
MSR	$y=1\,205.1x^2-3\,384.5x+2\,819.1$	0.57	814.12	0.46	818.99	1.34
DVI	$y=113.02e^{4.8934x}$	0.55	924.32	0.26	1\,057.13	1.04
GNDVI	$y=86\,868x^2-102\,022x+30\,063$	0.70	674.85	0.69	627.25	1.75
PSRI	$y=69.614x^{-0.869}$	0.30	1\,100.16	0.26	995.91	1.10

6.5　基于 LUT 的冬油菜冠层参数反演

经验和半经验方法简单实用，但十分依赖采样数据（Duveiller et al.，2011；Casa et al.，2010）。在农作物生长过程中，冠层的几何结构和理化特性不断变化，显著改变冠层辐射传输。因此，在不同生育期，双向反射特性也在发生明显变化。在大多数实地研究中，光谱反射率的测定通常是在无云无风的日子里，从上午 10 点到下午 14 点，使用光谱仪的光学头直接向下测量，距离农作物冠层约 1 m。太阳照明角度和阴影的影响将无法比较不同阶段观测的反射率（Souza et al.，2010；Gross et al.，1988）。Knyazikhin 等（2013）发现，近红外光谱区植被冠层双向反射系数与叶片氮质量浓度之间的强正相关关系是冠层结构变化的结果。此外，用冠层反射率来估计冠层叶绿素含量比在叶片水平上的估计更困难（Colombo et al.，2008）。冠层各组成要素不仅接收直接的太阳辐射，还接收被其他要素拦截和散射的辐射。因此，实际所测反射率受 LAI、叶倾角分布（LAD）、土壤背景和地面植被的空间分布的影响。大量研究已经证明，利用辐射传输模型（radiative transfer model，RTM）反演冠层参数是更稳健的方法（Bacour et al.，2002；Weiss et al.，2001；Jacquemoud，2000）。

RTM 反演通常采用数值优化方法（Svendsen et al.，2018；Jacquemoud，2000）、基于查找表（LUT）的算法（Duan et al.，2014；Verger et al.，2014；Darvishzadeh et al.，2008）、人工神经网络（ANNs）（Li et al.，2015；Verger et al.，2011）、支持向量机（SVM）（Durbha et al.，2007）和遗传算法（GA）等，它们依靠模拟冠层反射光谱和相应理化特性的大样本数据集来获得高精度的估计结果。包含全部植被变量，而且取值完全覆盖变

量有效范围的数据集是训练 ANNs、SVM 和 GA 的先决条件，然而对于大规模实际应用而言，这种数据集很难建立（Kimes et al.，2000）。根据 Darvishzadeh 等（2008）和 Duan 等（2014）的研究，基于 LUT 的 PROSAIL 模型反演适用于各种农作物，如小麦、马铃薯、玉米和向日葵。Weiss 等（2000）提出至少需要 100 000 种参数组合的 LUT，才能实现计算机资源需求和冠层变量估计精度之间的良好折中。应该采用正确的策略生成良好的 LUT，该策略必须具有物种特异性，并取决于光谱测量和生物物理性质的范围（Sehgal et al.，2016）。

数值优化方法被视为传统反演方法，这意味着使用标准的现成优化算法使测量和建模反射率间的差异最小化（Kimes et al.，2000）。并行计算和网络技术的快速发展加速了复杂模型（如 PROSAIL）和耗时搜索算法的优化。优化 RTM 主要取决于模型参数的搜索空间和搜索算法。在以前的研究中，根据经验（Waldner et al.，2015；Guillen-Climent et al.，2012；Dorigo et al.，2009）或测量数据（Guo et al.，2015）来确定特定农作物冠层变量的先验分布，在参数构成的多维空间中寻找全局误差最小的解决方案。搜索算法需要避免在多维空间达到全局最小值之前陷入局部极小值。超参数优化算法（hyperparameter optimization algorithm，HPOA）包括网格搜索、随机搜索和贝叶斯优化，已被证明有助于应对非线性模型和复杂模型选择的挑战（Žilinskas，2012；Munetomo et al.，2008）。可以采用黑箱优化来调整 RTM 参数，具体而言可采用三种贝叶斯优化方法：基于序列模型的算法配置（sequential model-based algorithm configuration，SMAC）、树结构 Parzen 估计器（tree-structure Parzen estimators，TPE）和 Spearmint（Bergstra et al.，2013；Mühlenbein et al.，2002）。

本节主要评估使用模拟数据集和实际测量数据集进行基于 TPE 的 PROSAIL 反演的可行性；评估基于冬油菜田间试验估算冠层叶绿素含量、叶片干质量和其他植被特征的方法的可用性；比较基于植被指数的方法和基于 LUT 的 PROSAIL 反演方法，验证该方法的有效性。

6.5.1　材料与方法

1. PROSAIL 的配置

PROSPECT-5 模型将叶片半球透射率和反射率模拟为 4 个结构和生化叶片参数的函数：叶片结构参数 N_l（无单位）、冠层叶绿素含量 C_{ab}（单位为 μg/cm^2）、等效水厚度 C_w（单位为 cm）和叶片干物质含量 LMA（单位为 g/cm^2）。然后将 PROSPECT-5 模型模拟的叶片光学特性（叶片反射率和透射率）输入 4SAIL 模型。由于准确测量基本参数的难度较大，在实际应用时，4SAIL 模型可使用以下参数模拟冠层顶部反射率函数：LAI（单位为 m^2/m^2）、两个叶片倾斜分布函数（leaf inclination distribution function，LIDF）参数 LIDFa 和 LIDFb（Campbell，1990）、土壤反射率参数（psoil）、天空漫散射比例（skyl）、热点参数（hspot）（Kuusk，1995）、太阳天顶角 tts、传感器观测天顶角 tto 及传感器与太阳之间的相对方位角 psi。用于冬油菜的 PROSAIL 模型合理参数的配置见表 6.12。

表 6.12　适用于冬油菜的 PROSAIL 模型合理参数的配置

参数	优化类型	单位	取值/范围
N_l	固定	—	2
C_{ab}	测量/模拟	$\mu g/cm^2$	$10 \sim 100$
C_w	待优化	cm	$0 \sim 0.1$
C_{car}	待优化	$\mu g/cm^2$	$5 \sim 100$
C_b	待优化	—	$0 \sim 0.3$
LMA	测量/模拟	g/cm^2	$0.01 \sim 0.1$
LAI	测量/模拟	m^2/m^2	$0.5 \sim 6$
psoil	待优化	—	$0 \sim 1$
hspot	测量/模拟	—	0.5/LAI
tts	固定/测量	°	30
tto	固定	°	0
psi	固定	°	0
LIDF(a,b)	固定	—	喜平型（$a=1$，$b=0$）

上述参数的范围一般通过实际观测或参考文献确定（Liu et al.，2016；Darvishzadeh et al.，2008；Koetz et al.，2005）。LAI、C_{ab} 和 LMA 为实际测量，同时以 C_{ab} 和 LMA 作为优化变量进行验证。在模拟中，LAI 为 $0.5 \sim 6$ m^2/m^2，C_{ab} 为 $10 \sim 80$ $\mu g/cm^2$，LMA 为 $0.01 \sim 0.1$ g/cm^2。C_w 的优化值为 $0 \sim 0.1$ cm，C_{ab} 的优化值为 $5 \sim 100$ $\mu g/cm^2$，C_b 的优化值为 $0 \sim 0.3$。当 LAI 小于 1 时，土壤水分对冠层顶部反射率有显著影响。psoil 在干土时为 1，在湿土时为 0。优化时，psoil 被设置为介于 0 和 1 之间的自由参数。冬油菜 LIDF 类型设置为喜平型，其中 a（控制平均叶片倾角）和 b（双峰性）分别被指定为 1 和 0。叶片结构参数（N_l）设定为 2.0，双子叶植物的平均值为 $1.5 \sim 2.5$（Jacquemoud et al.，1990）。在 4SAIL 模型中，skyl 对每个输入光谱都有一个固定值，因为它对冠层反射率的影响非常小。由于太阳光照几何结构在生长季节发生变化，每次野外观测的 tts 按日期、时间和地点计算。因为探头固定在天顶点垂直向下，tto 和 psi 均设置为 0。hspot 随 LAI 变化，由 0.5/LAI 计算得到。

2. 数据准备和预处理

1）模拟数据集

为了评估反演方法的可行性，模拟 PROSAIL 参数和相应的冠层反射光谱。分别在（0.5，6.0）、（0.01，0.1）和（10，100）上均匀地生成 LAI、LMA 和 C_{ab} 各 10 个样本，然后通过笛卡儿积生成 1 000 种组合。相应地，C_{car}、C_b 和 C_w 分别在（5，100）、（0，3）和（0，0.1）上随机取值 1 000 次。表 6.12 列出了固定参数的值，包括 N_l、psoil、tts、tto、psi、LIDF(a, b)。然后将这些参数设置组合成 1 000 个参数元组，输入 PROSAIL 以获得 1 000 个模拟光谱。

根据模拟数据，在三种输入情况下对反演结果进行评估：LAI、LMA 和 C_{ab} 作为输入参数，LAI 作为单一输入参数和无输入参数。对于第一种情况，PROSAIL 在 1 000、

3 000、5 000 和 10 000 次迭代中检索到的 C_{car}、C_b 和 C_w 的最佳值分别与模拟值进行比较，以确定迭代次数对结果的影响。对于第二种情况，需检索 LMA、C_{ab}、C_{car}、C_b 和 C_w 的最优解。

2）实测数据集

采用 4.3.2 小节中描述的冠层光谱测量方法及 4.3.1 小节中小区试验条件，在冬油菜六叶期、八叶期、十叶期、盛花期和角果期等关键生育期，测量 8 种氮肥施用水平下的冠层光谱数据，同步测量 LAI、叶绿素、生物量等生理生化参数。

3. 反演方法

1）基于 TPE 的 PROSAIL 反演方法

PROSAIL 模型的参数被用作已知变量，其类型被测量或固定，而优化后的参数被用作未知参数或超参数。例如，选择 LAI、LMA、C_{ab} 和其他固定参数作为已知变量，而 C_{car}、C_b 和 C_w 作为超参数进行迭代优化。在每次迭代中，PROSAIL 模型向前运行，用这些变量模拟冠层反射率。极限迭代后，C_{car}、C_b 和 C_w 的值应通过模拟光谱和测量光谱之间的最小误差平方和（sum of squared errors，SSE）进行优化确定，如下所示：

$$SSE = \sum_{\lambda=400}^{2\,500} (\rho_\lambda - \rho'_\lambda)^2 \tag{6.1}$$

其中：λ 为 400～2 500 nm 的波长；ρ_λ 和 ρ'_λ 分别为模拟光谱和测量光谱在 λ 处的反射率。使用 TPE 优化超参数是一种基于顺序模型的优化（sequential model-based optimization，SMBO）技术，也称为贝叶斯优化。该技术根据历史测量结果顺序构建模型以近似超参数的性能，然后根据构建的模型选择新的超参数进行测试。TPE 与一些调用效率最高的优化方法（就函数评估而言）结合使用，可以实现函数优化。

2）偏最小二乘回归

偏最小二乘回归（PLSR）是基于从大量原始描述符到基于少量正交因子的新变量空间的线性过渡，是可见光-近红外分析中常用的化学计量学方法（Geladi et al.，1986）。PLSR 算法选择连续正交因子，使预测值（谱）和响应变量（如 LAI、LMA、C_{ab}）之间的协方差最大化。PLSR 模型包含一组精简的因素和潜在变量，其选择方式应确保其与响应变量的相关性最大化。PLSR 将可见光-近红外矩阵减少为少量具有统计意义的成分。关于 PLSR 算法的更多细节可参考 Geladi 等（1996）的研究。为了测试 PLSR 回归模型的准确性，现场试验数据集被随机分为一个训练预测模型的校准集（包括 69 个样本，即总数据集的 75%）及一个测试模型准确性的验证集（包括 22 个样本，即总数据集的 25%）。留一交叉验证用于测试每个 PLSR 成分的预测显著性，并确定校准模型中保留的因子（潜在变量）数量。

3）基于 LUT 的 PROSAIL 模型反演

在田间试验中，创建 LUT 时，实测冠层反射率和 LAI 被用作已知的 PROSAIL 模型输入变量。根据 Combal 等（2003）和 Darvishzadeh 等（2008）的研究，为方便实际应用，未知输入变量的分布应定义为更好的样本域。对于表 6.13 中的 5 个待优化参数（C_{ab}、

C_w、C_{car}、C_b 和 psoil），每个样本的分布产生了 10 000 个值。表 6.13 显示了根据 Combal 等（2003）选择的分布。

表 6.13 服从均匀分布的变量变换方法

参数	最小值	最大值	参数变换
C_{ab}	20	100	$e^{-C_{ab}/100}$
C_w	0.005	0.025	e^{-50C_w}
C_{car}	5	100	C_{car}
C_b	0	0.3	C_b
psoil	0	1	psoil

此外，LAI 和 LMA 之间的显著线性关系被用作约束，以防止广泛传播的解决方案。LMA 值限制在 95%置信区间内，如下所示：

$$\text{LMA} = \widehat{\text{LMA}} \pm t_p * \text{SE} \tag{6.2}$$

其中：t_p 为 $n = 90$ 的自由度临界值；$\widehat{\text{LMA}}$ 是通过以下函数在实测数据集（$n = 91$）内进行的预测的

$$\widehat{\text{LMA}} = -0.004\,4 * \text{LAI} + 0.028\,1 \tag{6.3}$$

SE 是回归的标准误差，如下所示：

$$\text{SE} = \sqrt{\frac{\sum(\text{LMA} - \widehat{\text{LMA}})^2}{n-2}} \tag{6.4}$$

最终 LUT 包含 48 200 个条目。对于实测数据集，在 LUT 中搜索与每个样本的测量值最相似的反射率来获得 LMA、C_{ab} 的预测值。

4. 方法评估

为了检验三种方法的预测效果，使用了确定系数（R^2）、均方根误差（RMSE）和标准化 RMSE（nRMSE），它们的定义详见 5.5.3 小节。

6.5.2 结果与分析

1. 基于最小 SSE 准则的 PROSAIL 模型反演

PROSAIL 模型通过在指定的空间中以固定的迭代次数搜索变量进行优化。根据成本函数，提供最小 SSE 的变量集被视为反演的解。通过这种方法，从 PROSAIL 模型中输入对比 LAI、C_{ab} 和 LMA 值，模拟 4 个冠层反射光谱，并与田间试验中的实际观测值进行比较。图 6.10 说明模拟光谱与测量光谱吻合良好。根据文献（Darvishzadeh et al.，2008）计算 91 个测得的冠层光谱和模拟光谱之间的平均绝对误差（average absolute error，AAE）。如图 6.11 所示，AAE 值在不同光谱区域的变化如下：在红边区域（700～780 nm 的窄带区域）的中心，AAE 值相对较高，因为红边区域中叶绿素对太阳辐射强烈吸收和细胞结构对太阳强烈反射，绿色植被的反射率通常会急剧变化；近红外区域（780 nm）的 AAE 高于可见光区域（400～700 nm）。

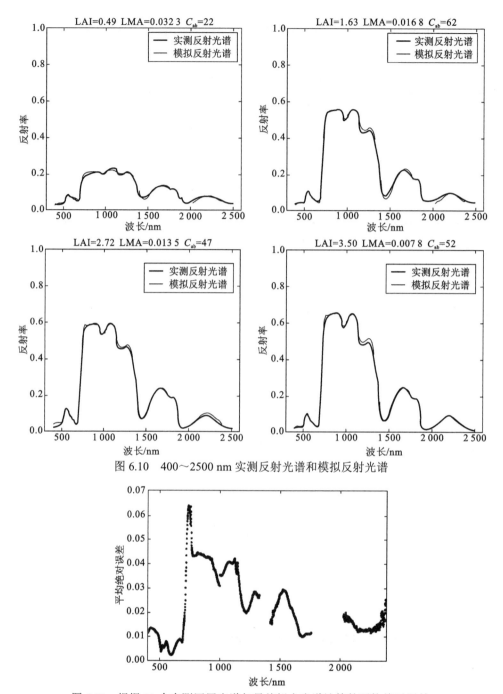

图 6.10　400~2500 nm 实测反射光谱和模拟反射光谱

图 6.11　根据 91 个实测冠层光谱与最佳拟合光谱计算的平均绝对误差

2. 基于 PLSR 和 LUT 的 PROSAIL 模型反演的性能

1）通过 PLSR 估算 LAI、LMA 和 C_{ab}

图 6.12（a）显示了田间试验中通过 PLSR 模型的 LAI、LMA 和 C_{ab} 交叉验证结果。根据最佳交叉验证结果（最低 RMSE 和最高 R^2）选择校准模型中使用的最佳主成分数量，LAI 为 6 个，LMA 为 2 个，C_{ab} 为 7 个。LAI 和 C_{ab} 对校准数据集具有显著的 R^2（分别为

0.82 和 0.75），表明模型拟合良好。模型验证[图 6.12（b）]LAI 的结果较好（$R^2=0.72$），但 LMA 较差（$R^2=0.53$）。对于校准和验证数据集，LMA 的 R^2 较低（分别为 0.23 和 0.15），表明 PLSR 模型没有准确估计 LMA 的预测能力。为了分析的一致性，未删除单个变量的离群值样本。LMA 观测值接近 0 的样本（校准数据集中有 4 个，验证数据集中有 2 个）明显影响了 PLSR 拟合和预测精度。对于 LAI 和 C_{ab}，验证数据集的 nRMSE 值几乎相同（分别为 0.19 和 0.17），表明 PLSR 模型的精度相似。此外，此结果与许多其他冬油菜和其他农作物研究的 PLSR 预测模型得出的结果一致（Li et al.，2016；Atzberger et al.，2010；Hansen et al.，2003）。

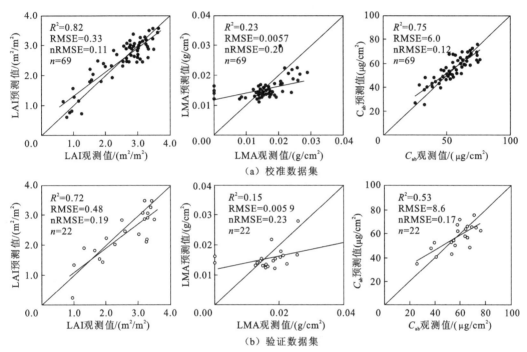

图 6.12　校准和验证数据集的预测与观测 LAI、LMA 和 C_{ab} 散点图

RMSE 的单位与变量一致；扫封底二维码见彩图，红线是 PLSR 模型，绿线表示预测变量与测量变量的 1∶1 相关性

2）通过基于 LUT 的 PROSAIL 模型反演估计 LMA 和 C_{ab}

对于基于 LUT 的 PROSAIL 模型反演，LMA 和 C_{ab} 的观测值和预测值关系如图 6.13 所示。模型对 LMA 的反演精度较高（$R^2=0.87$，RMSE $=0.001\,6$ g/cm²），而 C_{ab} 的反演精度也是可接受的（$R^2=0.66$，RMSE $=7.11$ μg/cm²）。LMA 和 C_{ab} 的 nRMSE 存在显著差异，前者远低于后者（nRMSE 分别为 0.076 和 0.19）。

3. 基于 TPE 的 PROSAIL 模型反演的性能

1）利用模拟数据集估算冠层变量

将 LAI、LMA 和 C_{ab} 作为已知变量输入 PROSAIL 模型，迭代次数设置为 1 000 次，C_{car}、C_w 和 C_b 的模拟值和优化值非常相似。图 6.14 显示了模拟和优化 C_{car}（C_b 和 C_w）之间存在显著相关性，高 R^2 和低 nRMSE 值证明了这一点。

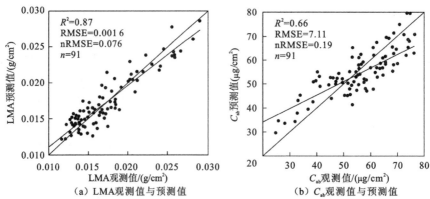

（a）LMA观测值与预测值　　　　　（b）C_{ab}观测值与预测值

图 6.13　使用基于 LUT 的 PROSAIL 反演方法预测与观测 LMA 和 C_{ab} 的比较

RMSE 的单位与变量一致；扫封底二维码见彩图

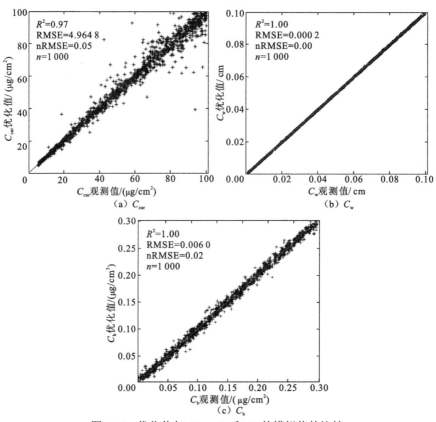

（a）C_{car}　　　　　　　　　　（b）C_{w}

（c）C_{b}

图 6.14　优化值与 C_{car}、C_{w} 和 C_{b} 的模拟值的比较

RMSE 的单位与变量一致

图 6.15 显示了当使用 LAI 作为 PROSAIL 模型中唯一已知变量时，模拟变量和优化变量之间的相关性。显然，即使 LAI 是 PROSAIL 模型的唯一变量输入，LMA、C_{ab} 和 C_{w} 的估计精度也很高。结果表明，C_{car} 可以在 25 μg/cm² 以下有良好的精度反转，C_{b} 可以有相对较好的精度估计，但 RMSE 为 0.026 5 μg/cm²，nRMSE 为 0.09。值得注意的是，当使用 LAI 作为唯一输入变量时，为优化 PROSAIL 模型进行了更多的迭代（5 000 次）。然而，与输入 LAI、LMA 和 C_{ab} 的优化方案相比，在这种情况下，C_{car} 和 C_{b} 的估计较差。因此，很明显是输入参数的数量而不是迭代次数有助于搜索目标变量的最佳值。

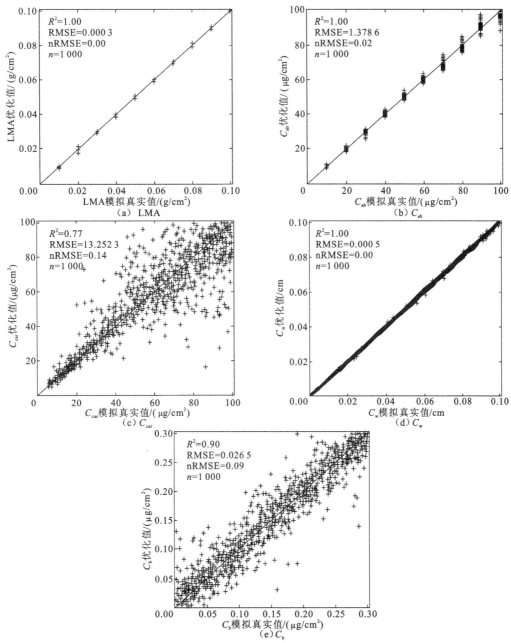

图 6.15 LMA、C_{ab}、C_{car}、C_w 和 C_b 的优化值与模拟真实值的比较

RMSE 的单位与变量一致

2）利用实测数据集估计冠层变量

叶绿素含量（C_{ab}）是由 PROSAIL 模型模拟的冠层反射率估算的，输入变量为 LAI 和 LMA。图 6.16 显示，当最大迭代次数从 1 000 次增加到 10 000 次时，C_{ab} 的估计精度显著提高，R^2 从 0.38 增加到 0.82，RMSE 和 nRMSE 从 9.6 μg/cm² 和 0.19 分别降低到 5.2 μg/cm² 和 0.10。当最大迭代次数设置为 3 000 次时，C_{ab} 的估计精度可以接受，这将适用于现场应用。图 6.17 显示了 C_{ab} 与 LMA 的观测值和优化估计结果偏差明显，表

明如果使用 LAI 作为唯一已知的生物物理参数进行优化,即使最大迭代次数为 10 000 次,反演精度也很低。

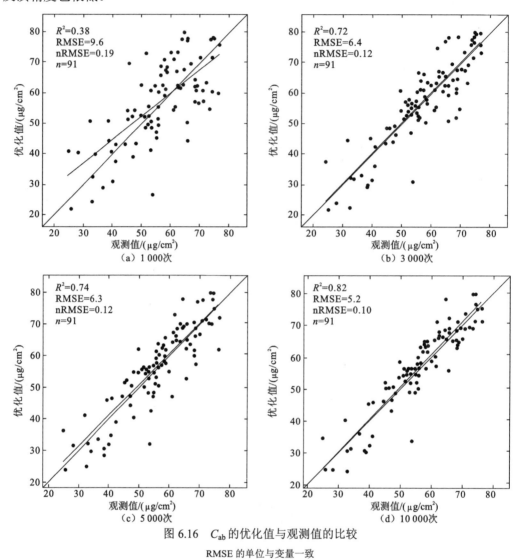

图 6.16　C_{ab} 的优化值与观测值的比较

RMSE 的单位与变量一致

将实测 LAI、LMA 和 C_{ab} 作为已知参数输入 PROSAIL 模型模拟冠层反射率,然后通过 TPE 估计 C_{car}、C_b 和 C_w。图 6.18 显示了移栽后不同氮处理下这些变量的变化。在移栽后,高氮(N12 以上)和低氮处理的 LAI 和 LMA 差异较大。各氮水平下冬油菜的叶面积指数在移栽后的 40~81 天持续增加,在 80~99 天略有下降。相反,冬油菜移栽后的 40~99 天,低氮水平(N03 和 N06)下 LMA 下降,相对低氮(N09 和 N12)、正常(N15 和 N18)和相对高氮水平下 LMA 没有表现出单调增加或减少模式。冬油菜移栽后的 40~81 天,N03 以上的各氮水平下的 C_{ab} 呈增加趋势,在 81~99 天呈下降趋势。对于 N03 处理,移栽后的 40~58 天,C_{ab} 增加,58~81 天急剧下降,最后到 99 天的过程中呈缓慢下降状态。此外,图 6.18(a)、(b)和(c)显示,在正常或更高的氮浓度水平下,每个处理之间的 LAI、LMA 和 C_{ab} 差异很小。虽然对 C_{car}、C_b 和 C_w 的现场观测不可

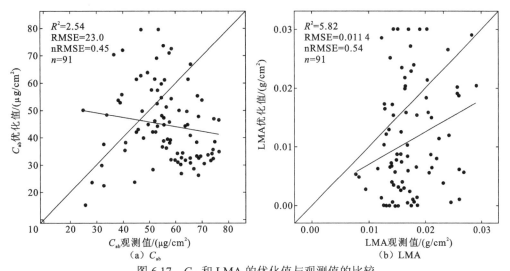

图 6.17 C_{ab} 和 LMA 的优化值与观测值的比较

迭代次数设置为 10 000 次，得出优化值；RMSE 的单位与变量一致

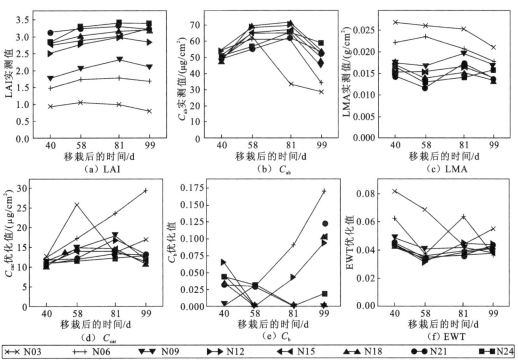

图 6.18 不同施氮量下测得的 LAI、C_{ab} 和 LMA 及优化的 C_{car}、C_b 和 C_w 随时间的变化

PROSAIL 模型预测（d）、（e）和（f）的值，输入 LAI、LMA 和 C_{ab}，迭代次数设置为 10 000 次；每个变量的实测值

为相同移栽后的时间和相同氮处理下的所有小区的平均值

用于验证，但优化结果显示了冬油菜这些变量变化的合理趋势。图 6.18（d）所示，在移栽后的各时间段，各氮水平下 C_{car} 没有相同的变化趋势。图 6.18（e）显示，低氮处理下 C_b 波动明显，而在其他氮水平下，移栽后的 40～58 天 C_b 降低，移栽后的 81～99 天 C_b 增加。

6.5.3　讨论

根据 Kimes 等（2000）的研究，稳健的迭代优化方法往往采取更复杂的搜索算法。传统的搜索算法在达到全局极小值之前容易陷入局部极小值，因此不能保证稳健反演和结果最优。然而，超参数搜索算法能够及时地找到全局最优或接近最优的结果。假设冠层反射率可以通过一组 PROSAIL 模型变量来模拟，以匹配测量的反射率。基于 LUT 的反演方法也显示出预测 C_{ab} 的良好可行性，但生成合理的 LUT 依然困难且耗时。虽然 LUT 最初大小为 182 000，但预测性能决定了最佳的数量。

当 PROSAIL 模型中仅使用 LAI 作为已知参数时，估计 C_{ab} 和 LMA 的精度差与已有研究（Casa et al.，2010；Darvishzadeh et al.，2008；Di Bella et al.，2004；Bacour，2002；Weiss et al.，2000）一致，其原因可能是从叶片到冠层的信号传播较差，导致估计叶片生化参数的能力较弱（Feilhauer et al.，2010）。此外，只有可见光波段对叶片色素含量的变化敏感，由于吸收效应，其值范围较小。尽管类胡萝卜素（包括叶黄素色素）和花青素在叶片的绿化或衰老中可能起着重要作用，但是叶绿素一直被认为是在可见光谱中占主导地位的光合色素（Jacquemoud et al.，2009）。因此，PROSAIL 模型模拟的可见光反射率可能存在误差，导致对叶色素的估计不准确。植物各种养分要素的含量通常存在高度的相关性，尤其在覆盖整个生长期的数据中也存在这种情况。虽然原位 C_{car}、C_w 和 C_b 值无法进行验证，但研究这些变量在不同氮水平下的变化趋势有助于分析施氮量对冬油菜生长的影响。

在已知 LAI 和 LMA 的情况下，PROSAIL 模型可以捕获不同氮水平下测得的冠层 C_{ab} 的变异性。从根本上说，光照、温度和湿度条件决定了区域范围内作物的生长变化，而养分的施用对小面积农田的冠层生理生化特性有重要影响。在几乎所有的作物栽培研究中，都假定这些参数是均匀分布或正态分布。在临界生长期内，以相同的概率假设了不同施氮量引起的冠层性质变化。气候和作物生长的影响使不同养分施用引起的叶片光谱反射率的细微差异变得显著（Féret et al.，2017）。以上结果证实了反演方法和化学计量学方法之间的固有差异。理论上，PROSAIL 模型反演方法可用于估计所有输入变量；但产生类似冠层反射率的冠层变量的各种组合可能会干扰估计（Duan et al.，2014）。这些算法对模型误差非常敏感，其精度直接取决于模型精度和引入的先验信息（Combal et al.，2003）。基于 LUT 和基于 TPE 的反演均有效地用于估算冬油菜冠层叶绿素含量，与其他作物的研究（Kalacska et al.，2015；Li et al.，2015；Dorigo et al.，2009）一致。

与经验统计建模方法不同，RTM 的数值优化不需要收集样本来校准和验证统计模型。Darvishzadeh 等（2008）认为，由于异质结构，PROSAIL 模型不能很好地适用于多物种冠层。而冬油菜的冠层被认为是均匀的，在营养生长阶段，喜平型的 LIDF 函数可以稳定地描述冬油菜的叶倾角分布。另外，由于冠层反射光谱测量是在晴朗无云的天气条件下进行的，而且还使用参考白板测量下行辐射，无须进行大气校正。在这种情况下，PROSAIL 模型反演生理参数的偏差较低。RTM 反演结果可以直接用于评估冬油菜长势，无须验证。冠层变量分布更好的先验信息有助于改进 RTM 反演性能，从而获得更好的查找表。与 RTM 方法相比，PLSR 作为一种常用的化学计量学方法，可以利用反射率数据快速、高精度地估计单个冠层变量。但是，其建模校准和验证需要适当的统计样本量，这使现场试验成本高昂。因此，RTM 反演方法比 PLSR 方法更具解释性和普遍适用性。

参 考 文 献

曹金华, 朱家成, 张书芬, 等, 2014. 覆盖对土壤温度及甘蓝型油菜丰油10号抗寒性和产量的影响. 中国油料作物学报, 36(2): 213-218.

程迪, 刘咏梅, 李京忠, 等, 2015. 青海祁连瑞香狼毒的光谱差异特征提取. 应用生态学报, 26(8): 2307-2313.

邓帆, 王立辉, 高贤君, 等, 2018. 基于多时相遥感影像监测江汉平原油菜种植面积. 江苏农业科学, 46(14): 200-204.

关锦毅, 郝再彬, 张达, 等, 2009. 叶绿素提取与检测及生物学功效的研究进展. 东北农业大学学报, 40(12): 130-134.

胡珍珠, 潘存德, 肖冰, 等, 2015. 基于光谱特征参量的核桃叶片氮素含量估测模型. 农业工程学报, 31(9): 180-186.

黄敬峰, 王渊, 王福民, 等, 2006. 油菜红边特征及其叶面积指数的高光谱估算模型. 农业工程学报, 22(8): 22-26.

鞠昌华, 田永超, 朱艳, 等, 2008. 油菜光合器官面积与导数光谱特征的相关关系. 植物生态学报, 32(3): 664-672.

李功爱, 任忠, 2009. 我国油菜籽产区和油菜籽加工业的分布特点. 地理教学, 7: 1-4.

汤亮, 朱艳, 曹卫星, 2007. 油菜绿色面积指数动态模拟模型. 植物生态学报, 31(5): 897-902.

王备战, 冯晓, 温暖, 等, 2012. 基于 SPOT-5 影像的冬小麦拔节期生物量及氮积累量监测. 中国农业科学, 45(15): 3049-3057.

王希群, 马履一, 贾忠奎, 等, 2005. 叶面积指数的研究和应用进展. 生态学杂志, 24(5): 537-541.

杨天建, 2006. 高产油菜冬季管理要点. 农民科技培训, 10: 6-7.

张晓艳, 刘锋, 王丽丽, 等, 2010. 花生叶面积指数与特征导数光谱的相关性. 遥感技术与应用, 25(5): 668-674.

朱珊, 李银水, 余常兵, 等, 2013. 密度和氮肥用量对油菜产量及氮肥利用率的影响. 中国油料作物学报, 35(2): 179-184.

ATZBERGER C, GUÉRIF M, BARET F, et al., 2010. Comparative analysis of three chemometric techniques for the spectroradiometric assessment of canopy chlorophyll content in winter wheat. Computers and Electronics in Agriculture, 73(2): 165-173.

BACOUR C, 2002. Design and analysis of numerical experiments to compare four canopy reflectance models. Remote Sensing of Environment, 79(1): 72-83.

BACOUR C, JACQUEMOUD S, LEROY M, et al., 2002. Reliability of the estimation of vegetation characteristics by inversion of three canopy reflectance models on airborne POLDER data. Agronomie, 22(6): 555-565.

BERGSTRA J, YAMINS D, COX D, 2013. Hyperopt: A Python library for optimizing the hyperparameters of machine learning algorithms. Proceedings of the Python in Science Conference: 13-19.

CAMPBELL G S, 1990. Derivation of an angle density function for canopies with ellipsoidal leaf angle distributions. Agricultural and Forest Meteorology, 49(3): 173-176.

CASA R, BARET F, BUIS S, et al., 2010. Estimation of maize canopy properties from remote sensing by inversion of 1-D and 4-D models. Precision Agriculture, 11(4): 319-334.

COLOMBO R, MERONI M, MARCHESI A, et al., 2008. Estimation of leaf and canopy water content in poplar plantations by means of hyperspectral indices and inverse modeling. Remote Sensing of Environment, 112(4): 1820-1834.

COMBAL B, BARET F, WEISS M, et al., 2003. Retrieval of canopy biophysical variables from bidirectional reflectance. Remote Sensing of Environment, 84(1): 1-15.

DARVISHZADEH R, SKIDMORE A, SCHLERF M, et al., 2008. Inversion of a radiative transfer model for estimating vegetation LAI and chlorophyll in a heterogeneous grassland. Remote Sensing of Environment, 112(5): 2592-2604.

DI BELLA C M, PARUELO J M, BECERRA J E, et al., 2004. Effect of senescent leaves on NDVI-based estimates of fAPAR: Experimental and modelling evidences. International Journal of Remote Sensing, 25(23): 5415-5427.

DORIGO W, RICHTER R, BARET F, et al., 2009. Enhanced automated canopy characterization from hyperspectral data by a novel two step radiative transfer model inversion approach. Remote Sensing, 1(4): 1139-1170.

DUAN S B, LI Z L, WU H, et al., 2014. Inversion of the PROSAIL model to estimate leaf area index of maize, potato, and sunflower fields from unmanned aerial vehicle hyperspectral data. International Journal of Applied Earth Observation and Geoinformation, 26: 12-20.

DURBHA S S, KING R L, YOUNAN N H, 2007. Support vector machines regression for retrieval of leaf area index from multiangle imaging spectroradiometer. Remote Sensing of Environment, 107(1-2): 348-361.

DUVEILLER G, BARET F, DEFOURNY P, 2011. Crop specific green area index retrieval from MODIS data at regional scale by controlling pixel-target adequacy. Remote Sensing of Environment, 115(10): 2686-2701.

FEILHAUER H, ASNER G P, MARTIN R E, et al., 2010. Brightness-normalized partial least squares regression for hyperspectral data. Journal of Quantitative Spectroscopy and Radiative Transfer, 111(12-13): 1947-1957.

FÉRET J B, GITELSON A A, NOBLE S D, et al., 2017. PROSPECT-D: Towards modeling leaf optical properties through a complete lifecycle. Remote Sensing of Environment, 193: 204-215.

GELADI P, KOWALSKI B R, 1986. Partial least-squares regression: A tutorial. Analytica Chimica Acta, 185: 1-17.

GELADI P, MARTENS H, 1996. A calibration tutorial for spectral data. part 1: Data pretreatment and principal component regression using matlab. Journal of Near Infrared Spectroscopy, 4(1): 225-242.

GROSS M F, HARDISKY M A, KLEMAS V, 1988. Effects of solar angle on reflectance from wetland vegetation. Remote Sensing of Environment, 26(3): 195-212.

GUILLEN-CLIMENT M L, ZARCO-TEJADA P J, BERNI J A J, et al., 2012. Mapping radiation interception in row-structured orchards using 3D simulation and high-resolution airborne imagery acquired from a UAV. Precision Agriculture, 13(4): 473-500.

GUO Y, ZHANG L, QIN Y, et al., 2015. Exploring the vertical distribution of structural parameters and light radiation in rice canopies by the coupling model and remote sensing. Remote Sensing, 7(5): 5203-5221.

HANSEN P M, SCHJOERRING J K, 2003. Reflectance measurement of canopy biomass and nitrogen status in wheat crops using normalized difference vegetation indices and partial least squares regression. Remote Sensing of Environment, 86(4): 542-553.

JACQUEMOUD S, 2000. Comparison of four radiative transfer models to simulate plant canopies reflectance direct and inverse mode. Remote Sensing of Environment, 74(3): 471-481.

JACQUEMOUD S, BARET F, 1990. PROSPECT: A model of leaf optical properties spectra. Remote Sensing of Environment, 34(2): 75-91.

JACQUEMOUD S, VERHOEF W, BARET F, et al., 2009. PROSPECT+SAIL models: A review of use for vegetation characterization. Remote Sensing of Environment, 113: S56-S66.

KALACSKA M, LALONDE M, MOORE T R, 2015. Estimation of foliar chlorophyll and nitrogen content in an ombrotrophic bog from hyperspectral data: Scaling from leaf to image. Remote Sensing of Environment, 169: 270-279.

KIMES D S, KNYAZIKHIN Y, PRIVETTE J L, et al., 2000. Inversion methods for physically-based models. Remote Sensing Reviews, 18(2-4): 381-439.

KNYAZIKHIN Y, SCHULL M A, STENBERG P, et al., 2013. Hyperspectral remote sensing of foliar nitrogen content. Proceedings of the National Academy of Sciences of the United States of America, 110(3): 185-192.

KOETZ B, BARET F, POILVÉ H, et al., 2005. Use of coupled canopy structure dynamic and radiative transfer models to estimate biophysical canopy characteristics. Remote Sensing of Environment, 95(1): 115-124.

KUUSK A, 1995. A fast, invertible canopy reflectance model. Remote Sensing of Environment, 51(3): 342-350.

LI L T, REN T, MA Y, et al., 2016. Evaluating chlorophyll density in winter oilseed rape (Brassica napus L.) using canopy hyperspectral red-edge parameters. Computers and Electronics in Agriculture, 126: 21-31.

LI W J, WEISS M, WALDNER F, et al., 2015. A generic algorithm to estimate LAI, FAPAR and FCOVER Variables from SPOT4_HRVIR and Landsat sensors: Evaluation of the consistency and comparison with ground measurements. Remote Sensing, 7(11): 15494-15516.

LIU J, WANG W X, MEI D S, et al., 2016. Characterizing variation of branch angle and Genome-Wide association mapping in rapeseed (Brassica napus L.). Frontiers in Plant Science, 7: 21.

MÜHLENBEIN H, MAHNIG T, 2002. Evolutionary optimization and the estimation of search distributions with applications to graph bipartitioning. International Journal of Approximate Reasoning, 31(3): 157-192.

MUNETOMO M, MURAO N, AKAMA K, 2008. Introducing assignment functions to Bayesian optimization algorithms. Information Sciences, 178(1): 152-163.

SEHGAL V K, CHAKRABORTY D, SAHOO R N, 2016. Inversion of radiative transfer model for retrieval of wheat biophysical parameters from broadband reflectance measurements. Information Processing in Agriculture, 3(2): 107-118.

SOUZA E G, SCHARF P C, SUDDUTH K A, 2010. Sun position and cloud effects on reflectance and vegetation indices of corn. Agronomy Journal, 102(2): 734-744.

SVENDSEN D H, MARTINO L, CAMPOS-TABERNER M, et al., 2018. Joint Gaussian processes for biophysical parameter retrieval. IEEE Transactions on Geoscience and Remote Sensing, 56(3): 1718-1727.

VERGER A, BARET F, CAMACHO F, 2011. Optimal modalities for radiative transfer-neural network estimation of canopy biophysical characteristics: Evaluation over an agricultural area with CHRIS/PROBA observations. Remote Sensing of Environment, 115(2): 415-426.

VERGER A, VIGNEAU N, CHÉRON C, et al., 2014. Green area index from an unmanned aerial system over wheat and rapeseed crops. Remote Sensing of Environment, 152: 654-664.

WALDNER F, LAMBERT M-J, LI W, et al., 2015. Land cover and crop type classification along the season based on biophysical variables retrieved from multi-sensor high-resolution time series. Remote Sensing, 7(8): 10400-10424.

WEISS M, BARET F, MYNENI R B, et al., 2000. Investigation of a model inversion technique to estimate canopy biophysical variables from spectral and directional reflectance data. Agronomie, 20(1): 3-22.

WEISS M, TROUFLEAU D, BARET F, et al., 2001. Coupling canopy functioning and radiative transfer models for remote sensing data assimilation. Agricultural and Forest Meteorology, 108(2): 113-128.

ŽILINSKAS A, 2012. On strong homogeneity of two global optimization algorithms based on statistical models of multimodal objective functions. Applied Mathematics and Computation, 218(16): 8131-8136.

第 7 章　冬油菜遥感监测与估产

7.1　无人机多光谱遥感的应用

传统的农作物长势监测需要进行大量的田间采样和理化分析，耗时耗力，时效性低，难以对大区域农作物长势参数进行实时快速估测（王纪华 等，2008）。遥感技术能提高农作物长势估测的效率，满足田间农作物实时、快速、无损且大范围的长势监测的需求。充分发挥卫星遥感、低空遥感和地面遥感技术的特点，形成优势互补的现代多体系遥感和多源遥感技术。利用无人机遥感技术进行农情监测是目前农业研究的前沿手段之一（唐华俊，2018），该项技术具有低成本、多角度、高分辨率、灵活简单、安全易操作等优势（杨贵军 等，2015；田振坤 等，2013），是近年来农业应用中的新趋势，存在巨大的发展空间。无人机遥感技术可根据需要，搭载不同的传感器进行航拍飞行，及时采集农田的高空间分辨率的影像数据，在农情监测、产量预估、精准农业等方面有着巨大的应用价值。

7.1.1　数据采集

1. 研究区和试验设计

研究区位于湖北省武汉市华中农业大学校内试验基地（30°28′10″N，114°21′21″E）。武汉市地处长江中游，地貌中间低平，南北丘陵、岗垄环抱，北部低山林立，属于北亚热带季风性湿润气候，全市年平均气温为 15.8～17.5 ℃，年降水量为 1 150～1 450 mm，年日照总时数为 1 810～2 100 h，雨量丰沛，无霜期长，光能充足，非常适合冬油菜生长。

试验于 2017～2018 年和 2018～2019 年连续两个季度在同一试验小区开展（图 7.1），各季度试验设计完全一致。试验区为玉米–冬油菜轮作体系，设置 10 个不同的氮肥处理，每个处理 3 次重复，采用完全随机区组设置共计 30 个小区。每个小区面积为 20 m²（4 m×5 m），间距为 0.5 m。为了获得精确配准影像，试验小区均匀布置了 17 个地面控制点（ground control point，GCP），并用差分 GPS 测量各点的经纬度及高程。

玉米-冬油菜轮作试验的氮肥用量具体见表 7.1。玉米采用直播方式，播种密度为 5.4 万株/hm²。玉米季氮肥分 2 次施用，施用比例分别为 50%和 50%，分别为基施及喇叭口时期施用；磷肥和钾肥用量分别为 75 kg/hm² 和 120 kg/hm²，均一次性基施。在玉米直播前 1 天将肥料均匀撒施到田间并与 0～10 cm 土壤混匀，追肥时结合松土施用，或在下雨后撒施。冬油菜采用移栽方式种植，移栽密度为 10 万株/hm²，供试品种为双低甘蓝型华油杂 9 号，于每年 9 月下旬播种，10 月下旬移栽，次年的 5 月上旬收割。冬油菜季氮肥分基肥、越冬肥和薹肥 3 次施用，施用的比例分别为 60%、20%和 20%。磷肥和钾肥

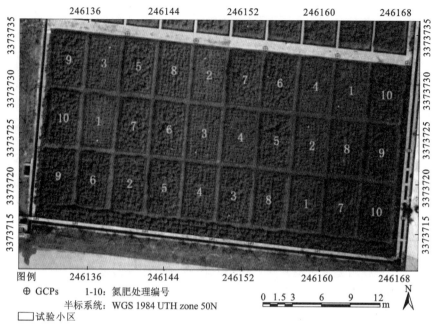

图 7.1　试验小区分布图

扫封底二维码见彩图

用量分别为 75 kg/hm² 和 120 kg/hm²。同时为了保证冬油菜的正常生长，各小区增施 15 kg/hm² 硼砂。磷肥和硼肥均作为基肥一次性施用，钾肥则分为 60%基肥、20%越冬肥和 20%薹肥三次施用。在冬油菜移栽前 1 天将肥料均匀撒施到田间并与 0～10 cm 土壤混匀，追肥结合松土施用，或在下雨后撒施。除氮肥的施肥量不同外，试验进程及其他田间生产管理均严格统一并采用当地农业技术推广部门的推荐技术。

表 7.1　玉米-冬油菜轮作各试验小区氮肥用量

处理编号	氮肥施用量/（kg/hm²）	处理编号	氮肥施用量/（kg/hm²）
1	0-0	6	0-150
2	150-0	7	0-225
3	225-0	8	0-75
4	75-0	9	225-150
5	150-150	10	150-225

2. 生化数据采集

2017～2018 年采集了无人机多光谱数据，对氮平衡指数（NBI）、叶绿素（Chl）、类黄酮（Flav）数据进行模型建立与评价工作；2018～2019 年采集了无人机高清数码影像及多光谱数据、叶面积指数（LAI）及地面实测株高数据，以进行冬油菜株高的提取和 LAI 反演模型建立与评价工作。数据采集日期如表 7.2 所示。

表 7.2　试验数据采集日期

年度	观测日期	播种后天数/天	移栽后天数/天	生育期
	2017-12-10	75	49	六叶期
	2017-12-26	91	65	八叶期
2017~2018 年	2018-01-14	110	84	十叶期
	2018-02-02	129	103	越冬期
	2018-02-26	153	127	蕾薹期
	2018-11-22	65	33	六叶期
2018~2019 年	2018-12-26	99	67	十叶期
	2019-01-13	117	85	越冬期
	2019-02-24	159	127	蕾薹期

3. 无人机多光谱影像处理

1）影像获取

无人机飞行航线包含多个航点，基于航空摄影测量原理，利用专业无人机影像拼接软件 Pix4d mapper 将各航点影像数据进行特征点匹配，并加入 17 个地面控制点（图 7.1）的经纬度及高程值来进行几何配准，建立密集点云及三维格网表面，通过对点云进行分类后生成高质量数字表面模型（digital surface model，DSM）数据；根据标准灰板的数值（digital number，DN）对正射影像的 DN 值进行辐射校正，获得冠层多光谱反射率数据。几何配准的平均均方根误差 RMSE 控制在 0.03 m 以内。

经过影像拼接、辐射校正、几何配准、波段融合、影像裁剪、波段运算等处理后，获得高清数字 RGB 影像和包含蓝、绿、红、红边、近红外 5 个波段的多光谱正射影像数据。

2）影像分类

面向像元的分类方法、面向对象的分类方法和基于知识规则的分类方法是目前进行遥感信息解译的三大基本层次。面向像元的分类方法是依据地物的光谱特征，实现遥感影像的分类，已经相当成熟，主要分为监督分类和非监督分类。面向对象的分类方法是从较高层次对遥感影像进行分类，是比较先进且成熟的分类方法。基于知识规则的分类方法是近年来最新兴的分类技术，目前尚处在发展阶段，是遥感信息解译发展的新趋势。

无人机多光谱影像具有 5 个波段，且空间分辨率达到 0.02 m，其光谱信息不如空间信息丰富，若采用传统的分类方法会导致分类精度降低，且严重浪费对象的颜色、形状、纹理等丰富的地物空间信息。而面向对象的分类方法非常适合提取无人机高空间分辨率影像信息，该方法分为基于最近邻和基于隶属度函数两类，具备小样本统计学习、高维特征空间、噪声影响较小等特点。基于最近邻面向对象的分类方法采用最近邻算法，将具有相同特征的像素按照一定分割尺度组成一个对象，然后依据对象的空间位置、形状、颜色、纹理等几何特征、光谱特性及结构信息进行分类。

分类精度评价采用总体精度（overall accuracy）和 Kappa 系数。总体精度代表每一个随机样本的分类结果与地面调查所获得的分类类型相同的概率，Kappa 系数是基于分类误差矩阵进行遥感影像分类结果评价的一致性检验方法，二者公式分别如下：

$$P = \frac{\sum_{i=1}^{n} P_{ii}}{N} \tag{7.1}$$

$$K = \frac{N\sum_{i=1}^{n} X_{ij} - \sum_{i=1}^{n}(X_{i+} \times X_{+i})}{N^2 - \sum_{i=1}^{n}(X_{i+} \times X_{+i})} \tag{7.2}$$

其中：P 为分类的总体精度；P_{ii} 为第 i 类型的被正确分类的样本数目；K 为 Kappa 系数，N 为总观察值；n 为分类矩阵的行数；X_{ij} 为第 i 行 j 列的观察值；X_{i+} 为第 i 类型所在行的像元数目总和；X_{+i} 为第 i 类型所在列的像元数目总和。

为了准确识别多光谱影像中的冬油菜、土壤和阴影，将影像分割为基本对象，创建影像分类特征指标、应用分类特征空间到类，创建训练样本、优化特征空间、执行分类、分类精度评价等；分类尺度为 0.3 m，分类特征包括 NDVI、平均亮度和 5 个波段均值等 7 种指标。各生育期的总体分类结果如图 7.2 所示，分类精度及 Kappa 系数如表 7.3 所示。

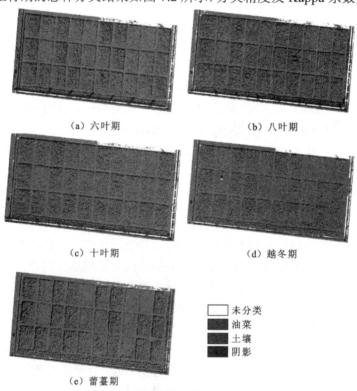

　（a）六叶期　　　　　　　　　　　（b）八叶期

　（c）十叶期　　　　　　　　　　　（d）越冬期

□ 未分类
■ 油菜
■ 土壤
■ 阴影

（e）蕾薹期
图 7.2　冬油菜各生育期分类结果
扫封底二维码见彩图

表 7.3　基于最近邻面向对象分类方法的精度验证

评价指标	六叶期	八叶期	十叶期	越冬期	蕾薹期
总体精度	1	1	1	1	1
Kappa 系数	1	1	1	1	1

4. 植被指数

选取了比值植被指数（RVI）、修正叶绿素吸收反射率指数1（MCARI1）、转化叶绿素吸收反射率指数（TCARI）、优化土壤调节植被指数（OSAVI）、综合指数（如TCARI/OSAVI）、归一化差值红边指数（NDRE）6种与叶片氮含量相关性较高的植被指数进行NBI、Chl、Flav反演。另选取了归一化植被指数（NDVI）、归一化绿度植被指数（GNDVI）、差值植被指数（DVI）、非线性植被指数（NLI）、土壤调节植被指数（SAVI）、Datt2 6种典型的与LAI相关性较高的植被指数进行LAI反演。各植被指数的计算公式见表2.1和2.2。

7.1.2　基于数字表面模型的株高提取

1. 实测株高

如图7.3所示，在同一施氮水平下，株高随生育期呈逐步上升趋势，越冬期受低温影响株高增速放缓，天气回暖后气温上升，蕾薹期株高达到最大值。施氮量高的小区冬油菜株高增速更快。在相同生育期，不同氮水平下的株高差异明显，施肥量越高，株高越大；但是当施氮量大于150 kg/hm^{2}时，株高差异不明显。

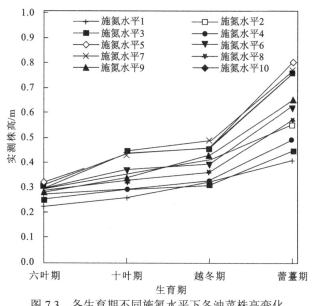

图7.3　各生育期不同施氮水平下冬油菜株高变化

扫封底二维码见彩图

2. 提取株高

从高分辨率的无人机影像中提取冬油菜株高的基本思路是，以种植前的影像提取的高程作为基准，从不同生育期的表面高程数据中计算冬油菜株高，具体流程如下。

（1）在冬油菜移栽前一天（t_0）获取无人机高清影像（RGB_0），并生成数字表面模型

（DSM$_0$），从 RGB$_0$ 中分类得到高程不变点（例如试验小区周围的水泥），随机生成 1 000 个点并提取高程值（图 7.4）。

N

图像
● 随机点

0 2 4   8   12 16
m

图 7.4　研究区域随机点分布
扫封底二维码见彩图

（2）根据第 i 次拍摄获得的 DSM$_i$ 及 DSM$_0$ 的 1 000 个随机点建立一元二次高程校正模型，将 DSM$_i$ 校正到与 DSM$_0$ 相同的高程面，得到 DSM$_i'$。

（3）计算地形差 sDSM$_i$=DSM$_i'$−DSM$_0$，将各小区划分为 60 个 0.5 m×0.5 m 的样方，统计样方中冬油菜像素 DSM 的最大值，取 60 个样方最大值的平均值作为小区的平均株高。

3. 株高提取结果

如图 7.5 所示，各生育期不同施氮水平小区冬油菜的株高差异大，株高分布明显反映了施氮量的高低和冬油菜长势情况。

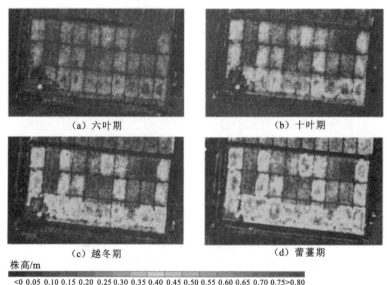

（a）六叶期　　　　　　　　　（b）十叶期

（c）越冬期　　　　　　　　　（d）蕾薹期

株高/m

<0 0.05 0.10 0.15 0.20 0.25 0.30 0.35 0.40 0.45 0.50 0.55 0.60 0.65 0.70 0.75>0.80

图 7.5　各生育期无人机载影像株高提取结果
扫封底二维码见彩图

以地面实测株高为参考真值，采用 RMSE 和 R^2 衡量无人机影像提取株高的性能（表 7.4），各生育期株高提取结果良好。与实测值相比，十叶期时提取结果的 R^2 最大，RMSE 最小，表明精度最高。六叶期的 R^2 最小，但 RMSE 最小，说明提取株高和实测株高整体偏离较小，但存在低值偏小，高值偏大的情况；越冬期提取株高整体偏小，但低值偏离更明显；蕾薹期实测株高整体偏小，偏离程度均匀。RMSE 随着冬油菜生育期而逐渐增大，这主要是因为冬油菜冠层形态从苗期到蕾薹期变化巨大，当主茎尚未长出时，株高主要由叶片的最高水平面至植株根部的垂直距离确定，叶片舒展，冠层水平面积较大，无人机影像能够很好地捕捉叶片的冠层水平面。到蕾薹期时，株高实测为顶点至根部，此时主茎发育成熟，分支增多，主茎顶点较为细弱，从无人机影像中不易识别，导致提取结果与实测的偏差增大。总体结果表明基于无人机高清影像提取株高精度良好，具有较高的可用性。

表 7.4　各生育期基于无人机影像的株高预测模型及检验

生育期	RMSE/m	R^2	生育期	RMSE/m	R^2
六叶期	0.02	0.82	十叶期	0.02	0.93
越冬期	0.05	0.83	蕾薹期	0.06	0.90

7.1.3　基于植被指数和株高的 LAI 估算

1. 植被指数、株高与 LAI 的相关性

6 种植被指数及无人机预测的株高与 LAI 在各生育期的皮尔逊（Pearson）相关系数见表 7.5。各生育期 6 种植被指数和株高与 LAI 之间均呈显著正相关关系。六叶期植被指数与 LAI 相关系数均小于 0.80，而株高与 LAI 的相关系数为 0.89；十叶期时，除 NDVI 和 NLI 外，其余指标与 LAI 的相关系数均大于 0.85；越冬期时，DVI、SAVI 和 Datt2 与 LAI 的相关性更强；蕾薹期时，GNDVI 和 Datt2 的相关系数大于 0.85。除六叶期外，Datt2 与 LAI 的相关系数均大于 0.85。

表 7.5　各生育期植被指数、株高与 LAI 的 Pearson 相关系数

参数	NDVI	GNDVI	DVI	NLI	SAVI	Datt2	株高
六叶期	0.78**	0.74**	0.78**	0.79**	0.79**	0.77**	0.89**
十叶期	0.82**	0.87**	0.86**	0.84**	0.86**	0.88**	0.87**
越冬期	0.84**	0.82**	0.86**	0.84**	0.86**	0.89**	0.84**
蕾薹期	0.82**	0.86**	0.83**	0.82**	0.83**	0.86**	0.81**

注：**表示在 0.01 显著性水平下相关

2. LAI 反演模型建立与评价

筛选自变量时，分为只考虑 6 种植被指数和加入株高作为自变量两种情况，采用逐

步回归分析方法，建立各个生育期 LAI 的估计模型，结果如下。

1）植被指数反演 LAI

各生育期植被指数与 LAI 的逐步回归多元线性模型结果见表 7.6。各生育期的建模集决定系数（R_{cal}^2）、预测集决定系数（R_{val}^2）均达到 0.61 及以上，建模集和预测集的均方根误差 RMSE 均在 0.57 m²/m² 以内，预测偏差比率（RPD）均达到 1.40 及以上，表明上述模型可用。特别的是，蕾薹期模型的 R_{cal}^2 达到 0.94，R_{val}^2 达到 0.87，RMSEC 为 0.10 m²/m²，RMSEP 为 0.11 m²/m²，RPD 为 2.63，模型预测精度最好。但是，该模型使用了 4 个植被指数作为自变量，复杂程度较高，可解释性低。

表 7.6　各生育期植被指数与 LAI 逐步回归分析结果

生长时期	建模集			预测集			
	回归模型	R_{cal}^2	RMSEC /（m²/m²）	R_{val}^2	RMSEP /（m²/m²）	RPD	AIC
六叶期	$y=-7.81+25.48\ SAVI$	0.61	0.40	0.83	0.53	1.51	67.9
十叶期	$y=-10.75+22.49\ GNDVI$	0.86	0.30	0.65	0.57	1.40	72.2
越冬期	$y=-2.97+0.78\ Data2$	0.74	0.33	0.69	0.38	1.60	47.8
蕾薹期	$y=74.95+35.99\ GNDVI+472.85\ DVI$ $+87.99\ NLI-846.92\ SAVI$	0.94	0.10	0.87	0.11	2.63	-20.4

2）植被指数及株高反演 LAI

将株高（H）加入逐步回归建立 LAI 反演模型，结果见表 7.7。六叶期和越冬期时，模型使用了株高作为自变量，并且 AIC 值明显降低，具有更小的 RMSEP 和更大的 R_{val}^2，这说明株高的加入提高了这两个时期 LAI 的反演精度，R_{cal}^2 及 R_{val}^2 均有所提高，RMSEC 及 RMSEP 均有所降低，RPD 也有一定提高。十叶期时，加入株高后模型精度也有所提高，但自变量数量增加，模型复杂度也提高了。而蕾薹期模型没有使用株高。

表 7.7　各生育期植被指数及株高与 LAI 逐步回归分析结果

生长时期	建模集			预测集			
	回归模型	R_{cal}^2	RMSEC /（m²/m²）	R_{val}^2	RMSEP /（m²/m²）	RPD	AIC
六叶期	$y=-0.92+14.80\ H$	0.81	0.28	0.85	0.42	1.89	54.0
十叶期	$y=-2.95-10.17\ NDVI+18.90\ GNDVI+7.02\ H$	0.90	0.26	0.70	0.49	1.61	67.2
越冬期	$y=-5.06+1.45\ Data2-4.45\ H$	0.77	0.31	0.70	0.28	1.69	29.7
蕾薹期	$y=74.95+35.99\ GNDVI+472.85\ DVI$ $+87.99\ NLI-846.92\ SAVI$	0.94	0.10	0.87	0.11	2.63	-20.4

上述结果说明不同生育期需要利用不同的植被指数反演 LAI。早期使用土壤调节型植被指数，这与植被覆盖度较低有关。随着封垄封行，土壤背景影响减小，使用 GNDVI、Datt2 等与绿色叶片面积相关性强的指数建模效果较好。株高能够在一定程度上反映冠层的形态和体积变化，有利于早期冬油菜 LAI 反演。但是，冬油菜冠层随生育期变化较大，

早期叶片数量少，叶面积小，叶倾角分布以椭球型为主，此时株高与 LAI 的相关性最强；随着冬油菜生长，老叶面积增加明显，且叶倾角多呈水平分布，株高与 LAI 的相关性变弱。

7.1.4　NBI、Chl、Flav 植被指数反演

1. 施肥量对 NBI、Chl、Flav 的影响

不同施氮水平下冬油菜各生育期 NBI、Chl、Flav 参数变化如图 7.6 所示。随着生育期变化，NBI、Chl、Flav 三者的变化趋势有所不同：NBI 和 Chl 均呈抛物线式上升，Flav 呈上升-下降-上升趋势，且 NBI 和 Chl 与施氮水平呈正相关关系，Flav 与施氮水平呈负相关关系。

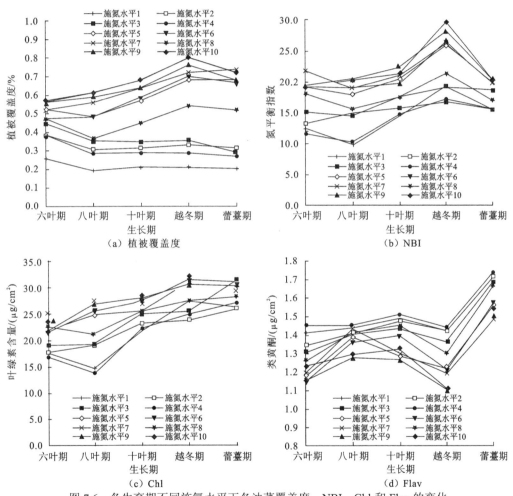

图 7.6　各生育期不同施氮水平下冬油菜覆盖度、NBI、Chl 和 Flav 的变化

扫封底二维码见彩图

在同一施氮水平下，NBI 随生长时期发展呈逐步上升趋势，在越冬期达到最大值，蕾薹期有所下降，这是由于 NBI 为 Chl 与 Flav 的比值，Chl 含量在越冬期和蕾薹期基本稳定，Flav 含量在越冬期有所下降使得 NBI 值变大，Flav 在蕾薹期明显上升使得 NBI

值变小。在同一生育期，NBI 值与施氮水平基本呈正相关关系，施肥水平越高，NBI 值越大；当施氮水平达到一定程度，增加施氮量对 NBI 值的影响较小。在同一施氮水平下，Chl 随生育期发展呈抛物线式上升趋势，在越冬期达到最大值后趋于稳定。在同一生育期，Chl 含量与施氮水平基本呈正相关关系，施肥水平越高，Chl 值越大，但当施氮水平达到一定程度，Chl 含量增加趋缓，说明作物正常生长已不需要更多的 Chl。在同一施氮水平下，Flav 在冬油菜生长前期先上升，在越冬期有所下降，蕾薹期显著增大，这是因为 Flav 作为植物次级代谢产物，越冬期冬油菜叶片受低温影响，代谢缓慢，含量降低，使得 Flav 含量有所下降；而蕾薹期气候回暖，温度上升，冬油菜生长快速，代谢明显增强，使得 Flav 含量显著增大。在同一生育期，Flav 与施氮水平基本呈负相关关系，施肥水平越高，Flav 值越小；同样，当施氮量达到一定程度时，Flav 不再增加，这与植物需求有关。

2. 植被指数与 NBI、Chl、Flav 的相关性

从多光谱影像分类结果中分别提取混合像元和纯冬油菜像元的平均光谱计算各小区的植被指数，并分析它们与 NBI、Chl、Flav 的 Pearson 相关性，结果分别如表 7.8 和表 7.9 所示。

表 7.8　各生育期混合像元植被指数与 NBI、Chl、Flav 的 Pearson 相关系数（$n=30$）

参数	植被指数	六叶期	八叶期	十叶期	越冬期	蕾薹期
NBI	RVI	0.82**	0.78**	0.82**	0.84**	0.81**
	MCARI1	0.82**	0.80**	0.83**	0.83**	0.78**
	TCARI	-0.68**	-0.53**	-0.75**	-0.72**	-0.78**
	OSAVI	0.82**	0.80**	0.81**	0.84**	0.79**
	TCARI/OSAVI	-0.78**	-0.73**	-0.81**	-0.81**	-0.80**
	NDRE	0.85**	0.87**	0.82**	0.86**	0.81**
Chl	RVI	0.73**	0.86**	0.74**	0.76**	0.59**
	MCARI1	0.77**	0.88**	0.75**	0.75**	0.59**
	TCARI	-0.56**	-0.63**	-0.68**	-0.61**	-0.53**
	OSAVI	0.77**	0.88**	0.74**	0.77**	0.61**
	TCARI/OSAVI	-0.68**	-0.83**	-0.73**	-0.72**	-0.57**
	NDRE	0.82**	0.92**	0.74**	0.78**	0.62**
Flav	RVI	-0.71**	-0.51**	-0.78**	-0.86**	-0.89**
	MCARI1	-0.69**	-0.54**	-0.78**	-0.86**	-0.85**
	TCARI	0.62**	0.31*	0.70**	0.77**	0.90**
	OSAVI	-0.69**	-0.53**	-0.77**	-0.86**	-0.84**
	TCARI/OSAVI	0.68**	0.46**	0.77**	0.84**	0.90**
	NDRE	-0.70**	-0.66**	-0.79**	-0.88**	-0.88**

注：**表示在 0.01 显著性水平下相关

表 7.9　各生育期纯冬油菜像元植被指数与 NBI、Chl、Flav 的 Pearson 相关系数（$n=30$）

参数	植被指数	六叶期	八叶期	十叶期	越冬期	蕾薹期
NBI	RVI	0.85**	0.87**	0.79**	0.83**	0.83**
	MCARI1	0.86**	0.88**	0.82**	0.81**	0.80**
	TCARI	-0.79**	-0.82**	-0.80**	-0.79**	-0.82**
	OSAVI	0.86**	0.87**	0.80**	0.82**	0.82**
	TCARI/OSAVI	-0.82**	-0.84**	-0.80**	-0.82**	-0.83**
	NDRE	0.85**	0.90**	0.82**	0.86**	0.81**
Chl	RVI	0.77**	0.92**	0.71**	0.77**	0.63**
	MCARI1	0.81**	0.93**	0.74**	0.74**	0.62**
	TCARI	-0.69**	-0.87**	-0.72**	-0.71**	-0.61**
	OSAVI	0.80**	0.93**	0.72**	0.76**	0.65**
	TCARI/OSAVI	-0.73**	-0.91**	-0.72**	-0.74**	-0.62**
	NDRE	0.84**	0.94**	0.74**	0.78**	0.62**
Flav	RVI	-0.75**	-0.62**	-0.77**	-0.84**	-0.89**
	MCARI1	-0.74**	-0.65**	-0.79**	-0.83**	-0.86**
	TCARI	0.70**	0.56**	0.77**	0.82**	0.90**
	OSAVI	-0.74**	-0.62**	-0.77**	-0.83**	-0.86**
	TCARI/OSAVI	0.72**	0.59**	0.78**	0.84**	0.90**
	NDRE	-0.70**	-0.70**	-0.80**	-0.88**	-0.88**

注：**表示在 0.01 显著性水平下相关

　　混合像元植被指数和纯冬油菜像元植被指数（RVI、MCARI1、TCARI、OSAVI、TCARI/OSAVI、NDRE）与 NBI、Chl、Flav 之间的相关系数的绝对值范围在 0.31～0.94，均大于 0.30，全部达到 0.05 显著水平；绝大部分相关系数绝对值大于 0.60（大部分达到 0.70，部分达到 0.90），远大于 0.41，达到 0.01 显著性水平。这说明 RVI、MCARI1、TCARI、OSAVI、TCARI/OSAVI、NDRE 这 6 种植被指数在各生育期与 NBI、Chl、Flav 的相关性均较好，都可以用于反演各时期冬油菜的 NBI、Chl、Flav。其中，RVI、MCARI1、OSAVI、NDRE 与 NBI、Chl 呈正相关关系，与 Flav 呈负相关关系；TCARI、TCARI/OSAVI 与 NBI、Chl 呈负相关关系，与 Flav 呈正相关关系。

　　对比表 7.8 和表 7.9 可知，各植被指数与 NBI、Chl、Flav 的相关性类似，纯冬油菜像元植被指数与 NBI、Chl、Flav 的 Pearson 相关系数绝对值整体大于混合像元植被指数与 NBI、Chl、Flav 的 Pearson 相关系数绝对值，这说明土壤、阴影等背景因素对植被指数与 NBI、Chl、Flav 的相关关系具有一定影响。剔除背景因素后，植被指数与 NBI、Chl、Flav 的相关性得到一定提高。其中，RVI、MCARI1、NDRE 与 NBI、Chl、Flav 的相关性受背景影响较小。TCARI、TCARI/OSAVI 与 NBI、Chl、Flav 的相关性受背景影响较大，剔除背景影响后相关系数绝对值增加了 0.10 及以上。各植被指数与 NBI、Chl、Flav 的相关性在生长前期受背景影响较大，在蕾薹期时受背景影响较小。

3. NBI、Chl、Flav 反演模型建立与评价

选择各时期与 NBI、Chl、Flav 相关系数最大的植被指数构建冬油菜各生育期 NBI、Chl、Flav 的单变量线性和非线性回归模型（线性函数、指数函数、对数函数、幂函数、二次多项式函数），通过比较 5 种函数的决定系数 R^2，选择 R^2 最大的回归模型建立各生育期的最优拟合模型。

1）混合像元植被指数反演 NBI、Chl、Flav

各生育期基于混合像元植被指数建立的 NBI、Chl、Flav 最优预测模型见表 7.10。最优预测模型的精度均较高，建模集决定系数（R_{cal}^2）和验证集决定系数（R_{val}^2）均能达到 0.44 及以上，部分时期建模集决定系数（R_{cal}^2）达到 0.90，验证集决定系数（R_{val}^2）达到 0.92；大部分模型预测偏差比率（RPD）均大于 1.40，部分时期未达到 1.4，说明大部分模型可用，部分模型不可用。

表 7.10　基于混合像元植被指数的 NBI、Chl、Flav 最优预测模型

参数	生长时期	植被指数	模型	建模集（$n=20$）		预测集（$n=10$）		
				R_{cal}^2	RMSEC	R_{val}^2	RMSEP	RPD
NBI	六叶期	NDRE	$y=41.99x^{0.59}$	0.69	1.82	0.83	2.53	1.98
	八叶期	NDRE	$y=55.80x^{0.72}$	0.71	2.76	0.92	1.48	3.09
	十叶期	MCARI1	$y=37.20x^2+0.52x+14.63$	0.61	1.99	0.91	0.95	3.24
	越冬期	NDRE	$y=69.03x+7.08$	0.90	1.72	0.80	3.05	1.58
	蕾薹期	NDRE	$y=70.72x^2-18.58x+17.11$	0.79	1.04	0.84	1.28	1.83
Chl	六叶期	NDRE	$y=40.33x^{0.42}$	0.65	1.83	0.73	1.71	2.04
	八叶期	NDRE	$y=-251.04x^2+165.71x+1.16$	0.83	2.22	0.92	1.78	3.58
	十叶期	NDRE	$y=31.52x+18.02$	0.60	1.72	0.85	1.71	1.61
	越冬期	NDRE	$y=-89.21x^2+84.03x+14.41$	0.74	1.59	0.66	2.51	1.43
	蕾薹期	NDRE	$y=18.12x+23.80$	0.56	1.48	0.52	1.77	1.50
Flav	六叶期	RVI	$y=-0.05x+1.53$	0.44	0.07	0.79	0.10	1.67
	八叶期	NDRE	$y=-3.28x^2+0.05x+1.49$	0.58	0.06	0.56	0.05	1.10
	十叶期	NDRE	$y=-1.15x+1.64$	0.57	0.07	0.79	0.05	2.14
	越冬期	NDRE	$y=-5.27x^2+0.75x+1.43$	0.84	0.06	0.88	0.09	1.22
	蕾薹期	TCARI	$y=0.13x^2+0.32x+1.65$	0.84	0.04	0.88	0.06	1.67

注：Chl、Flav 的 RMSEC 和 RMSEP 单位均为 $\mu g/cm^2$

其中，各生育期 NBI 最优反演模型的形式以指数函数、二次多项式函数为主。Chl 最优反演模型在八叶期的反演效果最好（$R_{cal}^2=0.83$、$R_{val}^2=0.92$、RMSEC=2.22 μg/cm²、RMSEP=1.78 μg/cm²、RPD=3.58），以指数函数、线性函数形式为主；Flav 最优反演模型建模集的决定系数（R_{cal}^2）在生长前期较差，在生长后期有所提高，以二次多项式函数、线性函数形式为主。

2）纯冬油菜像元植被指数反演 NBI、Chl、Flav

各生育期基于纯冬油菜像元植被指数建立的 NBI、Chl、Flav 最优预测模型见表 7.11。各生育期 NBI 最优反演模型以幂函数、二次多项式函数形式为主。Chl 最优预测模型以指数函数、二次多项式函数形式为主；在八叶期的反演效果最好（$R_{cal}^2=0.86$、$R_{val}^2=0.93$、RMSEC=1.99 μg/cm²、RMSEP=1.72 μg/cm²、RPD=3.71）。Flav 最优反演模型建模集的决定系数（R_{cal}^2）在生长前期较差，在生长后期有所提高，以二次多项式函数、线性函数形式为主。

表 7.11 基于纯冬油菜像元植被指数的 NBI、Chl、Flav 最优预测模型

参数	生长时期	植被指数	模型	建模集（n=20）		预测集（n=10）		
				R_{cal}^2	RMSEC	R_{val}^2	RMSEP	RPD
NBI	六叶期	NDRE	$y=2.03\,e^{3.59x}$	0.67	1.89	0.82	2.31	2.16
	八叶期	NDRE	$y=6.28\,e^{4.52x}$	0.77	2.46	0.89	1.53	2.98
	十叶期	MCARI1	$y=40.64x+8.44$	0.65	1.71	0.88	1.50	2.05
	越冬期	NDRE	$y=138.99x^2+14.40x+10.43$	0.92	1.53	0.80	3.19	1.51
	蕾薹期	NDRE	$y=1.67x^2-2.03x+16.35$	0.84	0.92	0.75	1.44	1.63
Chl	六叶期	NDRE	$y=45.84x^{0.51}$	0.69	1.70	0.74	1.68	2.07
	八叶期	NDRE	$y=66.17x^{0.68}$	0.86	1.99	0.93	1.72	3.71
	十叶期	NDRE	$y=-70.45x^2+73.12x+11.58$	0.65	1.61	0.87	1.88	1.47
	越冬期	NDRE	$y=-181.84x^2+142.87x+5.03$	0.78	1.68	0.67	2.51	1.52
	蕾薹期	NDRE	$y=50.12x^2-36.92x+31.85$	0.58	1.45	0.51	1.80	1.48
Flav	六叶期	RVI	$y=-0.07x+1.69$	0.54	0.06	0.88	0.09	1.66
	八叶期	NDRE	$y=-4.97x^2+0.75x+1.44$	0.66	0.06	0.69	0.04	1.42
	十叶期	NDRE	$y=-1.41x+1.73$	0.58	0.07	0.78	0.04	2.23
	越冬期	NDRE	$y=-7.65x^2+1.71x+1.36$	0.85	0.05	0.92	0.07	1.51
	蕾薹期	TCARI	$y=0.24x+1.70$	0.84	0.04	0.86	0.06	1.74

注：Chl、Flav 的 RMSEC 和 RMSEP 单位均为μg/cm²

对比基于混合像元植被指数、纯冬油菜像元植被指数建立的 NBI、Chl、Flav 预测模型结果，基于纯冬油菜像元植被指数建立的反演模型精度更高，以线性函数、二次多项式、指数函数形式为主。大部分最优拟合模型都选择了 NDRE 植被指数，说明 NDRE 与 NBI、Chl、Flav 的相关性十分明显，对 NBI、Chl、Flav 的反演有较重要的作用。

7.2　作物生长模型与无人机遥感

作物生长模型将作物生长所需的土壤条件、气象条件和管理参数等作为一个整体的数值模拟系统，以特定时间步长对作物生长发育的生物学参数和产量进行动态模拟，定量化研究环境因子及田间管理措施对作物生长发育的影响（孙扬越 等，2019）。作物生长模型以通用性强、可迁移性等优势成为农业生产定量评价的手段之一。目前有许多针对遥感技术或作物生长模型的单一研究，较少有人对比研究两者之间的异同及各自适用范围。为了分析作物生长模型的性能，通过不同施氮水平、不同生育期的冬油菜田间试验，使用无人机搭载的多光谱相机获取五波段影像数据，并于各生育期同步采集叶面积指数、叶片氮浓度、氮素积累量、地上部生物量等相关长势参数，并在收获时进行测产得到产量数据。通过本地化 APSIM-Canola 模型，实现冬油菜全生育期叶面积指数、生物量和产量的模拟估计。

7.2.1　作物生长模型

作物生长模型是借助计算机编程手段，以作物的一系列生理生态过程为基础，对作物的生长发育、生物量和产量形成过程及环境影响因子等进行动态模拟的一系列数学公式的综合表达（杨靖民 等，2012）。20 世纪 60 年代，随着计算机技术的发展和人类对作物生理生态机理认识的不断加深，作物生长模型得到了初步发展。经过几十年的研究，已经取得了较大成就，其中以美国的农业技术转移决策支持系统（decision support system for agrotechnology transfer，DSSAT）模型、荷兰的世界粮食研究（world food studies，WOFOST）模型和澳大利亚的农业生产系统模拟器（agricultural production systems simulator，APSIM）模型为主要代表（马波 等，2010）。

DSSAT 模型是由美国农业部组织的包括佛罗里达州立大学在内的多所大学及科研单位联合开发研制的综合计算模型。DSSAT 模型以天为步长，作物生育期可以详细描述作物的生长发育过程，包括发芽到出苗、叶片出现、开花、籽粒灌浆、生理成熟和收获等过程（刘海龙 等，2011）。从最初只包括少数几个作物模型，到现在包含谷类作物、豆类作物等超过 25 种不同的作物品种，DSSAT 模型发展迅速，并在国内外得到广泛的应用。刘文茹等（2018）利用 DSSAT 模型模拟了历史时期（2001～2009 年）的冬小麦物候期和产量，确定品种最优遗传参数，结合历史阶段（1961～1990 年）和未来时期（2021～2050 年）关键气象要素的变化趋势，模拟分析了未来 30 年长江中下游地区气候变化对小麦产量的影响及其变化趋势，以期能够对未来作物生产提供科学依据；Anar 等（2019）修改了作物环境资源综合（crop environment resource synthesis，CERES）模型，并将其并入作物种植系统模型（cropping system model，CSM）中形成 CSM-CERES-Beet 模型，模拟甜菜的生长、发育和产量，目前该模型可用于预测美国和其他甜菜生产地区不同土壤、不同气候条件和不同管理方案下的甜菜产量。但是有研究表明 DSSAT 的水稻模块 CERES-Rice 不能很好地模拟施氮水平较高条件下作物的产量，其原因可能是模型仅使用氮素丰缺因子对光合速率进行修正，而没有考虑氮素对物质分配和转移的影响

（谢慧 等，2018）。另外 CERES-Rice 模型没有考虑气候变化可能以不同方式影响作物与环境之间的复杂关系，高温和旱涝条件下，土壤侵蚀和病、虫、草等危害可能加剧，模型对作物在高温条件下的维持性呼吸也估计不足，因此有待加强（Kern et al.，2018）。

WOFOST 模型是由荷兰瓦格宁根大学开发的作物生长模型，以日为步长，将光能和 CO_2 同化作为生长驱动过程，计算每日的干物质积累量，并用分区因子建立各器官数学表达式，从而模拟作物发育、叶面积增长、干物质分配、叶片衰老死亡、CO_2 同化、呼吸、蒸腾、土壤水分平衡等过程（张宁 等，2018）。黄健熙等（2019）把叶面积指数当作耦合变量，用 MODIS 影像的 LAI 数据作为遥感数据源，结合气象数据和气象预报数据，构建了 LAI 的归一化代价函数；优化 WOFOST 输入参数，并用优化后的参数重新驱动 WOFOST 模型，以达到逐象元模拟冬小麦生长过程的效果。结果表明模型预测的冬小麦开花期和成熟期均方根误差 RMSE 分别为 2.10 天、2.48 天，精度较高。De Wit 等（2012）用纯度至少为目标作物 75% 的 MODIS 影像和由 2000～2009 年的详细作物类型图得出的绿色面积指数 GAI 来优化两个重要的模型参数，从而用 WOFOST 作物生长模型模拟冬小麦的 GAI。但是，WOFOST 模型对极端气候的响应不太敏感，在一定程度上无法全面地反映气候变化对农业生产的影响，特别是在极端干旱的年份时，模型模拟的精度明显降低（Wang et al.，2018）。

APSIM 模型是由澳大利亚的联邦科工组织及昆士兰州政府的农业生产系统组开发建立的模拟旱作农业生产系统中各组成部分的机理模型（张玲玲 等，2019；赵彦茜 等，2017）。APSIM 模型的特色之一是可以把零散的研究结果集成到模型中，这样就可以把某一领域或学科的成果运用到其他学科或领域。使用 APSIM 模型的用户可以通过选择一系列的作物、土壤及其他子模块来配置一个属于自己的作物模型，并通过模块的简单"拔插"来实现模块间的逻辑联系（Gunarathna et al.，2020）。APSIM 模型模拟的核心是土壤而不是植被，因为作物、牧草等在土壤中的生长只是改变土壤的属性。目前，APSIM 模型在国外的应用已经比较广泛：Seyoum 等（2018）借助 APSIM 模型研究了不同的生长环境、基因型和管理对玉米产量的影响，探讨了不同干旱模式下提高埃塞俄比亚地区玉米产量的措施；Dias 等（2019）为使 APSIM-Sugar 模拟巴西甘蔗的光拦截和产量，提出了一种新模型模拟巴西甘蔗 7～8 个月的生长过程，但要求其干物质单产要高于 40 t/hm^2。对 APSIM 模型的研究在国内的起步比较晚，目前针对局部地区有一些适用性研究：张玲玲等（2019）通过分析黄土高原地区冬小麦潜在产量及雨养产量的时空变化特征，明确了冬小麦不同等级产量潜力的影响因子和它的影响程度，验证了 APSIM 模型在黄土高原的适用性；在西南地区，戴彤 等（2015）利用重庆市 4 个具有代表性的站点的小麦田间实测数据和同期逐日气象数据，对 APSIM 模型在重庆地区的适用性进行了研究，确定了 12 个小麦品种的作物参数。

7.2.2　APSIM-Canola 模型的本地化

1. 所需数据

APSIM 提供了模拟冬油菜生长的 Canola 模块，其运行需要气象数据、土壤数据和冬油菜种植参数等。

1）气象数据

APSIM-Canola 模型所需要的气象数据包括日最高温度、日最低温度、日降雨量和日太阳辐射。气象数据主要来自中国气象数据网（http://data.cma.cn/），取时间范围为 2000 年 1 月 1 日至 2018 年 8 月 31 日的逐日温度数据、降雨数据和日照时数数据。辐射数据可通过日照时数计算得到，计算方法见式（4.10）~式（4.15）。

2）土壤参数

土壤参数包括土种、质地、层次厚度、各土层土壤容重、风干系数、凋萎系数、田间持水量、饱和含水量、有机质含量、各土层 pH 等。数据来自《中国土系志·湖北卷》（王天巍，2017）和 APSoil 模型计算。

3）种植管理参数

种植管理参数包括播种时间、收获时间、植株密度、行距等，均由田间试验实际观测所得。

2. 参数说明及调参设置

APSIM 模型中定义的关键物候阶段包括萌发、出苗、苗期、初花期、盛花期、籽粒形成期和成熟期。在该模型中，当达到某个热时间常数（constant temperature time，CTT）时，完成作物发育的每个阶段，其可以通过春化（从发芽到初花期）和光周期（从出苗到初花期）来修改。使用节点上的单个叶子的潜在面积和节点出现次数来估计叶面积的增加。逐日生物量积累由辐射拦截和辐射利用效率决定，并且通过水和氮胁迫因子减少生物量增长。使用收获指数模拟种子产量，该收获指数在角果形成阶段随时间线性增加（He et al.，2017a）。

影响 APSIM 模型预测结果的参数较多，为了确定每一个参数的调参值，可以采用控制变量法和试错法。查阅相关文献得出每个参数的大致变化范围（表 7.12），每次调参时固定其他参数，使该参数在一定区间内按照一定步长取值，以统计指数作为指标，每次选择最优统计结果的参数值作为最终调参值。

表 7.12　APSIM-Canola 模型中的品种参数及其取值范围和调参步长

	参数	说明	量纲	取值范围	步长	参考文献
物候参数	CTT_{JUV}	出苗到苗期结束所需热时间	℃·天	200~1 500	5	He 等（2017b）
	CTT_{FI}	苗期结束到花期开始所需热时间		100~1 200	10	He 等（2017a）
	CTT_{FL}	花期开始到盛花期所需热时间		150~350	10	He 等（2017b）
	CTT_{StGF}	盛花期到角果期初期所需热时间		150~600	10	
	CTT_{GF}	角果期初期到角果期结束所需热时间		200~1 500	5	
	VD_{max}	所需春化日数	天	50	—	
	DL_{min}	光周期	h	10.8	—	
	DL_{max}			16.3	—	

续表

参数		说明	量纲	取值范围	步长	参考文献
生物量参数	HI	收获指数	—	0～1	0.01	He 等（2017a）
	RUE	辐射利用效率	g/MJ	1～2	0.05	He 等（2017c）
	node phyllochron	节点出现所需热时间	℃·d/node	20～120	5	He 等（2017a）
	leaf size	第 1、5、13、16 个节点上的潜在叶片面积	mm^2	node=1 时，200～5 000	5	
				node=5 时，1 000～12 000		
				node=13 时，10 000～30 000		
				node=16 时，11 000～35 000		
	node no app	节点出现次数		—	—	—
	leaf number	第 0、5、8、14 个节点上的潜在叶片数	$node^{-1}$	node=0 时，1	—	He 等（2017c）
				node=5 时，1		
				node=8 时，1～2		
				node=14 时，1.5～2.5		

为了使模型更加适用于研究区域，还对模型部分参数按照下列情况进行了设置。

（1）选择基础冬油菜品种为 french-winter。

（2）设定衰老叶片日下降率为1%，模拟蕾薹期开始的叶片脱落（原始值为0%）（Hoffmann et al.，2015）。

（3）对于冬油菜，所需春化日数设定为 50 天（Wang et al.，2012）。

（4）主茎上节点衰老的热时间降至 30℃·天/node（He et al.，2017c）。

（5）通过调整出苗积温（shoot lag，℃·天）和出苗速率（shoot rate，℃·天/mm）两个参数，确保模型模拟从播种到出苗的误差小于 1 天（He et al.，2017a，2017b）。

3. 模型评价

APSIM 模型调参和验证时，采用统计指数作为指标，包括均方根误差（RMSE）、归一化均方根误差（nRMSE）、决定系数（R^2）和一致性指标（D 指标）。RMSE 和 nRMSE 可分别反映模拟值与实测值间的相对误差和绝对误差，其值越小，表明模拟效果越好；R^2 和 D 指标可反映模拟值与实测值间的一致性，其值越接近 1，表明模拟效果越好，nRMSE 和 D 指数的计算公式如下：

$$\mathrm{nRMSE}=\frac{\sqrt{\frac{1}{n}\sum_{i=1}^{n}(\hat{y}_i-y_i)^2}}{\bar{y}} \tag{7.3}$$

$$D=1-\frac{\sum_{i=1}^{n}(\hat{y}_i-y_i)^2}{\sum_{i=1}^{n}\left(|\hat{y}_i-\bar{y}|+|y_i-\bar{y}|\right)^2} \tag{7.4}$$

其中：y_i 为实测值；$\hat{y}_i$ 为预测值；$\bar{y}$ 为实测值的均值；n 为样本数。

7.2.2 长势参数与模型调参结果

1. 调参结果

影响冬油菜生长的主要参数包括两大类（表 7.13）：物候参数和生物量参数。物候参数主要包括各个阶段所需热时间和春化日数、光周期；生物量参数主要包括最大收获指数，辐射利用效率，节点出现所需热时间，第 1 个、第 5 个、第 13 个、第 16 个节点上的潜在叶片面积、节点出现次数和第 0 个、第 5 个、第 8 个、第 14 个节点上的潜在叶片数。

表 7.13 APSIM-Canola 模型中的物候参数和生物量参数的设置

	参数	系统默认值	调参结果		参数	系统默认值	调参结果
物候参数	CTT_{JUV}	500	355	生物量参数	HI	0.3	0.4
	CTT_{FI}	900	1 350		RUE	1.35	2.00
	CTT_{FL}	250	250		node phyllochron	75 75 20 20	50 50 30 30
	CTT_{StGF}	200	200		leaf size	1 000 2 000 14 000 15 000	1 000 2 000 9 625 10 313
	CTT_{GF}	1 000	215		node no app	0 9.99 10 20	0 9.99 10 20
	VD_{max}	50	50		leaf number	1 1 1.5 2	1 1 1.5 2
	DL_{min}	10.8	10.8				
	DL_{max}	16.3	16.3				

2. 长势参数反演及验证

1）模型对冬油菜生育期的预测及验证

APSIM-Canola 模型对冬油菜生育期的预测结果如图 7.7 所示。模型对冬油菜生育期的模拟效果较好，建模集与预测集的决定系数 R^2 均达到 0.93 及以上，建模集的均方根误差 RMSE 低至 1.10 天，验证集的均方根误差 RMSE 为 8.01 天，1∶1 关系图说明 APSIM-Canola 模型能够很好地预测冬油菜的生育期。

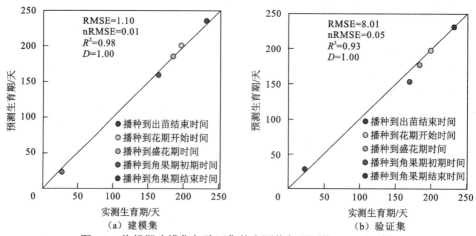

图 7.7 物候期建模集与验证集的实测值与预测值 1∶1 关系图

RMSE 的单位与变量一致

APSIM-Canola 模型对冬油菜 LAI 的预测结果如图 7.8 所示。在建模集与验证集的 1∶1 关系图中，所有点基本都能均匀地分布在对角线附近，建模集的决定系数 R^2 较低，为 0.49，均方根误差 RMSE 低至 0.50 m^2/m^2，验证集的决定系数 R^2 达到 0.62，均方根误差 RMSE 低至 0.45 m^2/m^2，一致性检验指标 D 也在 0.88 及以上，说明 APSIM-Canola 模型可以用来预测冬油菜 LAI。

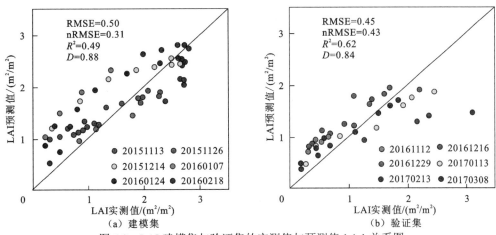

图 7.8　LAI 建模集与验证集的实测值与预测值 1∶1 关系图

RMSE 的单位与变量一致

3）生物量的预测及验证

APSIM-Canola 模型对冬油菜地上部生物量的预测结果如图 7.9 所示。建模集全生育期的均方根误差 RMSE 为 1 006.67 kg/hm^2，验证集六叶期、八叶期和蕾薹期的综合均方根误差 RMSE 为 440.48 kg/hm^2，建模集和验证集的决定系数 R^2 均达到 0.64 以上，一致性检验指标 D 均达到 0.92 以上，说明 APSIM-Canola 模型对冬油菜地上部生物量的预测效果较好。

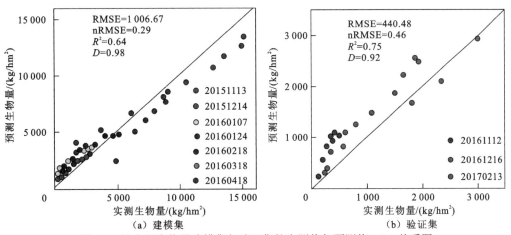

图 7.9　地上部生物量建模集与验证集的实测值与预测值 1∶1 关系图

RMSE 的单位与变量一致

4）产量的预测及验证

APSIM-Canola 模型对冬油菜产量的预测结果如图 7.10 所示。产量预测的均方根误差 RMSE 低至 373.58 kg/hm²，决定系数 R^2 为 0.63，但可以看出大部分点都在 1∶1 对角线下方，说明模型对产量的预测值偏低。这可能是在实际测量过程中，由于在湖北地区油菜籽容易吸潮，引起实测值偏大。

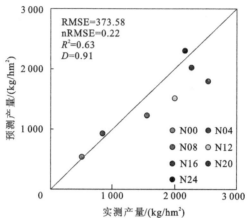

图 7.10　产量实测值与预测值 1∶1 关系图

RMSE 的单位与变量一致

3. 模型分析与评价

从数据上来看，研究中不同施氮水平均有 3 个重复，9 个施氮水平共得到 9 组共 27 个不同的实测生物量。在经验统计模型中，将这 3 个重复共 27 个实测生物量均作为独立个体参与建模与验证，因此一个实测生物量对应一个预测生物量。而在 APSIM-Canola 模型中，由于模型特点，只能将一个施氮水平作为一个变量，也就是说将同一施氮水平下的三个重复求平均得到该施氮水平的最终结果，因此，对于同一施氮水平三个重复下的三个实测生物量，只有同一个预测值，这在一定程度上会影响模型精度。其次，经验统计模型一般使用光谱参数或由光谱参数得到的植被指数，但是随着遥感技术的发展，光谱参数与植被指数越来越多，形式多样，各自的敏感因子也越来越细化，在实际使用中需要结合自身需求，综合考虑才能选择较为合适的光谱指数或植被指数。

从时效性上来看，经验统计模型是借助无人机或其他遥感手段获取的实测数据，必须在植物生长到该阶段才能获取该阶段的数据。虽然也可以利用前几年的观测数据推测之后一两年的作物生长状况，但不同季度之间由于田间管理不同、气候因素差异等的影响，模型适用性较差，说服力较小。而作物生长模型虽需要实时气象数据，但已经有较多手段可以基于历史数据对未来气象数据进行预测（张皓 等，2011），因此可以实现对未来 10 年、20 年甚至更长时间的预测，模型适用范围更大，生命力更强。

从模型本身来说，经验统计模型简单易学，操作方便，不需要考虑复杂的机理过程，只需要将目标数据进行分析建模，因此应用较广。但是，经验统计模型具有"黑盒子效应"，将复杂的农学问题简单地用数据方式加以解决，并没有考虑诸如天气、土壤等外在因素的影响，在实际研究中的说服力不够。植物生长是一个逐步积累的过程，前一阶段的生长会对后一阶段产生影响，但是经验统计模型仅针对单个生育期，即使使用整个生育期的数据也只是一个数据的叠加过程，很难将不同生育期之间的影响进行定量表示。作物生长模型弥补了经验统计模型不考虑外在因素影响的不足，将气象、土壤、田间管理参数、品种参数等因素进行整合，可以较为准确地模拟实际生长环境下作物的生长状况，机理性较强。作物生长模型也弥补了经验统计模型仅针对单个生育期的不足，前一阶段的结果会对后一阶段的模型参数产生影响。但是在实际模型搭建与运用过程中，作物生长模型存在模型输入参数多、获取困难、模型所需理论知识较为丰富，一般人较难快速上手使用、模型在某些地区的适用性缺乏验证等问题，因此在实际研究中，需要结合自身情况与需求灵活选择模型。

7.3 基于田块的冬油菜早期模糊聚类识别

冬油菜花期是进行遥感识别的最佳时期，然而此时已经处于冬油菜生长的中后期阶段，尽管识别结果准确性高，但时效性差，对于生长监测来说比较滞后。造成早期冬油菜识别难度的主要因素包括田间情况复杂、杂草和同季作物（小麦）干扰、播期不统一、生长进度不同等。另外，在这一阶段还没有形成时序较长的遥感数据，时序分类的方法也不适用。考虑种植习惯，可以假定多年种植冬油菜的地块在来年持续种植的可能性较高。如果能用过去种植的历史信息，可能有助于提高早期冬油菜的识别精度。为此，本节将提出基于模糊聚类方法，利用研究区多年遥感识别的冬油菜面积，形成蕾薹期前历史信息，并融合到当季早期的识别中。

7.3.1 研究区与数据采集

1. 研究区概况

研究区位于湖北省荆州市江陵县（112°12′52″E～112°44′22″E，29°54′36″E～30°16′45″N）（图 7.11），属于江汉平原冬油菜产区，是全国产粮、产油大县。该县地处江汉平原四湖腹地，属亚热带湿润大陆季风气候，四季分明，气候温和，雨量充足。江陵县境内地势平坦，田块规整，平均海拔为 25.6 m，年降雨量为 1 100 mm，平均温度为 24℃，雨热充足，非常适合农业生产。江陵县境内冬油菜种植历史长，常年种植面积约 2 万 hm^2，农田水利设施配套齐全，田间管理措施完善。

2. 遥感数据

收集研究区 2019 年 10 月至 2020 年 4 月清晰无云、质量较好的 Sentinel-2 遥感影像，每月一景，共 7 景，涵盖研究区冬油菜关键物候期。使用的 Sentinel-2 和 Google Earth 影像缩略图及日期如图 7.12 所示。另外，采用目视读解译对冬油菜种植季节中花期时（3 月）的影像进行判读，此时，冬油菜花盛开的田块在真彩色合成影像上呈现黄色，能明显与其他农田区分开[图 7.12（f）中的 T6 时期]，其识别结果作为冬油菜种植历史数据。

图 7.11　研究区位置示意图

影像来源：Sentinel-2；时间：2020 年 3 月 18 日

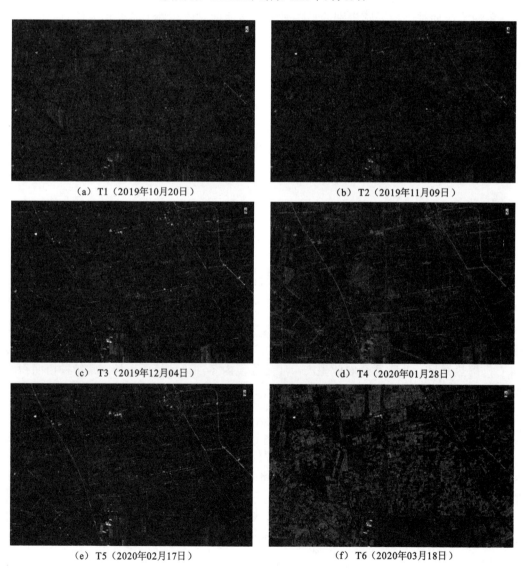

（a）T1（2019年10月20日）　　　　　　　（b）T2（2019年11月09日）

（c）T3（2019年12月04日）　　　　　　　（d）T4（2020年01月28日）

（e）T5（2020年02月17日）　　　　　　　（f）T6（2020年03月18日）

（g）T7（2020年04月27日）　　　　　　　（h）Google Earth影像

图 7.12　研究区 7 个时期的 Sentinel-2 影像和 Google Earth 影像

扫封底二维码见彩图

7.3.2　模糊聚类方法

常用的聚类算法包括 k-means 聚类算法、层次聚类算法及 SOM 算法等，属于硬聚类算法，这类算法将一个样本数据非此即彼地归为某一类别。与硬聚类算法不同，模糊聚类算法基于模糊数学原理，通过隶属函数计算每个样本数据属于每一类别的隶属度来确定样本类别，即属于某一类别的隶属度值最大，则将样本归类为某一类别。

1. 模糊 C 均值聚类算法

在模糊聚类算法中，应用最广泛的是模糊 C 均值聚类算法（fuzzy c-means，FCM），FCM 是一种基于目标函数的模糊聚类算法。假定一个数据集 X（包含 n 个样本），准备划分为 c 类，FCM 采用的目标函数为

$$J_m = \sum_{j=1}^{c}\sum_{i=1}^{n} \boldsymbol{u}_{ij}^{m} \left\| x_i - c_j \right\|^2 \tag{7.5}$$

$$\sum_{j=1}^{c} \boldsymbol{u}_{ij} = 1, \quad i = 1, 2, \cdots, n \tag{7.6}$$

其中：m 是权重指数（$m>1$）；所有样本共划分为 c 类，c_j 为第 j 类的中心点；$\| x_i - c_j \|$ 是样本点 x_i 与聚类中心点 c_j 的欧氏距离；$\boldsymbol{u}_{ij}$ 是样本 i 属于类别 j 的隶属度，是一个 $n \times c$ 的矩阵。FCM 算法的目标是在约束条件式（7.5）下，求得目标函数的最小值，之后利用拉格朗日函数求得样本隶属度，并确定各类别聚类中心点。具体计算步骤如下。

（1）给定权重指数 m，随机初始化一个样本隶属度矩阵 $\boldsymbol{u}_{ij}$。

（2）计算数据类别中心点 c_j：

$$c_j = \frac{\sum_{i=1}^{n} \boldsymbol{u}_{ij}^{m} x_i}{\sum_{i=1}^{n} \boldsymbol{u}_{ij}^{m}} \tag{7.7}$$

（3）更新隶属度矩阵 $\boldsymbol{u}_{ij}$：

$$u_{ij} = \frac{1}{\sum_{k=1}^{n} \left(\frac{\|x_i - c_j\|}{\|x_i - c_k\|} \right)^{\frac{2}{m-1}}}$$ (7.8)

（4）重新计算目标函数值 J_m。

（5）重复迭代步骤（2）～（4），直到满足终止条件（目标函数 J_m 变化值小于设定的最小阈值或者达到设定的最大迭代次数）。

（6）最后得到隶属度矩阵 u_{ij} 和各类别中心点 c_j。

在基于 FCM 算法进行模糊聚类时，需提前设置几个关键参数。隶属度权重指数 m 也被称作平滑因子，它控制着样本在不同模糊类间的隶属程度。$m \in [1,\infty)$，当 $m = 1$ 时，FCM 算法与硬聚类算法相近，即 0 或 1；一般来说，m 越大，聚类隶属度越模糊。因此，在模糊聚类前需要选定一个合适的隶属度权重指数 m。Pal 等（1995）根据聚类效果研究实验，得出 m 的最佳选取区间是[1.5, 2.5]，在没有特殊要求的情况下可以选取区间中值 2。另外，设置的最大迭代次数和迭代停止阈值分别为 1 000 和 0.000 01。聚类数 c 值的确定是聚类研究的基础问题之一，在多种聚类算法中，如 k-means 算法、FCM 算法等，均需要提前指定聚类数 c 值；但在非监督分类问题中，聚类数 c 值往往无法提前确定。除聚类数 c 值外，参与聚类的不同特征子集同样会对聚类效果产生重要影响，选择合适的特征子集可以获得更好的聚类效果。确定聚类数和聚类特征子集的基本思路是：遍历聚类数 c 值与不同特征子集的组合进行 FCM 聚类，计算聚类效果评价指标，从而确定最优的聚类数 c 值和聚类特征子集组合。

2. 聚类效果评价指标

聚类效果评价指标有很多，主要可以分为两种：一种是外部度量，需要知道样本的真实类别标签才能进行评价；另一种是内部度量，在不知道真实类别标签的情况下，仅依据聚类标签进行评价。戴维森-堡丁指数（Davies-Bouldin index，DBI），也被称为分类适确性指标，由 Davies 等（1979）提出，是一种内部度量的评估聚类算法优劣的指标，也可以作为选择最佳聚类数和聚类特征子集的依据。DBI 使用类内平均离散度和类间距离两个指标衡量聚类效果，具体的 DBI 计算方法如下。

（1）类内平均离散度 S_i：

$$S_i = \frac{1}{|c_i|} \sum_{X \in c_i} \| X - A_i \|$$ (7.9)

其中：A_i 为第 i 类的聚类中心；$|c_i|$ 为第 i 类的样本数。

（2）用两个聚类中心的距离表示类间距离 d_{ij}：

$$d_{ij} = \| A_i - A_j \|$$ (7.10)

（3）DBI 计算公式：

$$\mathrm{DBI}_k = \frac{1}{k} \sum_{i=1}^{k} R_i$$ (7.11)

$$R_i = \max_{j=1,2,\cdots,k, j \neq i} \frac{S_i + S_j}{d_{ij}} \qquad (7.12)$$

其中：k 为聚类数目。DBI_k 的值越小，表明聚类的效果越好，最小值为 0。

3. 聚类特征子集组合

在特征包含足够多的能够区分不同地物类别的信息时，才可以得到更好的识别结果，因此，通常会尽可能地提取更多的特征以包含更多的类别信息。然而过多的特征一方面会降低计算效率，另一方面会包含较多冗余信息影响聚类效果。在冬油菜物候期的早期，区分冬油菜和冬小麦的一个主要标志是冬油菜出苗时植被覆盖度的差异。为避免特征数过多形成大量冗余计算，以 11 个植被指数（TVI、GNDVI、GVI、MCARI、CIgreen、NDVI、RDVI、RVI、SAVI、SGI 和 TCARI）作为候选特征集，在不同聚类数下，基于 FCM 进行模糊聚类，计算聚类效果评价指标 DBI 值，最后选定最小的 DBI 值所对应的聚类数和特征子集作为最终模糊聚类的聚类数和特征子集组合。

由于 FCM 中要计算不同样本之间的欧氏距离，在聚类前将 11 个植被指数平均值特征进行归一化处理。所有特征子集个数即组合数 $\sum_{i=1}^{11} C_{11}^i$，为避免随机性造成的数据波动，DBI 值使用 10 次的平均值。根据计算结果，整理不同聚类数和不同特征子集的组合，绘制对应 DBI 值的散点图（图 7.13），其中横轴是特征子集中特征的个数，为了数据更加清晰可辨，不同聚类数对应的特征子集个数所在的横坐标进行了微小偏移，纵轴是聚类效果评价指标 DBI 值。DBI 值越小，聚类效果越好，图 7.13 中标注的是每个时相所有聚类数和特征子集组合中 DBI 的最小值。

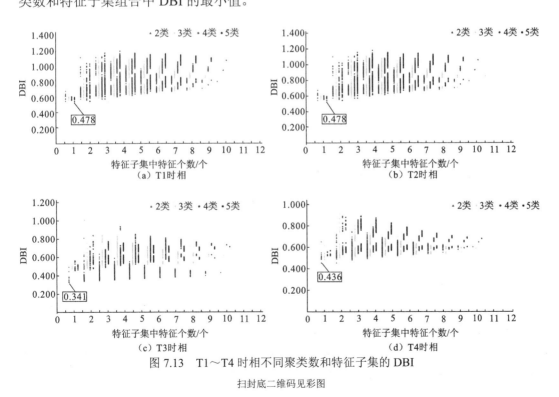

图 7.13　T1～T4 时相不同聚类数和特征子集的 DBI

扫封底二维码见彩图

如表 7.14 所示，基于特征 T1_RVI_mean，聚类数 $c=5$ 时，在 T1 时相所有组合中聚类效果最好，DBI 最小值为 0.478；基于特征 T2_RVI_mean，聚类数 $c=5$ 时，在 T2 时相的所有组合中聚类效果最好，DBI 最小值为 0.478；基于特征 T3_RVI_mean，聚类数 $c=2$ 时，在 T3 时相的所有组合中聚类效果最好，DBI 最小值为 0.341；基于特征 T4_NDVI_mean，聚类数 $c=2$ 时，在 T4 时相的所有的组合中聚类效果最好，DBI 最小值为 0.436。多个植被指数之间互相影响会造成信息冗余，使各时相聚类效果最好的特征子集均为单个植被指数。

表 7.14 T1~T4 时相最小 DBI 值及对应的聚类数和特征子集组合

	项目	2 类	3 类	4 类	5 类
T1	DBI_{min}	0.506	0.521	0.520	0.478
	特征子集	T1_RVI_mean	T1_MCARI_mean	T1_NDVI_mean	T1_RVI_mean
T2	DBI_{min}	0.506	0.521	0.493	0.478
	特征子集	T2_TVI_mean	T2_MCARI_mean	T2_TVI_mean	T2_RVI_mean
T3	DBI_{min}	0.341	0.491	0.486	0.495
	特征子集	T3_RVI_mean	T3_TCARI_mean	T3_TCARI_mean	T3_TCARI_mean
T4	DBI_{min}	0.436	0.464	0.509	0.508
	特征子集	T4_NDVI_mean	T4_GVI_mean	T4_RDVI_mean	T4_CI$_{green}$_mean

7.3.3 冬油菜模糊识别结果与分析

1. 模糊聚类识别及结果判定

基于 FCM 的模糊聚类，再依据遥感影像进行目视解译，可以判定各聚类的具体地物类别。在 T1 时相和 T2 时相，分别根据特征 T1_RVI_mean 和 T2_RVI_mean 将研究区田块聚类为 5 类；聚类后进行目视解译，发现不同聚类簇之间比较混乱，难以有效解译地物类别。T1 时相处于冬油菜移栽种植期，研究区主要表现为裸土特征，各地物之间几乎没有差别，难以区分。T2 时相处于冬油菜移栽末期，部分冬油菜田块已经出苗，具有植被覆盖特征，但与杂草等地物相近，且另一部分冬油菜田块仍未出苗，表现出裸土特征，同样难以区分。从研究区各地物 T1_RVI_mean 和 T2_RVI_mean 特征箱形图[图 7.14（a）～（b）]可以看到，各地物箱体互有重叠，区分并不明显，因此在 T1 和 T2 时相，难以进行冬油菜模糊聚类识别。

在 T3 时相，根据特征 T3_RVI_mean 将研究区田块划分为两类，分别标记为冬油菜和非冬油菜[图 7.15（a）]。T3 时相是冬油菜出苗期，几乎所有冬油菜田块都已出苗，植被覆盖度较高；而冬小麦则刚播种结束，还未出苗，与裸土等比较相近。比较研究区各地物的 T3_RVI_mean，冬油菜特征值远远高于其他地物，除冬油菜外其他地物之间均

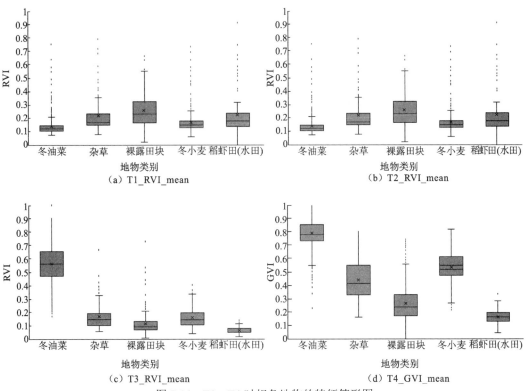

图 7.14　T1～T4 时相各地物的特征箱形图

比较接近。在 T4 时相，根据 T4_GVI_mean 可确认为冬油菜、冬小麦（包含少量杂草田块）和其他地物[图 7.15（b）]。根据研究区各地物的 T4_GVI_mean 特征区别可以看到，冬油菜特征值高于其他地物，冬小麦和杂草特征值次之，最后是裸露田块和稻虾田（水田）。T4 时相与 T3 时相冬油菜识别区域基本一致，有少量 T3 时相的冬油菜田块在 T4时相被识别为冬小麦。

（a）T3 时相

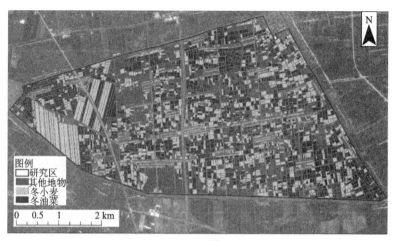

（b）T4时相

图 7.15　T3 时相和 T4 时相模糊聚类识别结果

扫封底二维码见彩图

2. 精度评价

结合样本田块，对 T3 时相和 T4 时相的模糊聚类结果进行精度评价。T3 时相聚类为两类，目视解译后确定其中一类为冬油菜，另一类为非冬油菜，将已有样本重新标记为冬油菜田块和非冬油菜田块，其中非冬油菜田块包含冬小麦、杂草、裸露田块及稻虾田（水田）等。T4 时相聚类为三类，其中一类为冬油菜，一类为冬小麦，还有一类为其他地物，将已有样本重新标记为冬油菜、冬小麦和其他地物，其他地物包括杂草、裸露田块及稻虾田（水田）等。应用混淆矩阵对 T3 时相和 T4 时相 FCM 模糊聚类结果进行精度验证，计算结果如表 7.15 和表 7.16 所示。

表 7.15　T3 时相基于 FCM 模糊聚类识别精度

项目	用户精度/%	生产者精度/%	数量/个
冬油菜	98.09	92.79	832
非冬油菜	93.18	98.20	835
总体精度/%	95.50		
Kappa 系数/%	91.00		

表 7.16　T4 时相基于 FCM 模糊聚类识别精度

项目	用户精度/%	生产者精度/%	数量/个
冬油菜	95.33	85.94	832
冬小麦	65.16	82.93	451
其他地物	84.84	75.78	384
总体精度/%	82.78		
Kappa 系数/%	72.88		

由 FCM 模糊聚类的精度评价结果可以看到，T3 时相冬油菜的用户精度和生产者精

度均达到 90%以上，与 T3 时相随机森林监督分类方法精度相比，用户精度更高、生产者精度低。T4 时相冬油菜用户精度和生产者精度都比 T3 时相结果要低，主要是因为部分冬油菜田块和冬小麦田块植被覆盖程度非常相近，容易错分；同时，由于部分杂草田块植被覆盖较高，易被识别成冬小麦，导致冬小麦用户精度仅有 65.16%。这表明基于 FCM 的模糊聚类识别方法可以用于冬油菜早期遥感识别，降低了对训练样本的依赖，且最早在 T3 时相（冬油菜苗期）便可以比较准确地识别冬油菜田块，时效性更强，精度也更高。

3. 冬油菜田块模糊性分析

相较于 k-means 聚类等硬聚类算法，FCM 算法还会输出一个隶属度矩阵，矩阵包含每个样本对每一类别的隶属度，依据隶属度大小可判断样本归属类别。利用 FCM 对 T3 时相进行聚类时的聚类数 $c=2$，确定判断样本是否属于冬油菜田块的隶属度阈值为 0.5。依据 FCM 算法中的隶属度矩阵展开 T3 时相冬油菜田块识别的模糊性分析，细分隶属度阈值，将属于冬油菜田块的隶属度划分为 4 个区间，即[0, 0.25]、(0.25, 0.5]、(0.5, 0.75]和(0.75, 1]。分别统计样本田块在各个区间的数量，与模糊聚类精度评价的混淆矩阵进行对比分析（表 7.17）。

表 7.17　T3 时相基于 FCM 模糊聚类识别混淆矩阵

项目		预测值/个		数量/个
		冬油菜	非冬油菜	
真实值	冬油菜	772	60	832
	非冬油菜	15	820	835

根据样本在不同冬油菜隶属度区间的数量分布（图 7.16），非冬油菜田块样本主要集中分布在[0, 0.25]，冬油菜田块样本主要集中分布在(0.75, 1]。而在(0.25, 0.5]和(0.5, 0.75]则各有少量冬油菜田块和非冬油菜田块，混淆矩阵中错分和漏分的样本也主要集中在这两个区间内。比如，T3 时相被聚类为非冬油菜的 60 个冬油菜样本中，35 个冬油菜样本

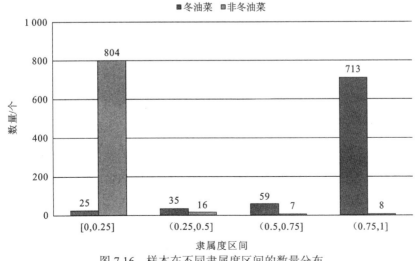

图 7.16　样本在不同隶属度区间的数量分布

因隶属度处于(0.25, 0.5]内而被识别为非冬油菜，有 25 个冬油菜样本隶属度处于[0, 0.25]内，这可能是异常值或错误的样本。隶属度处于中间的样本是影响聚类识别精度的主要原因，这正是模糊聚类识别冬油菜模糊性的体现。

7.4 基于 HJ 影像-地面 LAI-产量模型的冬油菜产量估计

7.4.1 研究区与数据采集

1. 研究区概况

研究区位于湖北省东部的武穴市，境内北部为大别山余脉，中部为丘陵地带，南部为带状长江冲积平原，属亚热带季风性湿润气候，全市年均日照时数为 1 913.5 h，平均气温为 16.8 ℃，平均降水量为 1 278.7 mm。农作物以冬油菜、水稻、小麦等为主，实行旱作或水旱轮作。土壤类型是花岗岩发育的水稻土、片麻岩发育的水稻土和近现代沉积物发育的灰潮土。

2. 试验小区设计与数据采集

试验小区设置在湖北省武穴市梅川镇试验基地（30.1127° N，115.5894° E），包括 24 个直播小区冬油菜和 24 个移栽小区冬油菜，布置 8 个施氮水平，直播和移栽各重复 3 次，如图 7.17 所示。

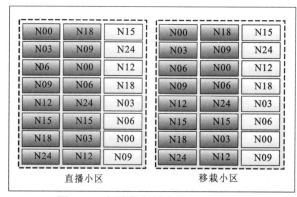

图 7.17 冬油菜直播、移栽小区设计

1）LAI 测量

在相应时期（八叶期、十叶期、盛花期、角果期）尽量选择无云、无风、晴朗天气，采用英国 Delta 公司的 SunScan 冠层分析系统测量每个小区 5 个点位冬油菜冠层 LAI，取其平均值作为小区 LAI。分别用 ELAI、TLAI、FLAI 和 PLAI 命名为 4 个时期的 LAI。

2）产量

2015 年 5 月 10 日在每个小区测产区手工镰刀收割冬油菜并置于种子网袋，挂藏室内风干后脱壳，测定每个小区实际籽粒重量。

3. 农田调查取样

1）LAI 测量

在十叶期（2015 年 1 月 21 日）、盛花期（2015 年 3 月 12 日）、角果期（2015 年 4 月 18 日）分 3 次进行测量。在研究区内选择冬油菜种植面积大于 0.333 hm² 的农田布置采样点，采用美国 Trimble 公司的手持 GPS 机定位，每个采样点按照 5 点梅花布置测量点后，使用 SunScan 测量 LAI，将 5 个测量点的平均值作为采样点的 LAI 值。

2）产量

在每个采样点设置 5 个样方，每个样方面积为 1 m²，收获全部冬油菜植株，挂藏室内风干后脱壳，测定每个样方的实际籽粒重量。计算每个采样点的 5 个样方的平均值作为该点的籽粒产量，单位为 g/m²，可换算为 kg/hm²。

4. 其他数据

研究区的耕地信息来自湖北省第二次土地调查结果，将耕地矢量图作为遥感影像监督分类掩膜。

5. 遥感影像

选用与实际调查时间尽可能接近且数据质量较高的 3 景 HJ-1A/B-CCD 影像（2015 年 1 月 24 日、2015 年 3 月 25 日、2015 年 4 月 22 日分别对应冬油菜的十叶期、盛花期、角果期 3 个时期），研究区遥感影像（HJ-1A/B-CCD 影像）来自中国资源卫星应用中心数据服务平台。影像经过辐射定标、大气校正、几何校正等预处理后，计算得到归一化植被指数（NDVI）、土壤调节植被指数（SAVI）、调整土壤亮度植被指数（OSAVI）、作物氮反应指数（NRI）、绿色归一化植被指数（GNDVI）、结构加强色素植被指数（SIPI）、植被衰减指数（PSRI）、差值植被指数（DVI）和比值植被指数（RVI）共 9 种常用的光谱植被指数。

7.4.2 结果与分析

1. 试验小区数据统计特征值

如表 7.18 所示，试验小区冬油菜十叶期和盛花期的叶面积指数（TLAI 和 FLAI）的变异系数大于冬油菜八叶期和角果期的叶面积指数（ELAI 和 PLAI）的变异系数，且从八叶期到角果期，LAI 方差逐渐减小，可能前期 LAI 受到背景（土壤等）影响较大。冬油菜产量在 130～3 390 kg/hm² 波动较大。

表 7.18　试验小区冬油菜数据统计特征值（$n = 48$）

指数	最小值/（m²/m²）	最大值/（m²/m²）	平均值/（m²/m²）	标准差	方差	变异系数%	偏度	峰度
ELAI	0.30	4.30	2.31	1.10	1.21	47.71	-0.09	-0.86
TLAI	0.10	3.30	1.89	0.91	0.83	48.36	-0.22	-1.07

指数	最小值/(m²/m²)	最大值/(m²/m²)	平均值/(m²/m²)	标准差	方差	变异系数%	偏度	峰度
FLAI	0.20	3.78	1.74	0.84	0.71	48.49	0.17	-0.49
PLAI	0.15	3.03	1.74	0.72	0.52	41.55	-0.45	-0.32

注：ELAI、TLAI、FLAI、PLAI 代表八叶期、十叶期、盛花期、角果期的叶面积指数，下同

不同施氮水平下冬油菜产量差异明显，氮素是影响产量的关键因素。不同施氮水平下，移栽和直播小区冬油菜产量差异明显（图 7.18），随着施氮水平增加，小区产量先增加后降低，呈现抛物线变化趋势，这表明施氮量适中更易获得高产。相同施氮水平下，移栽冬油菜比直播冬油菜单产高，说明移栽冬油菜比直播冬油菜单株优势明显，植株各方面发育均好于直播冬油菜。合理的种植密度有利于土壤养分供给平衡，因而有助于获得高产冬油菜。

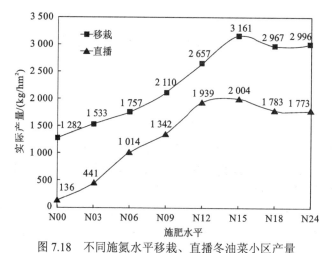

图 7.18　不同施氮水平移栽、直播冬油菜小区产量

试验小区各个时期 LAI 与产量皆呈显著的正相关关系（表 7.19），尤其是角果期叶面积指数 PLAI 与产量呈现极显著的正相关关系，相关系数达到 0.92，表明可以通过测量角果期 PLAI 建立相应的模型来准确预测冬油菜产量。由于十叶期时的气温较低，冬油菜出现冻害、部分叶片甚至卷曲或发紫，叶面积指数 FLAI 受到一定的影响，其与冬油菜产量的相关性有所降低。

表 7.19　冬油菜叶面积指数与产量相关系数

项目	ELAI	TLAI	FLAI	PLAI	产量
ELAI	1				
TLAI	0.66*	1			
FLAI	0.70*	0.83**	1		
PLAI	0.55*	0.88**	0.78**	1	
产量	0.52*	0.86**	0.69*	0.92**	1

注：**表示在 0.01 显著性水平下相关；*表示在 0.05 显著性水平下相关

2. 试验小区产量预测

逐步回归建模可以用来筛选最优的回归方程。根据自变量对因变量的显著程度从大到小依次引入回归方程，当引入的自变量因后面引入的自变量变得不够显著时就会被剔除，以确保每次引入自变量对因变量作用显著，这既包含了所有对因变量有显著影响的变量，又避免了引入过多无关变量导致模型复杂，因此逐步回归建模被公认为是高效的建模方法之一。选取 48 个试验小区中 32 个小区数据作为建模集，剩下的 16 个小区数据作为验证集。如图 7.19 所示，以 4 个时期叶面积指数作为自变量，以产量作为因变量，通过逐步回归分析，建立小区产量的预测模型，并通过验证检验，得到如下产量（Yield）估计模型：

$$\text{Yield} = 312.48\,\text{TLAI} - 207.92\,\text{FLAI} + 932.39\,\text{PLAI} + 0.85 \tag{7.13}$$

其中：TLAI、FLAI、PLAI 分别为十叶期、盛花期、角果期的叶面积指数。

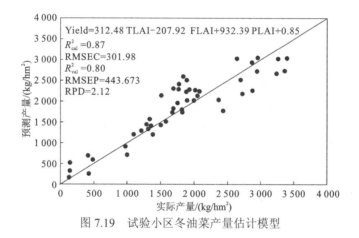

图 7.19　试验小区冬油菜产量估计模型

模型没有使用八叶期 LAI，说明冬油菜产量与生长后期叶面积指数关系密切。所建模型的 R^2_{cal} 达到 0.87，RMSEC 为 301.98 kg/hm^2，验证集检验的 R^2_{val} 达到 0.80，RMSEP 为 443.673 kg/hm^2，其中预测偏差比率 RPD 达到 2.12，大于 2，表明所建的小区产量模型精度较高，具有较好预测效果。

3. 冬油菜种植分布信息提取

利用 2014～2015 年 HJ-1A/B-CCD 卫星影像数据，根据地面调查点坐标计算冬油菜、小麦的 NDVI，取其平均值绘制成典型冬油菜、小麦的 NDVI 曲线（图 7.20）。结果显示，冬油菜与小麦的 NDVI 在越冬前（年积日第 360 天）差异较小，在越冬之后差异逐渐增加，尤其在冬油菜生长后期（蕾薹期），其 NDVI 与小麦 NDVI 差异较大。在年积日 112 天时小麦处于成熟期，快速变黄，其 NDVI 下降速度明显。同一时期冬油菜正处于角果期，角果整体呈现绿色，是冬油菜后期光合作用的主要器官，因此冬油菜 NDVI 并没有突降，随着角果逐渐成熟变黄，冬油菜 NDVI 逐渐下降。这表明 3 月中下旬（冬小麦处于拔节期、冬油菜处于盛花期）、4 月中下旬（冬小麦处于成熟期、冬油菜处于角果期）

是 HJ-1A/B-CCD 卫星提取冬油菜的最佳时相，这一点与相关文献（王凯 等，2015；梁益同 等，2012）研究结果一致。

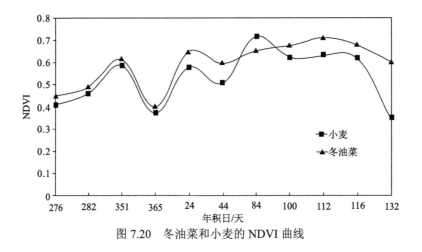

图 7.20　冬油菜和小麦的 NDVI 曲线

在冬油菜生长后期（2015 年 1 月 24 日、2015 年 3 月 25 日和 2015 年 4 月 22 日分别对应冬油菜的十叶期、盛花期和角果期三个时期），利用与实际调查时间尽可能接近且数据质量较高的 3 景 HJ-1A/B-CCD 影像分别计算 NDVI。在耕地矢量图掩膜基础上，根据地面调查实测数据作为监督分类的训练样本，训练样本可分离性较强（表 7.20），采用最大似然法进行监督分类并验证，提取研究区冬油菜、小麦、其他类型地物（表 7.21）。

表 7.20　监督分类 Jeffries-Matusita 距离

类型	冬油菜	小麦	其他
冬油菜		1.900 5	1.997 8
小麦	1.900 5		1.999 7
其他	1.997 8	1.999 7	

表 7.21　监督分类的混淆矩阵和分类精度

类型	制图精度/%	用户精度/%	错分误差/%	漏分误差/%
冬油菜	87.86	93.54	6.46	12.14
小麦	83.33	96.15	3.85	16.67
其他	97.47	71.30	28.70	2.53

冬油菜和冬小麦提取面积（图 7.21）与 2015 年农户调查结果高度吻合，冬油菜为主要农作物。如表 7.22 所示，提取冬油菜种植面积 26 815.32 hm²，共 402 229.8 亩，占全市耕地面积的 54.35%；提取小麦种植面积 2 386.08 hm²，共 35 791.2 亩，占耕地面积的 4.84%，且小麦种植区域较集中。

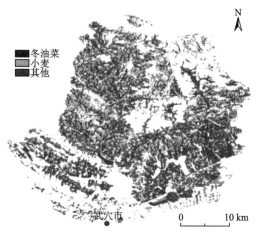

图 7.21　研究区冬油菜、小麦分布

扫封底二维码见彩图

表 7.22　研究区冬小麦、冬油菜种植面积

类型	面积/hm²	百分比/%
耕地	49 341.55	—
冬油菜	26 815.32	54.35
小麦	2 386.08	4.84

4. 各生育期 LAI 的指数反演

根据 3 景 HJ-1A/B-CCD 影像计算十叶期（2015 年 1 月 24 日）、盛花期（2015 年 3 月 25 日）、角果期（2015 年 4 月 22 日）提取的 9 种植被指数，然后利用逐步回归建立三个时期 LAI 的估计模型。

使用 NDVI 和 RVI 作为自变量，估计十叶期冬油菜的 LAI，如图 7.22（a）所示，所建模型 R^2 达到 0.79，RMSE 为 0.35 m²/m²。

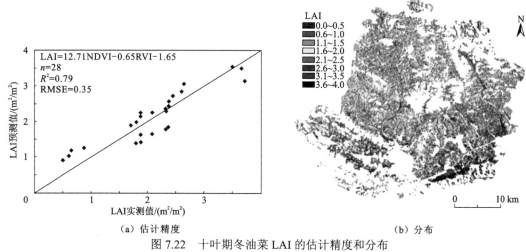

（a）估计精度　　　　　　　　　　　　　　　（b）分布

图 7.22　十叶期冬油菜 LAI 的估计精度和分布

扫封底二维码见彩图

使用 SAVI 作为自变量，估计盛花期冬油菜的 LAI，如图 7.23（a）所示，所建模型 R^2 达到 0.81，RMSE 为 0.29 m²/m²。

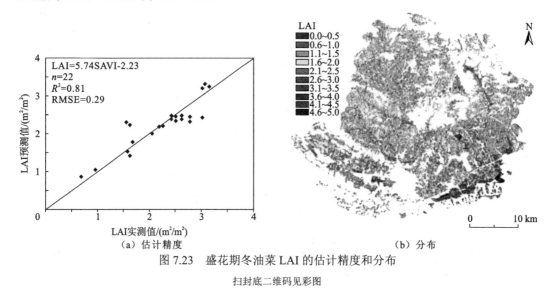

（a）估计精度　　　　　　　　　　　　　（b）分布

图 7.23　盛花期冬油菜 LAI 的估计精度和分布

扫封底二维码见彩图

使用 NDVI、GNDVI 和 RVI 作为自变量，估计角果期冬油菜的 LAI，如图 7.24（a）所示，所建模型 R^2 达到 0.77，RMSE 为 0.38 m²/m²。相比十叶期和盛花期，虽然角果期 LAI 估计精度有所降低，但仍可用。

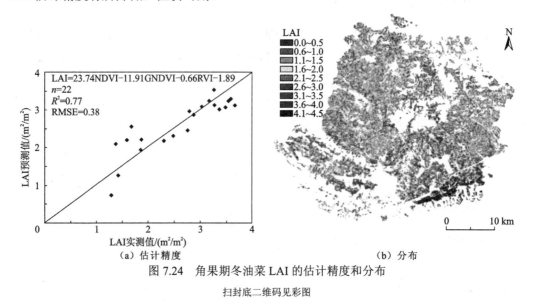

（a）估计精度　　　　　　　　　　　　　（b）分布

图 7.24　角果期冬油菜 LAI 的估计精度和分布

扫封底二维码见彩图

5. 冬油菜单产估计

叶面积指数可以作为大范围农作物单产估计的重要参数（何亚娟 等，2013；任建强 等，2010），试验小区估产模型 Yield＝312.48TLAI－207.92FLAI＋932.39PLAI＋0.85 的精度较高，具有较好预测效果。

利用遥感影像提取的 9 个指数逐步回归反演得到研究区十叶期、盛花期和角果期叶面积指数,然后采用试验小区估产模型得到 2014~2015 年研究区冬油菜单产空间分布图(图 7.25),估算冬油菜总产为 64 295.82 t,估计单产为 2 397.73 kg/hm²。其中估计单产与研究区农业局开展冬油菜生产及成本效益调查单产(2 551.5 kg/hm²)的相对误差为6.02%。这说明利用冬油菜生长后期 LAI 来进行大范围估产的可行性较高。

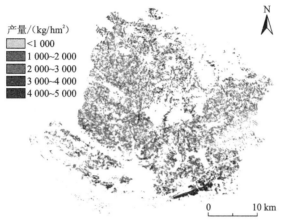

图 7.25　研究区冬油菜预测单产空间分布

扫封底二维码见彩图

如表 7.23 所示,高产(4 000~5 000 kg/hm²)冬油菜和低产(<1 000 kg/hm²)冬油菜分布较少,冬油菜产量主要集中在 2 000~3 000 kg/hm²,占 56.43%。冬油菜高产区在研究区内散布,但也有明显集中分布于研究区东南部的情况,这可能与当地土壤条件和田间管理有关。

表 7.23　研究区冬油菜预测产量

产量/(kg/hm²)	面积/hm²	百分比%
<1 000	415.17	1.55
1 000~2 000	6 524.91	24.33
2 000~3 000	15 130.35	56.43
3 000~4 000	4 735.98	17.66
4 000~5 000	8.91	0.03

上述结果表明,使用多时相遥感数据估计的十叶期、盛花期、角果期 LAI 进行冬油菜产量估计,与冬油菜生长物质积累的过程相对应,结果可靠性较高。将估计 LAI 作为"地面 LAI-产量模型"上推至"遥感影像植被指数-LAI-产量模型"的中间参数,然后利用试验小区估产模型估计研究区冬油菜单产。结果表明利用遥感影像提取的参数可以有效地估算冬油菜叶面积指数,且通过叶面积指数估算研究区冬油菜单产具有较高的精度。

参 考 文 献

戴彤, 王靖, 赫迪, 等, 2015. APSIM 模型在西南地区的适应性评价: 以重庆冬小麦为例. 应用生态学报, 26(4): 1237-1243.

何亚娟, 潘学标, 裴志远, 等, 2013. 基于 SPOT 遥感数据的甘蔗叶面积指数反演和产量估算. 农业机械学报, 44(5): 226-231.

黄健熙, 高欣然, 黄海, 等, 2019. 基于 MODIS 与 WOFOST 模型同化的区域冬小麦成熟期预测. 农业机械学报, 50(9): 186-193.

梁益同, 万君, 2012. 基于 HJ-1A/B-CCD 影像的湖北省冬小麦和油菜分布信息的提取方法. 中国农业气象, 33(4): 573-578.

刘海龙, 诸叶平, 李世娟, 等, 2011. DSSAT 作物系统模型的发展与应用. 农业网络信息, 11: 5-12.

刘文茹, 陈国庆, 刘恩科, 等, 2018. 基于 DSSAT 模型的长江中下游冬小麦潜在产量模拟研究. 生态学报, 38(9): 3219-3229.

马波, 田军仓, 2010. 作物生长模拟模型研究综述. 节水灌溉, 2: 5-9.

任建强, 陈仲新, 周清波, 等, 2010. 基于叶面积指数反演的区域冬小麦单产遥感估测. 应用生态学报, 21(11): 2883-2888.

孙扬越, 申双和, 2019. 作物生长模型的应用研究进展. 中国农业气象, 40(7): 444-459.

唐华俊, 2018. 农业遥感研究进展与展望. 农学学报, 8(1): 175-179.

田振坤, 傅莺莺, 刘素红, 等, 2013. 基于无人机低空遥感的农作物快速分类方法. 农业工程学报, 29(7): 109-116, 295.

王纪华, 赵春江, 黄文江, 2008. 农业定量遥感基础与应用. 北京: 科学出版社.

王凯, 张佳华, 2015. 基于 MODIS 数据的湖北省油菜种植分布信息提取. 国土资源遥感, 27(3): 65-70.

王天巍, 2017. 中国土系志·湖北卷//张甘霖. 中国土系志. 北京: 科学出版社.

谢慧, 谭太龙, 罗晴, 等, 2018. 油菜产业发展现状及面临的机遇. 作物研究, 32(5): 431-436.

杨贵军, 李长春, 于海洋, 等, 2015. 农用无人机多传感器遥感辅助小麦育种信息获取. 农业工程学报, 31(21): 184-190.

杨靖民, 杨靖一, 姜旭, 等, 2012. 作物模型研究进展. 吉林农业大学学报, 34(5): 553-561.

张皓, 田展, 杨捷, 等, 2011. 气候变化影响下长江流域油菜产量模拟初步研究. 中国农学通报, 27(21): 105-111.

张玲玲, 冯浩, 董勤各, 2019. 黄土高原冬小麦产量潜力时空分布特征及其影响因素. 干旱地区农业研究, 37(3): 267-274.

张宁, 张庆国, 于海敬, 等, 2018. 作物生长模拟模型的参数敏感性分析. 浙江大学学报, 44(1): 107-115.

赵彦茜, 齐永青, 朱骥, 等, 2017. APSIM 模型的研究进展及其在中国的应用. 中国农学通报, 33(18): 1-6.

ANAR M J, LIN Z, HOOGENBOOM G, et al., 2019. Modeling growth, development and yield of Sugarbeet using DSSAT. Agricultural Systems, 169: 58-70.

DAVIES D L, BOULDIN D W, 1979. A cluster separation measure. IEEE Transactions on Pattern Analysis and Machine Intelligence, PAMI-1(2): 224-227.

DE WIT A, DUVEILLER G, DEFOURNY P, 2012. Estimating regional winter wheat yield with WOFOST through the assimilation of green area index retrieved from MODIS observations. Agricultural and Forest Meteorology, 164: 39-52.

DIAS H B, INMAN-BAMBER G, BERMEJO R, et al., 2019. New APSIM-sugar features and parameters required to account for high sugarcane yields in tropical environments. Field Crops Research, 235: 38-53.

GUNARATHNA M H J P, SAKAI K, KUMARI M K N, et al., 2020. A functional analysis of pedotransfer functions developed for Sri Lankan soils: Applicability for process-based crop models. Agronomy, 10(2): 285.

HE D, WANG E, WANG J, et al., 2017a. Uncertainty in canola phenology modelling induced by cultivar parameterization and its impact on simulated yield. Agricultural and Forest Meteorology, 232: 163-175.

HE D, WANG E, WANG J, et al., 2017b. Genotype×environment×management interactions of canola across China: A simulation study. Agricultural and Forest Meteorology, 247: 424-433.

HE D, WANG E, WANG J, et al., 2017c. Data requirement for effective calibration of process-based crop models. Agricultural and Forest Meteorology, 234-235: 136-148.

HOFFMANN M P, JACOBS A, WHITBREAD A M, 2015. Crop modelling based analysis of site-specific production limitations of winter oilseed rape in Northern Germany. Field Crops Research, 178: 49-62.

KERN A, BARCZA Z, MARJANOVIĆ H, et al., 2018. Statistical modelling of crop yield in Central Europe using climate data and remote sensing vegetation indices. Agricultural and Forest Meteorology, 260-261: 300-320.

PAL N R, BEZDEK J C, 1995. On cluster validity for the fuzzy c-means model. IEEE Transactions on Fuzzy Systems, 3(3): 370-379.

SEYOUM S, RACHAPUTI R, CHAUHAN Y, et al., 2018. Application of the APSIM model to exploit G×E×M interactions for maize improvement in Ethiopia. Field Crops Research, 217: 113-124.

WANG D M, LIU X N, 2018. Comparative analysis of GF-1 and HJ-1 data to derive the optimal scale for monitoring heavy metal stress in rice. International Journal of Environmental Research and Public Health, 15(3): 461.

WANG S, WANG E, WANG F, et al., 2012. Phenological development and grain yield of canola as affected by sowing date and climate variation in the Yangtze River Basin of China. Crop and Pasture Science, 63(5): 478-488.